数字化电能表
及其在智能变电站中的应用

主　编　陈　缨
副主编　杨勇波　卢　斌　刘永光

中国电力出版社
CHINA ELECTRIC POWER PRESS

内 容 提 要

本书依托国网四川省电力公司智能变电站数字计量系统建设以及数字化电能表的工程应用实际,详细介绍了数字化电能表的原理、关键技术、通信协议、功能与设计以及小模拟量电能表的实现方案,并深入阐述了智能变电站中数字计量系统的设计与调试以及数字化电能表在智能变电站中的工程应用。本书共10章,分别为概述、数字化电能表通信协议、智能变电站数字计量系统、数字化电能表原理及关键技术、数字式电能表的功能与设计、数字化电能表的校准、智能变电站中数字计量系统的设计及调试、数字化电能表在智能变电站中的工程应用、小模拟量电能表和数字化电能表存在的问题及其发展趋势。本书既充分肯定了数字化电能表在未来智能变电站建设中所起到的重大作用,又客观描述了现阶段数字化电能表存在的问题及发展趋势。

本书可供从事数字化电能表研究与开发以及智能变电站中数字计量系统设计、调试的人员参考使用。

图书在版编目(CIP)数据

数字化电能表及其在智能变电站中的应用 / 陈缨主编. —北京:中国电力出版社,2021.4
ISBN 978-7-5198-5359-4

Ⅰ.①数… Ⅱ.①陈… Ⅲ.①智能电度表②智能系统—变电所 Ⅳ.① TM933.4 ② TM63

中国版本图书馆 CIP 数据核字(2021)第 025482 号

出版发行:中国电力出版社
地　　址:北京市东城区北京站西街 19 号(邮政编码 100005)
网　　址:http://www.cepp.sgcc.com.cn
责任编辑:邓慧都(010-63412636)
责任校对:黄　蓓　王小鹏　王海南
装帧设计:张俊霞
责任印制:石　雷

印　　刷:三河市万龙印装有限公司
版　　次:2021 年 4 月第一版
印　　次:2021 年 4 月北京第一次印刷
开　　本:710 毫米 ×1000 毫米　16 开本
印　　张:22.25
字　　数:315 千字
印　　数:0001—2000 册
定　　价:98.00 元

编 委 会

主　编　陈缨

副主编　杨勇波　卢　斌　刘永光

编委会　羊　静　黄建钟　刘金权　杨亚会　贺家慧

　　　　程昱舒　刘　刚　张华杰　白静芬　王军东

　　　　徐敏锐　蔡刚林　郭立煌　赵言涛　王异凡

　　　　程瑛颖　王　磊　苟旭丹　胡　蓉　朱　鑫

　　　　丁宣文　陈　进　彭　辉

编写单位

国网四川省电力公司电力科学研究院

国网四川综合能源服务有限公司

河南许继仪表有限公司

中国计量科学研究院

中国电力科学研究院有限公司

武汉大学

烟台东方威思顿电气有限公司

深圳市星龙科技股份有限公司

国网四川省电力有限公司营销服务中心

国网湖北省电力有限公司电力科学研究院

国网江苏省电力有限公司营销服务中心

国网浙江省电力有限公司电力科学研究院

国网山西省电力公司营销服务中心

成都城电电力工程设计有限公司

湖北汽车工业学院

威胜集团有限公司

国电南京自动化股份有限公司

国网重庆市电力公司营销服务中心

IEEE PES China PSIM 技术委员会

前　言

"大云物移智链"技术在电网的广泛应用已是大势所趋，其中包括数字化变电站（智能变电站）中相应技术的高速发展。数字化变电站是保证能源互联网可靠、安全、高效运行的关键，是未来变电站的建设趋势。数字化变电站由于采用了基于分层网络模型的数据传输架构与电子式互感器、合并单元等数字化设备，相对于传统变电站，以全站信息数字化、通信平台网络化、信息共享标准化、系统功能集成化为特征，在应对大规模新能源接入和高比例电力电子设备接入带来的电网实时监控需求方面更具优势。

截至 2019 年底，我国已建成数字化变电站（含智能变电站）近 5000 座，数字化变电站中一个极其重要的组成部分是数字电能计量系统，采用数字化测量理念，利用电子式互感器或合并单元将被测对象数字化，数字化后的数据经过无损传播至数字化电能表或 PMU、电能质量分析仪等数据处理单元，在不增加互感器负载能力的前提下，实现数据共享。该系统根据互感器的不同分为由电子式互感器、合并单元、数字化电能表等组成的全数字化计量系统和传统互感器、模拟量输入合并单元（国外成为独立合并单元 SAMU）与数字化电能表组成半数字化计量系统，目前后者相对前者使用比较广泛。数字化电能表作为数字电能计量系统的终端装置，关系着电能计量的准确可靠。

数字化电能表的输入是合并单元输出的包含电压、电流采样值的网络报文，其原理、功能和结构与传统电能表有着显著差异，对于从事传统电能表设计制造的技术人员和从事传统电能表校验的检测人员来说，都很有必要了解数字化电能表的原理、使用、校验、调试等知识，但是目前缺乏专门介绍数字化电能表方面的书籍。因此，为了使广大研发人员和检测人员能够全面、系统地了解数字化电能表的原理、设计、校准、调试等技术，有效解决实际工作中可能遇到的技术问题，同时，本着促进数字化电能表的发展应用和技术交流的目的，国网四川省电力公司电力科学研究院组织编写了本书。

本书由国网四川省电力公司电力科学研究院牵头，国网四川综合能源服务有限公司、中国计量科学研究院、国家高压计量站、各省电科院、营销服务中心等检定机构，威胜、许继、南自、东方威思顿数字化电能表生产厂家、深圳星龙科技有限公司等数字化电能表校验设备生产厂家及武汉大学、湖北汽车工业学院等高校共同参与编写，编写人员由数字化电能表方面的专家、教授、技术人员、检测人员、研发人员和高校教师共同组成。

本书共分为 10 章。其中第 1~3 章主要介绍与数字化电能表相关的设备、通信协议、智能变电站数字计量系统等内容；第 4~8 章详细介绍数字化电能表的原理及关键技术、设计、校准、调试以及工程应用；第 9 章介绍了小模拟量电能表的应用及校验等；第 10 章介绍数字化电能表存在的问题及其发展趋势。

本书第 1 章由杨勇波、程瑛颖编写，第 2 章由杨勇波、郭立煌编写，第 3 章由刘刚、白静芬编写，第 4 章由王军东、杨亚会编写，第 5 章由蔡刚林、贺家慧、王异凡编写，第 6 章由黄建钟、王磊编写，第 7 章由刘金权、杨亚会编写，第 8 章由杨勇波、徐敏锐编写，第 9 章由赵言涛、张华杰编写，第 10 章由杨勇波、程昱舒编写。全书由陈缨、杨勇波、卢斌、刘永光统稿，羊静、彭辉、胡蓉、朱鑫、丁宣文、陈进负责校核工作。

本书在编写过程中得到了国家高压计量站著名计量专家王乐仁教授及诸多专家和同行的大力支持和帮助。他们提供了十分难得的素材和资料，并提出了十分宝贵的意见和建议。在此，向为本书编写工作付出了辛勤劳动和心血的所有人员表示衷心感谢！

限于作者编写水平、时间仓促且数字化电能表技术在快速发展中等原因，书中难免存在不足之处，敬请广大专家和读者批评指正。

编　者

2020 年 11 月

目　录

1 概述

1.1 数字计量系统概述

1.1.1 传统计量系统和数字计量系统

传统变电站的计量系统一般是由电磁式电压互感器、电流互感器、计量回路电缆、电子式电能表、电能量采集终端组成，其中，互感器和电能表均为基于能量传输，一般额定传输电压为 57.7V/100V，额定传输电流为 0.3（1.2）A/1.5（6）A，电能表和电能量采集终端基于非平衡传输的 RS422/485 通信回路，规约一般为 DL/T 645 多功能电能表通信协议，如图 1–1 所示。

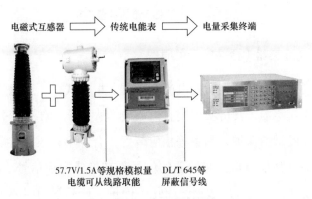

电磁式互感器 ⇒ 传统电能表 ⇒ 电量采集终端

57.7V/1.5A等规格模拟量　　　DL/T 645等
电缆可从线路取能　　　　　 屏蔽信号线

图 1–1　基于模拟量的计量系统

智能变电站计量系统一般由电子式电流、电压互感器、合并单元装置、数字化电能表、智能电能量采集终端组成，相较于传统变电站计量系统，后者在单元联系间实现了能量解耦，采用了基于非能量传输的数字信号交互方式，其中，电子式互感器本体和合并单元装置间采用 IEC 60044–8/FT3 串行传输协议，合并单元和数字化电能表间采用 IEC 61850–9–2 协议，数字化电能表和智能电能量采集终端则采用 IEC 61850-8 描述的 MMS 服务进行通信。需要指出的是，虽然电子式互感器是最终的发展趋势，但电子式互感器的运行质量并非完美，所以大部分采用折中的方式建设智能变电站，即仍然采用电磁式互感器，要求合并单元加装交流模块，从而完成过程层的数字化，此种方式使用比较广泛，合并单元的输入除由 IEC 60044-8/FT3 数字量改换成 57.7V/100V、5A 模拟量外，输出仍然为 IEC 61850-9-2 的数字量，如图 1-2 所示。

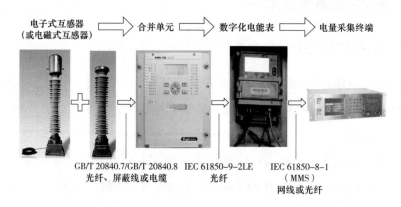

图 1-2　基于数字量的计量系统

1.1.2　电子式互感器（合并单元）原理

　　电子式互感器可分为电子式电流互感器、电子式电压互感器和电子式电流电压组合式互感器，其可实现交直流高电压大电流的传变，并以数字信号形式通过光纤提供给保护、测量等相应装置；合并单元还具有模拟量输入接口，可以将来自其他模拟式互感器的信号量转换成数字信号，以 100BASE-FX 或 10BASE-FL 接口输出数据，简化了保护、计量等功能装置的接线。其原理框图如图 1-3 所示。

　　图 1-3 中的保护用一次电流传感器（Rogowski 线圈）、测量用一次电流传感器（LPCT 线圈）、新型串级式电容分压器、采集单元、绝缘结构和壳体等构成传感器，安装在断路器附件。

　　合并单元将多个传感器输出的数据合并后输出给保护、测控等二次设备。合并单元可根据需要选择安装地点（一般在变电站集控室），可以远离传感器。

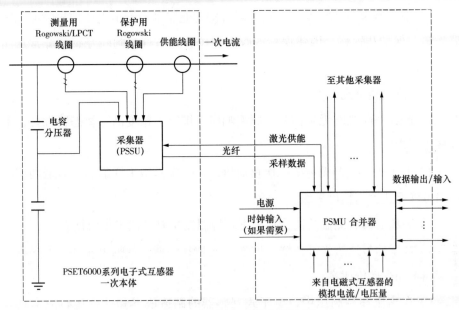

图 1-3　电子式互感器总体框图

保护用一次电流传感器、测量用一次电流传感器和分压器不都是必要的，可根据需要选择其中一个或几个。采集单元和合并单元之间用光纤传输信息和能量。

电子式互感器涵盖了电磁式互感器的所有应用场合，其中对交直流高压、超高压以及对精度、暂态特性要求高的场合尤其适合，其优点主要包括以下 3 点。

（1）安全性能高。

1）互感器的高低压部分通过光纤连接，没有电气联系，绝缘距离约等于互感器整体高度，安全裕度大大提高。

2）高低压部分的光电隔离，使得电流互感器二次开路、电压互感器二次短路可能导致危及设备或人身安全等问题不复存在。

3）电容式电压互感器无中间变压器，避免了发生铁磁谐振的危险；

4）以固体绝缘脂替代了传统互感器的油或 SF_6 气体，避免了传统充油互感器渗漏油现象，也避免了 SF_6 互感器 SF_6 气体的渗漏现象；弹性固体绝缘保证了互感器绝缘性能更加稳定，无需检压检漏，运行过程中免维护。

5）高压侧采集器的工作电源同时由一次取能线圈和激光电源提供，两者动态自检，互为热备用，系统工作稳定性高。

6）采集器为双 A/D 设计，互感器自检功能完备，若出现通信故障或互感器故障，保护装置将会因错误标或收不到校验码而直接判断互感器异常从而闭锁保护。

（2）测量精度高。

1）Rogowski 线圈无磁饱和、频率响应范围宽、精度高、暂态特性好，不受环境因素影响。

2）电子式互感器无传统二次负荷概念，一次模拟采样值小信号低功率的输出可确保达到高精度等级。

3）采集器具有测温功能，可根据环境温度实时补偿采集数据。

4）数字信号通过光纤传输，增强了抗 EMI 性能，数据可靠性大大提高。

（3）综合性价比高。

1）在高压和超高压中，电子式互感器的制造成本和综合运行成本具有明显优势，可实现变电站的自动化运行，减少人为因素影响，降低误操作的概率；合并器同时可接收传统互感器的模拟量输入，本机完成模数转换并通过光纤以太网输出，实现电子式互感器和传统互感器的混合使用；输出遵循IEC 61850-9 标准格式，为实现提供基础数据。

2）用光缆取代信号传输电缆，可节约 2/3 的造价成本；减少铜铝材料及 SF_6 气体的使用，使用天然可再生资源，实现节能环保。

3）电子式的保护、测控、计量、监控、远动、VQC 等系统均用同一个通信网络接收电流、电压值和状态等信息以及发出控制命令，不需为不同功能建设各自的信息采集、传输和执行系统，减少设备冗余。

1.2　数字化电能表概述

1.2.1　数字化电能表简介

GB/T 17215.303—2013《交流电测量设备　特殊要求　第 3 部分：数字化电能表》对"数字化电能表"进行了定义，数字化电能表是对电压、电流量化数字量进行计量的电能计量设备。其最主要的特征是基于数字量进行计量，有别于基于模拟量进行计量的智能电表。

数字化电能表起源于非常规互感器即电子式互感器的应用。在传输关系上，数字化电能表接收电子式互感器输出的瞬时电流、电压数字量报文帧才能完成有功、无功电能等累计。在传输协议上，数字量报文帧必须遵循 IEC 61850-9-1 或者 IEC 61850-9-2。在应用场合上，数字化电能表及电子式互感器等新型设备所应用的变电站基本可分为三类，即"数字化变电站"、智能变电站、新一代智能变电站。2005 年初投运的山东 110kV 阳谷冷轧薄板厂用变电站，采用的电子互感器及其配套的数字化电能表基本上属于国内最早的工程化应用案例。

在功能上，数字化电能表虽有别于智能电能表，但大部分功能仍未脱离智能电能表范畴，该产品仍然由采样通信单元、测量处理单元、数据处理单元及对外通信单元等模块组成，除计量有功、无功电能量以外，一般还具有分时计量、测量需量等多种功能，并能显示、存储和输出数据。在适应场合及网络接口上，数字化电能表适用于采用电子式互感器或传统互感器加装合并单元的场合，至少具有一路 100M 光纤以太网接口和一路 10M/100M 自适应电以太网接口。以太网接口应分别直接支持 IEC 61850-9-1/9-2 采样值传输协议，及 IEC 61850-8-1 描述的 MMS 服务等，不需要中间协议转换设备。在计量精度上，该产品应具有优于 0.2S 级的四费率双向有功电能计量，优于 2.0 级的四象限无功电能计量功能。还应可完成需量测量、实时显示、时钟、测量及监测、事件记录、负荷曲线等功能。

典型的数字化电能表功能框图如图 1-4 所示，电能表工作时通过光纤以太网接口获得瞬时采样值，经数据处理单元将采样所获取的电压、电流采样值信号进行处理，获得电量、功率、功率因数等电能计量相关数据。然后由主 CPU 管理单元完成分时计费和处理各种输入输出数据，通过串行接口将电能计算 CPU 的数据读出，并根据预先设定的时段完成各时段有功、无功电能计量和最大需量计量功能，并将需要显示的各项数据，分别通过液晶、RS485 串口或 RJ45 以太网口进行通信传输。

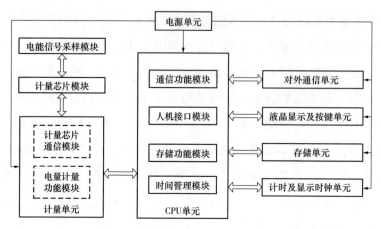

图 1-4 典型的数字化电能表功能框图

1.2.2 数字化电能表的作用

数字化电能表应用仅限于匹配电子式互感器直接输出或电磁式互感器加装合并单元进行数字化改造后输出的场合，尚未在配电、用电等场合应用，需要注意的是，数字化电能表产品线中还出现过弱模拟量信号输入的电能表，主要匹配与35kV 及以下场合模拟量直接输出的电子式互感器，该种电能表较为特殊，本质上与 57.7V、1.5A 输入的智能电能表无区别，有望应用于配电、用电场合。

Q/GDW 383—2009《智能变电站技术导则》定义，数字化电能表属于智能变电站"计量功能单元"范畴；国家电网公司在《2011 年国家电网公司新建变电站补充规定》中也指出"宜采用数字化电能表"；Q/CSG 11006—2009《数字化变电站技术规范》中也明确提出了对数字化电能表的功能要求。以上均体现了数字化电能表在智能变电站中的地位，展现出数字化电能表广阔的市场前景。

根据 Q/GDW 383—2009《智能变电站技术导则》中的描述，数字化电能表作为计量单元，属于智能变电站间隔层设备，主要的作用是：应能准确的计算电能量，计算数据完整、可靠、及时、保密，满足电能量信息的唯一性和可信度的要求。应具备分时段、需量电能量自动采集、处理、传输、存储等功能，并能可靠的接入网络。应根据重要性对某些部件采用双重设备以提高冗余度。计量用互感器的选择配置及准确度要求应符合 DL/T 448 的规定。

电能表应具备可靠的数字量或模拟量输入接口，用于接收合并单元输出的信号。合并单元应具备参数设置的硬件防护功能，其准确度要求应能满足计量的需要。

在变电站级的数字计量系统组成上，典型的环节包括电子式互感器、数字化电能表、智能电能量采集终端，这些设备有别于模拟量计量系统，其中电子式互感器（含合并单元）如图1-5所示。

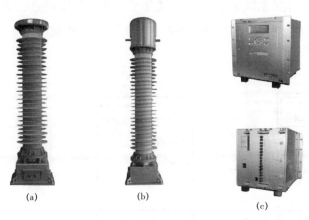

图1-5　数字计量用电子式互感器（含合并单元）
（a）电子式电压互感器；（b）电子式电流互感器；（c）合并单元

数字计量指通过光纤接收合并单元发出的电流电压采样值报文，以进行数据计算处理实现电能量计量，区别于基于交流采样AD转换、TV取能的传统模拟量计量方式，如图1-6、图1-7所示，数字计量的典型特征即采样接口不同。

图1-6　模拟量智能电能表计量接口

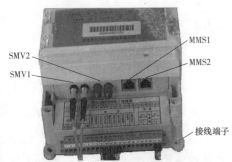

图1-7　数字化电能表计量接口

数字化电能表的技术需求在不断提升，应用规模也在逐渐扩大。从2005

年初的零星应用，到 2013 年智能变电站用数字化电能表的省级规模集中招
标，数字化电能表作为智能变电站的电能计量功能设备，其作用已经得到认
可。但相对于智能变电站内数字化继电保护装置、测控装置以及功角测量装
置（PMU）等，数字化电能表技术进步较慢，规范和标准的出台也相对较迟，
这些都影响了其应用效果，但数字化电能表作为智能变电站的计量 IED，相
对于模拟量的计量系统来说，显著提升了系统计量准确度，如图 1-8 所示，
另外以光纤传输为载体也避免了电磁干扰等，这些均属于智能电能表发展的
重要方向。

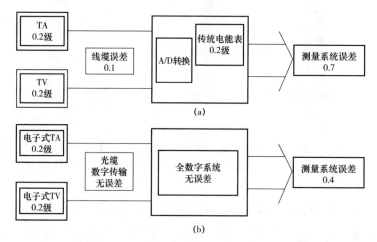

图 1-8　传统电能表 / 电磁式互感器，数字化电能表 / 电子式互感器构成的测量系统
（a）模拟量的计量系统；（b）数字量的计量系统

1.2.3　数字化电能表原理

数字化电能表作为实现数字计量的物理设备从计量结构原理上分大体有
两类：基于单片机（MCU）＋数字信号处理器（DSP）的数字化电能表和基
于中央处理器（CPU）的数字化电能表。

（1）基于 MCU＋DSP 的数字化电能表。基于 MCU＋DSP 的数字化电能表
的典型结构如图 1-9 所示。这类电能表利用 DSP 对接收到的采样值报文进行
分析，得到采样数据，然后利用其内部的电能参量程序算法计算得出各电能
参量，然后通过特定的规范传送给 MCU 进行存储显示等。

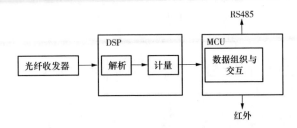

图 1-9　基于 MCU+DSP 的数字化电能表的典型结构

　　这类数字化电能表在硬件的具体实现上具有很大的灵活性，可以根据需要添加 IED 和 LCD 等显示电路模块以及 RS485 串口和红外通信接口等功能模块，从而轻松实现电能计量数据的就地显示和远方集中抄表的功能。但是这类数字化电能表由于 MCU 的性能限制，难以支持 IEC 61850-8-1 规约以提供智能设备接口，需要通过规约转换设备接入当地监控系统，增加建设成本。

　　在基于 DSP 的数字化电能表中，DSP 是整个电能表装置的处理核心。世界上生产 DSP 芯片的厂商主要有 TI、AD、Motorola 和 ATMEL 等。其中以 TI 公司生产的 DSP 芯片影响力最大，产品最为成熟，占到市场份额的 50% 以上，如 TMS320C2000 系列、TMS320C5000 系列和 TMS320C6000 系列。DSP 芯片大都是 32 位的寄存器，有着高达上百兆甚至上 G 的时钟频率。更为关键的是，它拥有异常丰富的信号处理优化指令集，对于像 FFT 中的位倒序运算以及数字滤波器中的离散卷积运算，DSP 能够提供"指令级"的运算速度。用 DSP 芯片处理运算量很大的电能计量程序算法，在保证电能参量计量精度的基础上，运算结果的实时性也表现不俗。

　　这类数字化电能表计量误差主要来源于采样数据的获取转存和电能参量计量算法。由于对信号进行了数字化的处理，这类电能表较传统的电磁感应式电能表具有很高的测量精度和稳定的误差等级。

　　（2）基于 CPU 的数字化电能表。基于 CPU 的数字化电能表的典型结构如图 1-10 所示。这类电能表一般以 32 位 CPU 芯片为数据处理核心，直接在 CPU 中分析计算电能参量，并直接支持 RS485 串行通信接口、红外抄表接口、以太网 MMS 智能抄表接口。它把 MCU 和 DSP 的工作集中到 CPU 内，采用多线程 / 优先级任务调度等机制保证计量的及时性和准确性。

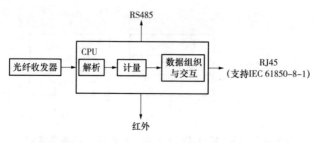

图 1-10　基于 CPU 的数字化电能表的典型结构

该类 CPU 芯片一般搭载实时操作系统和文件系统。典型产品如 MOTOROLA 公司的 MPC8247，它经常采用 VxWorks 操作系统和 tffs 文件系统，使得这种电能表具有很强的抗干扰能力和较好的测量精度。这类电能表还可实现基于 IEC 61850-8-1（MMS）的智能通信接口，可直接接入当地监控系统，不需要加装中间协议转换设备。

1.3　数字化电能表关键技术

数字化电能表属于智能变电站间隔层计量设备，是可接收合并单元已量化的电压、电流 SV 采样值报文完成电能累积的新型电能计量设备，数字化电能表在智能变电站中已有较多应用。主要的应用方式是接收合并单元传输的 IEC 61850-9-2LE 采样值报文，完成电能累积、功率测量等多种功能，和站控层电能量采集设备的上行通信物理上采用 RS485 接口，遵循 DL/T 645—2007《多功能电能表通信协议》。存在的主要问题包括对 SV 采样值异常工况处理能力不强、安全性不够、上行通信无以太网接口、无 IEC 61850 建模功能等，不支持 IEC 61850-8-1 协议，互操作性不够等。新一代智能变电站针对这一现状对数字化电能表提出了性能提升需求，明确了数字化电能表不仅可接收合并单元传输的 SV 采样值报文，还需对采样数据输入通信中断等采样值异常事件进行有效处理，和站控层的电能量终端等设备直接采用 IEC 61850-8-1 协议通信，电能表 IEC 61850 建模符合相应的规范等，数字化电能表在新一代智能变电站的应用见图 1-11。

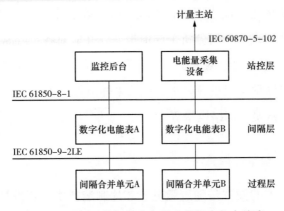

图 1-11　新一代智能变电站中的数字化电能表

数字计量系统通过电子式互感器合并单元传输符合 IEC 61850-9-2 协议的电流电压瞬时采样值至数字化电能表，数字化电能表完成电能量计算及电流电压异常事件记录等，并以符合 IEC 61850-8-1 描述的 MMS 服务和电能量采集终端交互，终端再以 IEC 60870-102 协议将交互信息远传至调度中心。数字化电能表同时将电能量数据上传至站控层。数字化电能表的采样值和 MMS 接口均为以太网通信接口。数字计量具有四大关键技术（见图 1-12）。

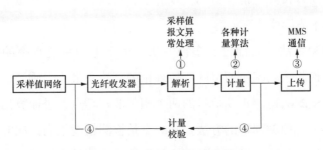

图 1-12　数字计量四大关键技术

1.3.1　采样值报文处理方式

计量的第一步即获得采样值，数字化电能表从变电站的采样值传输网络上获取采样值报文，正常情况下可按照采样值传输规范进行分析，获得采样值，一旦数字化电能表接收到很多不符合要求的报文，如不处理可能造成电能表程序卡死、电量计量异常等，因此对于报文有误、报文丢失、报文数据异常等情况，数字化电能表应进行处理，所以数字计量的关键技术之一为采样值数据帧处理方式：如何分析采样值报文，并应对各类异常情况。在 GB/T 17215.303—2013《交流电测量设备　数字化电能表　特殊要求》中提出需要对采样数据接口异常工况进行处理，包括采样值报文丢失、采样值报文中断、采样值报文格式错误、网络风暴等。

1.3.2　电能、电参量计算算法

数字化电能表的硬件是随着微电子芯片制造技术逐步发展的，但是它的基本构成框架相对稳定，仍然脱离不了 A/D 采样后进行数据处理这种模式。数字化电能表研究与研制的重点和难点在于实现电能表的高精度，即如何从电能参量计量算法上革新以实现电能表的高精度测量。

从电能计量的角度看，电能参量包含：电网频率、电压电流基波有效值、电压电流谐波有效值、有功功率、无功功率、视在功率、功率因数、基波电能、谐波电能等参数。电压电流基波谐波有效值以及功率因数的计算可以用傅里叶级数理论统一；有功功率、无功功率和基波谐波电能可以用功率测量理论统一。所以按照电能参量的实现算法，可以分为测频算法、谐波分析测量算法和功率测量算法三大类。

（1）测频算法。目前已有多种方法应用于电力系统频率的测量，主要有：过零点检测法、基于傅里叶变换理论的算法、最小二乘法、数字滤波法等。过零点检测法检测正弦信号的两个相邻的过零点，进而算出电网电压频率，这其实是一种测周期的方法。其缺点是检测精度不高，同时还需要硬件锁相环的支持。基于傅里叶变换理论的算法是应用最为广泛的测频算法，各种改进的算法都是以傅里叶变换理论为基础的，主要目的是未来减少频谱泄漏，以提高测量的精度。

（2）谐波分析测量算法。现代电力系统中，高压直流输电（HDVC）中的换流站，无功补偿中的静止无功补偿器（SVC）、静止无功发生器（SVG）、有源电力滤波器（APF）、可控串联补偿器（TCSC），以及各种交流变频调速装置已大量投入使用。它们内部含有大量的电力电子设备，是一系列巨大的谐

波产生源，谐波分析测量已成为电能计量中的一个重要组成部分。

电力系统谐波分析测量算法主要有基于 DFT 变换的谐波分析法、基于子空间分解的 MUSIC 法、基于自回归—滑动模型（ARMA）的 Prony 方法、人工神经网络法（ANN）和小波变换法等。在谐波分析测量算法中，基于 DFT 的谐波分析法在电能表的工程应用中同样很受青睐，这种方法有两类：基于加窗插值 FFT 的频谱校正方法和修正采样频率法。它们都是围绕如何减少采样不同步造成的频谱泄漏，进而提高基波谐波测量精度而展开的。加窗插值 FFT 的频谱校正方法根据校正方法的不同又可细分为四种：能量重心校正法、比值校正法、频谱细化法和相位差校正法。修正采样频率法在一定程度上减小了频谱泄漏，但根本上无法完全消除。MUSIC 法和 Prony 法不仅可以高精度地测量谐波，也可以测量间谐波，但计算涉及复杂的数字公式，运算量很大，实时性不高。将 ANN 法和小波变换法应用到谐波分析测量中近些年才兴起，却已经取得了重大的发展，具有良好的应用前景。

（3）功率测量算法。功率测量主要分为有功功率测量和无功功率测量。对于有功功率测量，有两种计算方法：一种是利用有功功率的定义，即电压、电流有效值以及功率因数角余弦的乘积计算；另一种是利用瞬时功率在时间上的累积计算。相比第一种方法，第二种方法只需知道电压电流的模拟量采样值即可，计算简单方便，得到了广泛的应用。无功功率测量算法有三类：直接公式法、基于 FFT 的无功功率测量和数字移植法。直接公式法套用无功功率的原始定义直接计算，而公式定义本身就是以标准正弦为前提的，因此在谐波环境下该方法有很大的测量误差。基于 FFT 的方法是直接公式法的一种变形，对信号进行 FFT 变换，再利用无功定义计算。数字移相法构造一种变换，对电压进行 90° 移相，然后按照计算有功功率的步骤得出无功功率，以基于 Hilbert 移相器的测量方法最为成熟，获得了良好的精度。

1.3.3　电能信息上传方法

对于模拟量计量的电能表，一般采用 DL/T 645 通信规约进行信息上传，这与中间站控层通信使用的 IEC 61850-8-1（MMS）协议不同；同时 IEC

61850 中计量相关模型信息量比较少，因此数字计量设备需要根据 IEC 61850 标准，扩充电能量逻辑节点，以实现电能表智能化通信接口，接入当地智能化监控系统。

1.3.4　数字计量准确度校验

数字化电能表虽然采用了数字信号输入方式，但仍然属于智能电表这一计量器具范畴，根据《中华人民共和国计量法》、DL/T 448—2000《电能计量装置技术管理规程》等规定，贸易结算用计量装置必须定期进行误差测试，保证贸易结算的公平性。数字化电能表需要进行型式评价、周期校准、现场校准等考核，以确保其电能计量的误差在允许范围内，这种行为就是"检定"行为，不同于一般电能表模拟量输入已经有了成熟的校验规程和校验仪器，数字化电能表的计量准确度校验在检定规程和检测设备方面亟需进一步完善。

2 数字化电能表通信协议

2.1 IEC 61850 标准

2.1.1 简介

在总结了 IEC 60870.5 通信协议的实际运行经验基础上，国际电工委员会 TC57 于 2003 年颁布了正式的变电站自动化系统标准——IEC 61850。它的完整名称是变电站通信网络和系统，它是基于以太网络通信平台的国际标准，也同时为变电站自动化系统指明了今后的发展方向：将 IEC 61850 构建于现代高速以太网通信技术体系之上，对变电站中的一切电气设备进行功能分层和模型抽象，应用面向对象的自我描述技术，完全彻底地实现设备间的互操作。

IEC 61850 通信标准由 10 部分组成，如图 2-1 所示。

IEC 61850 的第一部分说明了标准制定的基本原则以及标准中涉及的基本概念。第二部分定义了本标准范围内变电站自动化系统所用到的术语，例如变电站层、间隔层、逻辑设备、逻辑节点和数据对象等概念。第三、第四部分分别对变电站通信网络建设中应达到的质量要求、工程要求和通信要求进行了规范。第六部分规定了变电站中智能电子设备（IED）的配置描述语言（SCL），使用 SCL 能更方便地配置 IED 设备和网络通信系统，约束 IED 的功能结构和 IED 之间的相互关系，使得不同厂商生产的 IED 设备能够对 SCL 中的数据以兼容的方式进行交互。第七部分分为四个小部分：Part 7-1 介绍了 IED 间信息交换的基本原理、IED 的信息模型和通信服务模型；Part 7-2 详细描述了变电站中 IED 设备的抽象服务接口（ACSI），通过 Part 7-1 中定义的服务模型，对 IED 中信息模型进行操作，完成特定的通信功能，ACSI 在这个过程中扮演了接口的角色；Part 7-3 和 Part 7-4 分别对 IED 信息模型中用到的公共数据类（CDC）、逻辑节点类（LNC）等进行了具体的建模，它们都是对

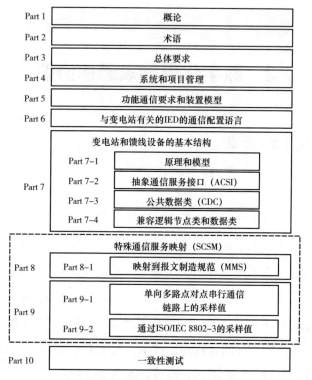

图 2-1   IEC 61850 通信标准内容组成

IED 信息模型的进一步细化。第七部分中 ACSI 的定义揭示了 IED 设备通信服务与特定的通信协议栈之间独立的本质。

第八部分与第九部分为特定通信服务映射（SCSM），规定了从 IED 的特定通信服务到具体通信协议栈的映射方法。第八部分定义特定通信服务映射到协议栈的应用层——制造报文规范（MMS）。第九部分是为 Part 7-2 中的采样值通信服务专门定义的，目的是为了提高采样值传输的实时性；Part 9-1 直接将采样值通信传输服务映射到串行通信链路上，网络层和传输层等中间层均为空；Part 9-2 是对 Part 9-1 的扩充，它将采样值服务映射到 ISO/IEC 8802-3 的采样值。

第十部分规定了变电站自动化系统中 IED 设备一致性测试的方法，主要包括 IED 系统硬件的配置测试、系统软件的配置测试、时间同步测试以及通信延迟等内容。一致性测试是 IEC 61850 标准的重要组成部分，实现了 IED 的一致性测试，才真正达到了设备间互操作性的要求。

2.1.2 IEC 61850 标准的主要技术特点

IEC 61850 标准的提出，极大地推动了技术的实际应用，从而领导着变电站自动化系统更深层次的革命，从某种程度上说，IEC 61850 标准为 SCADA 系统树立了一个很好的范本，是未来 SCADA 系统发展的风向标。

在 IEC 61850 标准的规范下，变电站自动化系统中的电气设备已不是通过固定、呆板的串行通信规约比特流进行数据的上传和下载，也不再有上位机和下位机的概念，甚至不再是变电站通信信息交互的实体。电气设备按照功能进行分层，功能模块被虚拟成多个功能节点，将它们作为信息交换的实体进行数据交互，完成传统继电保护测控装置的保护、测量和控制功能。采用面向对象的技术，可以把变电站中一切通信事件统一为对象的程度化操作，最大程度地方便了变电站自动化系统的配置、维护与扩展。

IEC 61850 不同于传统通信规约的特征，总体上可以概括为以下四个突出的技术特点。

1. 定义了变电站的信息分层结构

IEC 61850 标准提出了变电站内信息分层的概念，将变电站的通信体系分为 3 个层次，即变电站层、间隔层和过程层，并且定义了层和层之间的通信接口。

在变电站层和间隔层之间的网络采用抽象通信服务接口映射到制造报文规范（MMS）、传输控制协议/网际协议（TCP/IP）以太网或光纤网。

在间隔层和过程层之间的网络采用单点向多点的单向传输以太网，如采样值（sampied measured value，SMV）网络、面向对象的变电站通用事件（generic object oriented substation event，GOOSE）网络。变电站内的智能电子设备（IED，测控计量单元和继电保护等）均采用统一的协议，通过网络进行信息交换。

2. 采用了面向对象的数据建模技术

IEC 61850 标准采用面向对象的建模技术，定义了基于客户机/服务器结构数据模型。每个 IED 包含一个或多个服务器，每个服务器本身又包含一个或多个逻辑设备。逻辑设备包含逻辑节点，逻辑节点包含数据对象。数据对象则是由数据属性构成的公用数据类的命名实例。在通信方面，IED 同时也扮演客户的角色。任何一个客户可通过抽象通信服务接口（ACSI）和服务器通信访问数据对象。

3. 数据自描述

该标准定义了采用设备名、逻辑节点名、实例编号和数据类名建立对象名的命名规则；采用面向对象的方法，定义了对象之间的通信服务，比如：获取和设定对象值的通信服务，取得对象名列表的通信服务，获得数据对象值列表的服务等。面向对象的数据自描述在数据源就对数据本身进行自我描述，传输到接收方的数据都带有自我说明，不需要再对数据进行工程物理量对应、标度转换等工作。由于数据本身带有说明，所以传输时可以不受预先定义限制，简化了对数据的管理和维护工作。

4. 网络独立性

IEC 61850 标准总结了变电站内信息传输所必需的通信服务，设计了独立于所采用网络和应用层协议的抽象通信服务接口（ASCI）。在 IEC 61850-7-2 中，建立了标准兼容服务器所必须提供的通信服务的模型，包括服务器模型、逻辑设备模型、逻辑节点模型、数据模型和数据集模型。客户通过 ACSI，由专用通信服务映射（SCSM）映射到所采用的具体协议栈，例如制造报文规范（MMS）等。IEC 61850 标准使用 ACSI 和 SCSM 技术，解决了标准的稳定性与未来网络技术发展之间的矛盾，即当网络技术发展时只要改动 SCSM，而不需要修改 ACSI。

2.1.3　IEC 61850 系列标准与 DL/T 860 系列标准

IEC 61850 系列标准共包含 10 个部分，DL/T 860 系列标准参照 IEC 61850 系列标准建立，各部分标准之间可等同采用，见表 2-1。

表 2-1　　IEC 61850 系列标准与 DL/T 860 系列标准的对应等同关系

IEC 61850 系列标准		DL/T 860 系列标准	
IEC 61850-1：2003	Part 1：Introduction and overview	DL/T 860.1—2018	第 1 部分：概论
IEC 61850-2	Part 2：Glossary	DL/T 860.2—2006	第 2 部分：术语
IEC 61850-3：2002	Part 3：General requirements	DL/T 860.3—2004	第 3 部分：总体要求
IEC 61850-4：2002	Part 4：System and project management	DL/T 860.4—2018	第 4 部分：系统和项目管理
IEC 61850-5：2003	Part 5：Communication requirements for functions and device models	DL/T 860.5—2006	第 5 部分：功能和设备模型的通信要求
IEC 61850-6：2004	Part 6：Configuration description language for communication in electrical substations related to IEDs	DL/T 860.6—2012	第 6 部分：与变电站有关的 IED 的通信配置描述语言
IEC 61850-7-1：2003	Part 7-1：Basic communication structure for substation and feeder equipment–Principles and models	DL/T 860.71—2014	第 7-1 部分：变电站和馈线设备的基本通信结构、原理和模型
IEC 61850-7-2：2003	Part 7-2：Basic communication structure for substation and feeder equipment–Abstract communication service interface (ACSI)	DL/T 860.72—2013	第 7-2 部分：变电站和馈线设备的基本通信结构　抽象通信服务接口（ACSI）
IEC 61850-7-3：2003	Part 7-3：Basic communication structure for substation and feeder equipment – Common data classes	DL/T 860.73—2013	第 7-3 部分：变电站和馈线设备的基本通信结构　公用数据类
IEC 61850-7-4：2003	Part 7-4：Basic communication structure for substation and feeder equipment–Compatible logical node classes and data classes	DL/T 860.74—2014	第 7-4 部分：变电站和馈线设备的基本通信结构　兼容的逻辑节点类和数据类

续表

IEC 61850 系列标准		DL/T 860 系列标准	
IEC 61850–8–1：2004	Part 8–1：Specific communic–ation service mapping (SCSM)–Mappings to MMS (ISO/IEC 9506–1 and ISO/IEC 9506–2) and to ISO/IEC 8802–3	DL/T 860.81—2016	第 8–1 部分：特殊通信服务映射（SCSM）映射到 MMS（ISO/IEC 9506 第 2 部分）和 ISO/IEC 8802–3
IEC 61850–9–2：2004	Part 9–2：Specific communic–ation service mapping (SCSM)–SampIED values over ISO/IEC 8802–3	DL/T 860.92—2016	第 9–2 部分：特殊通信服务映射（SCSM）通过 ISO/IEC 8802.3 传输采样测量值
IEC 61850–10：2005	Part 10：Conformance testing	DL/T 860.10–2018	第 10 部分：一致性测试

2.1.4　IEC 61850 标准在数字化电能表上的应用

　　数字化电能表作为数字计量的物理实体，处于智能变电站间隔层，其通过采样值网络（SMV 或 SV 网）接收合并单元发送的采样值报文，对报文进行处理后，向上接入当地监控系统和电量采集设备，其当地监控系统直接接入站控层 MMS 网络，因此对于一个完整的数字化电能表而言，其输出的电量、需量、瞬时值等参数最好直接通过 MMS 网络提交给采集设备以及当地监控系统，同时还可以通过 GOOSE 网络发送变电站通用事件。数字化电能表在智能变电站的位置如图 2–2 所示。

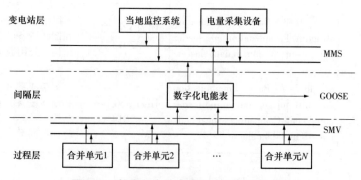

图 2–2　数字化电能表在智能变电站的位置

目前在智能变电站的计量应用上，数字化电能表主要接入 SMV 网络和 MMS 网络，在 SMV 网络中，主要使用 IEC 61850-9-2 或 IEC 61850-9-2LE 传输协议，在 MMS 网络中，则使用 IEC61850-8-1（MMS）协议规范。

2.2　采样值（SMV）传输协议

2.2.1　概述

SMV（sampIED measured value），采样测量值，简称采样值，有些文献也把采样值简写为 SV（sampIED value）。

在数字化电能表中，合并单元与继电保护、测控、计量设备等间隔层之间的数据交换采用 IEC 61850-9-1 或 IEC 61850-9-2 协议，即所谓采样值（SMV）传输协议；而 IEC 61850-9-2LE 是 IEC 61850-9-2 的简略版，去掉了一些信息内容，如去掉了 ASDU 中的 datset（来自 MSVC 或 USVC 的值）、refrTm（采样值缓冲的刷新时间）、smpRate（采样率）等内容。

2.2.2　IEC 61850-9-1 采样值传输协议

IEC 61850-9-1 规定了通过单向多路点对点串行通信链路的采样值传输方式（见图 2-3）。其中合并单元提供多个光纤数据输出接口，与间隔层设备之

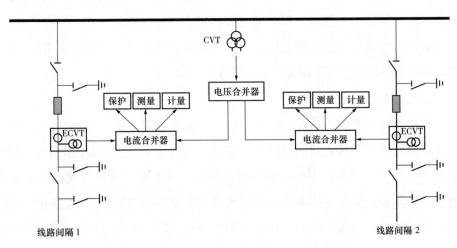

图 2-3　IEC 61850-9-1 采样值传输示意图

间通过光纤一对一进行连接，点对点传送方式只需考虑传送介质的带宽和接受方 CPU 处理数据的能力，而不用担心数据流量对于其他间隔设备传输的影响，因为点对点传送方式并没有通过网络与其他间隔共享网络带宽。

IEC 61850-9-1 采样值传输协议帧格式请参考 IEC 61850-9-1: 2003 标准（或 DL/T 860.91—2006）。

在 IEC 61850 标准颁布之初，考虑到当时交换机技术的发展，如果采用网络方式传输采样值需要配置高性能的交换机，这样会大大增加变电站的建设成本，因此制定了点对点的传输标准。虽然点对点方式数据传输简单可靠，但其缺点也是显而易见的。

1. 光纤连线较为复杂

点对点方式中电流、电压数据需合成一组完整的采样数据，最后以一路光纤信号输送给保护、测控、计量等设备。由于电流合并单元和电压合并单元是分别进行数据采集的，因此电压合并单元需将 TV 切换后的母线电压以光纤信号接入每个间隔的电流合并单元，用以进行数据综合。这样造成电压合并单元光纤连线复杂，整体构架不清晰，尤其是母线上间隔较多时更为突出。

2. 跨间隔保护实现方式复杂

由于保护、测控、计量设备的限制，一个装置一般只有一个采样值接收口。这样对于跨间隔的保护如主变压器、母差保护等，要通过点对点方式同时采集多个间隔的采样值，只有加装数据集中器的设备，将各间隔的合并单元的数据进行综合后以一路数据输出。当间隔较多时对于数据集中器的处理能力和数据转发的实时性都将是一个严峻的考验。

3. 安装方式不灵活

点对点方式的合并单元一般只适合于安装在主控室中，因为每个合并单元都是直接将光纤接入间隔层设备，如果就地安装于互感器旁，由于主控室中保护、测控、计量并不在一面屏柜内配置，那么将增加连接光纤的铺设，增加成本。若安装于主控室，一方面占用主控室屏体位置；另一方面由于互感器采集器数目较多，增加光纤熔接的工作量，同时降低了光纤信号传输的可靠性。

2.2.3　IEC 61850-9-2 采样值传输协议

随着网络管理功能交换机技术的迅速发展及其成本的降低，采样值网络传输模式也开始得到应用，IEC 61850-9-2 协议（简称"9-2 协议"）对这种采样值传输方式做了规范。采用"9-2 协议"进行采样值传输时，合并单元将数字量采样信号以光纤方式接入过程层网络，间隔层保护、测控、计量等设备不再与合并单元直接相连，而是通过过程层网络获取采样值信号，这样就达到了采样信号的信息共享（见图 2-4）。

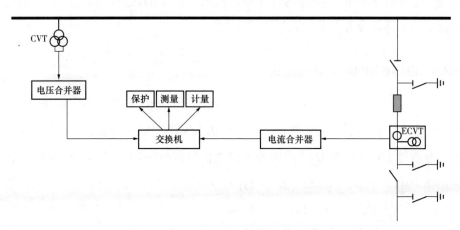

图 2-4　IEC 61850-9-2 网络传输示意图

通过交换机本身的优先级技术、虚拟 VLAN 技术、组播技术可以有效地防止采样值传输流量对过程层网络的影响。且该网络传输模式有效地解决了点对点传输模式下的一些缺陷。

1. 光纤连线简洁

"9-2 协议"传输模式解决了电压并列和接入的问题。电压合并单元只需和电流合并单元一样接入过程层网络，各间隔的保护、测控、计量等设备通过共享网络采集电流、电压，同时通过装置自身采集的断路器位置实现电压并列功能。这样减少了电压合并单元至每个间隔电流合并单元的光纤连线，网络构架更加清晰简洁。

2. 便于实现跨间隔保护

对于需要多个间隔采样值的保护如主变压器、母差保护等，由于各间隔采样值均接入了过程层网络，采样值的获取非常方便，只要保护设备与各间隔合并单元处于同一个虚拟局域网络内，各间隔的采样值都是共享的，任何设备都可以从网络获取自己想要的信息值。对于高电压等级和多间隔母线的情况下这种优点将更加突出。

3. 安装方式灵活

采用"9-2 协议"网络传输方式，合并单元可以下发至就地端子箱安装，只需一根光纤就可将此间隔的合并单元接入主控室的过程层网络。同时方便了就地采集器至合并单元的光纤连接。

2.2.4　IEC 61850-9-2 帧格式

IEC 61850-9-2 采样值报文的一个 APDU 可以由多个 ASDU 链接而成，APDU 结构见表 2-2，在编码上，采用与基本编码规则（BER）相关的 ASN.1 语法对通过 ISO/IEC 8802-3 传输的采样值信息进行编码。基本编码规则的转换语法具有"类型—长度—值"（Type—Length—Value，T—L—V）或者是"标记—长度—值"（Tag—Length—Value，T—L—V）三个一组的格式。所有域（T、L 或 V）都是一系列的 8 位位组。值 V 可以构造为 T—L—V 组合本身，其中 ASDU 格式见表 2-3。

表 2-2　　　　　　　　　　　　　APDU 结构

Tag	Length	APDU 数目 n（u16）	APDU1	APDU2	⋯	APDUn
内容				说明		
savPdu tag				APDU 标记（=0x60）		
savPdu length				APDU 长度		
noAPDU tag				APDU 数目　标记（=0x80）		
noAPDU length				APDU 数目　长度		

续表

Tag	Length	APDU 数目 *n*（u16）	APDU1	APDU2	…	APDU*n*

内容	说明
noAPDU value	APDU 数目　值（=1） 类型 INT16U 编码为 asn.1 整型编码
Sequence of APDU tag	APDU 序列 标记（=0xA2）
Sequence of APDU length	Sequence of APDU 长度
APDU	APDU 内容

表 2-3　　　　　　　　ASDU 结构

内容	说明
ASDU tag	ASDU 标记（=0x30）
ASDU length	ASDU 长度
SVID tag	采样值控制块 ID 标记（=0x80）
SVID length	采样值控制块 ID 长度
SVID value	采样值控制块 ID 值 类型：VISBLE STRING 编码为 asn.1 VISBLE STRING 编码
smpCnt tag	采样计数器　标记（=0x82）
smpCnt length	采样计数器　长度
smpCnt value	采样计数器　值 类型 INT16U 编码为 16 Bit Big Endian
confRev tag	配置版本号　标记（=0x83）
confRev length	配置版本号　长度
confRev value	配置版本号　值 类型 INT32U 编码为 32 Bit Big Endian
smpSynch tag	采样同步　标记（=0x85）

续表

内容	说明
smpSynch length	采样同步　长度
smpSynch value	采样同步　值 类型 BOOLEAN 编码为 asn.1 BOOLEAN 编码
Sequence of data tag	采样值序列标记（=0x87）
Sequence of data length	采样值序列　长度
Sequence of data value	采样值序列　值

表 2-4　　　　　　　　　　　采样值报文采样值序列结构

保护 A 相电流	类型 INT32 编码为 32 Bit Big Endian
保护 A 相电流品质	类型为 quality，2-1 中映射为 BITSTRING 编码为 32 Bit Big Endian
保护 B 相电流	
保护 B 相电流品质	
保护 C 相电流	
保护 C 相电流品质	
中线电流	
中线电流品质	
测量 A 相电流	
测量 A 相电流品质	
测量 B 相电流	
测量 B 相电流品质	
测量 C 相电流	
测量 C 相电流品质	
A 相电压	

续表

A 相电压品质	
B 相电压	
B 相电压品质	
C 相电压	
C 相电压品质	
零序电压	
零序电压品质	
母线电压	
母线电压品质	

以字节来说，IEC 61850-9-2LE 采样值报文在链路层传输都是基于 ISO/IEC 8802-3 的以太网帧结构，具体帧结构定义见表 2-5。

表 2-5　　　　　　　　　采样值报文帧结构定义

字节		2^7	2^6	2^5	2^4	2^3	2^2	2^1	2^0
1									
2									
3									
4		前导字段 Preamble							
5									
6									
7									
8		帧起始分隔符字段 Start-of-Frame Delimiter（SFD）							
9	MAC 报头 Header MAC	目的地址 Destination address							
10									
11									
12									
13									
14									

字节		2^7	2^6	2^5	2^4	2^3	2^2	2^1	2^0
15	MAC 报头 Header MAC	源地址 Source address							
16									
17									
18									
19									
20									
21	优先级标记 Priority tagged	TPID							
22									
23		TCI							
24									
25		以太网类型 Ethertype							
26									
27	以太网类型 PDU Ether-type PDU	APPID							
28									
29		长度 Length							
30									
31		保留 1 reserved1							
32									
33		保留 2 reserved2							
34									
35		APDU							

续表

字节		2^7	2^6	2^5	2^4	2^3	2^2	2^1	2^0
		可选填充字节							
		帧校验序列 Frame check sequence							

帧格式说明：

（1）前导字节（Preamble）。前导字段，7字节。Preamble 字段中 1 和 0 交互使用，接收站通过该字段知道导入帧，并且该字段提供了同步化接收物理层帧接收部分和导入比特流的方法。

（2）帧起始分隔符字段（Start-of-Frame Delimiter）。帧起始分隔符字段，1字节。字段中 1 和 0 交互使用。

（3）以太网 mac 地址报头。以太网 mac 地址报头包括目的地址（6 个字节）和源地址（6 个字节）。目的地址可以是广播或者多播以太网地址。源地址应使用唯一的以太网地址。

IEC 61850-9-2 多点传送采样值，建议目的地址为 01-0C-CD-04-00-00 到 01-0C-CD-04-01-FF。

（4）优先级标记（Priority tagged）。为了区分与保护应用相关的强实时高优先级的总线负载和低优先级的总线负载，采用了符合 IEEE 802.1Q 的优先级标记。

优先级标记头的结构，帧格式头结构见表 2-6。

（5）以太网类型 Ethertype。由 IEEE 著作权注册机构进行注册，可以区分不同应用（见表 2-7）。

（6）以太网类型 PDU。

1）APPID：应用标识，建议在同一系统中采用唯一标识，面向数据源的标识。

表 2-6   帧格式头结构

字节		2^7	2^6	2^5	2^4	2^3	2^2	2^1	2^0
	TPID	0x8100							
	TCI	User priority			CFI	VID			
		VID							

注   1. TPID 值：0x8100。

2. User priority：用户优先级，用来区分采样值，实时的保护相关的 GOOSE 报文和低优先级的总线负载。高优先级帧应设置其优先级为 4 ~ 7，低优先级帧则为 1 ~ 3，优先级 1 为未标记的帧，应避免采用优先级 0，因为这会引起正常通信下不可预见的传输时延。

3. 采样值传输优先级设置建议为最高级 7。

4. CFI：若值为 1，则表明在 ISO/IEC 8802-3 标记帧中，Length/Type 域后接着内嵌的路由信息域（RIF），否则应置 0。

5. VID：虚拟局域网标识，VLAN ID。

表 2-7   以太网类型分类码

应用	以太网类型码（16 进制）
IEC 61850-8-1 GOOSE	88-B8
IEC 61850-9-1 采样值	88-BA
IEC 61850-9-2 采样值	88-BA

为采样值保留的 APPID 值范围是 0x4000 ~ 0x7fff。可以根据报文中的 APPID 确定唯一的采样值控制块。

2）长度 Length：从 APPID 开始的字节数。保留 4 个字节。

（7）应用协议数据单元 APDU。APDU 格式说明请参考表 2-2。

（8）帧校验序列。帧校验序列数据包含 4 个字节。该序列包括 32 位的循环冗余校验（CRC）值，由发送 MAC 方生成，通过接收 MAC 方进行计算得出，以校验被破坏的帧。

2.3 制造报文规范（MMS）协议

2.3.1 概述

制造报文规范（manufacturing message specification，MMS）出自通用汽车公司在 20 世纪 80 年代初标准化工作，由 ISOTC184 和 IEC 共同负责管理，目的是为了规范工业领域具有通信能力的智能传感器、智能电子设备、智能控制设备的通信行为，使出自不同制造商的设备之间具有互操作性，使系统集成变得简单、方便。

MMS 为 ISO/IEC 9506 标准定义的用于工业控制系统的通信报文规范，ISO/IEC 9506 由多部分组成，其中 ISO/IEC 9506-1、ISO/IEC 9506-2 是基本标准。

1. ISO/IEC 9506-1《工业自动化系统　制造报文规范　第一部分：服务定义》

ISO/IEC9506-1 规定了 MMS 所提供的服务功能和服务过程，包含各种对象、服务和属性定义。

MMS 定义的服务规范包括：

（1）虚拟制造设备（virtual manufacturing device，VMD）概念的引入和定义。MMS 中最重要的抽象对象是虚拟制造设备 VMD。VMD 是现实设备的一组制定资源和功能的抽象表示，是该抽象表示向现实设备物理方面和功能方面的一个映射。VMD 含有域（domain）、程序调用（program invocation）和变量（variable）等抽象对象。

（2）网络环境下各节点之间服务或报文的交换规则定义。MMS 通信采用客户机 / 服务器模型，向对方提出请求的通信实体是客户机，响应对象的请求并向对方提供服务的通信实体成为服务器。在 MMS 中，VMD 是作为服务器出现的，存在于服务器应用过程内。客户机通过 MMS 服务原语获取服务器提供的服务，客户机和服务器间的原语交换通过 MMS 服务提供者来实现。

MMS 服务原语有四种：请求（request）、指示（indication）、应答（response）、确认（confirm）；非确认服务中没有应答和确认，每个 MMS 服务原语都包含一个 Invoke ID 参数，该参数在请求、指示、应答、确认原语中是绝对必要的，此参数用于明确表示它是一个来自 MMS 用户对一个应用关联的服务调用。服务实现实例如图 2-5 所示。

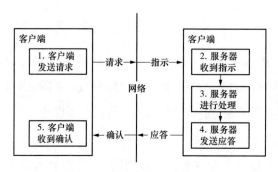

图 2-5　MMS 服务实现实例

（3）与 VMD 和服务有关的属性及参数的定义。MMS 提供了通过网络进行对等（peer to peer）实时通信的一套服务集。MMS 作为通用通信协议可以用于多种通用工业控制设备，如可编程控制器和工业机器人等。

MMS 定义的几大类服务包括：

（1）环境及通用管理服务（environment and general management services）；

（2）虚拟制造设备支持服务（VMD support services）；

（3）域管理服务（domain management services）；

（4）程序管理服务（program invocation management services）；

（5）变量访问服务（variable access services）；

（6）信号量管理服务（semaphore management services）；

（7）操作员通信服务（operator communication services）；

（8）事件管理服务（event management services）；

（9）日志管理服务（journal management services）。

MMS 提供了 19 类对象的 84 种服务，每一个大类又定义了很多通信服务子类，在实际应用中只需针对特定的应用环境选取恰当的服务子集便可以完成对实际设备的控制。

2. ISO/IEC 9506-2《工业自动化系统—制造报文规范　第二部分：协议规范》

ISO/IEC 9506-2 定义了 MMS 协议（protocol）规范，包括报文的执行序

列、报文或编码的格式、MMS 层与 OSI 参考模型其他层的相互作用关系（见图 2-6）；依据协议规范使用表示层标准 ISO8824 即抽象语句标识（abstract syntax notation number one，ASN.1）定义的 MMS 报文格式，标准号为 ISO/IEC8824，它是描述数据类型和描述抽象对象建模工具的一种专用语言。

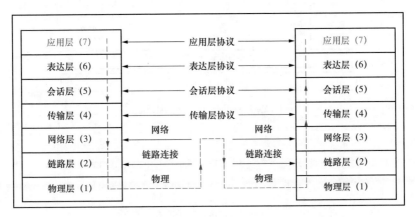

图 2-6　MMS 层与 OSI 参考模型其他层的相互作用关系

MMS 作为开放系统互联 OSI 的基本参考模型的一个应用层服务元素 ASE，列入 OSI 环境中的应用层之中；MMS 服务由 MMS 协议提供，协议采用 ISO8649 及 ISO8822 分别定义关联控制服务元素 ACSE 和表示层的适用服务（见图 2-7）；MMS 作为 OSI 应用层标准，它需要使用 OSI 表示层（第六层）向它提供服务，因此，MMS 服务是在下层通信系统的支持下完成的。

MMS 可以支持多种通信方式，包括以太网、令牌总线、RS-232C、OSI、TCP/IP、MiniMAP 等，MMS 也可通过网桥、路由器或网关连接到其他系统上。

下面是 MMS 定义的各种 PDUs 和各种服务的结构。

MMSpdu∷=CHOICE

{

confirmed-RequestPDU [0] IMPLICIT Confirmed-RequestPDU,

confirmed-ReponsePDU [1] IMPLICIT Confirmed-ReponsePDU,

confirmed-ErrorPDU [2] IMPLICIT Confirmed-ErrorPDU,

IF（unsolicitedStatus informationReport eventNotification）

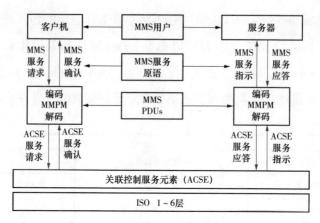

图 2-7　MMS 服务与 ACSE

```
    unconfirmed-PDU        [3]IMPLICIT Unconfirmed-PDU,
ELSE
unconfirmed-PDU            [3]IMPLICIT NULL,
ENDIF
    reiectPDE              [4]IMPLICIT RejectPDU,
IF（cancel）
    cancel-RequestPDU      [5]IMPLICIT Cancel-RequestPDU,
    cancel-ResponsePDU     [6]IMPLICIT Cancel-ResponsePDU,
cancel-ErrorPDU            [7]IMPLICIT Cancel-ErrorPDU,
ELSE
    cancel-RequestPDU      [5]IMPLICIT NULL,
cancel-ResponsePDU         [6]IMPLICIT NULL,
cancel-ErrorPDU            [7]IMPLICIT NULL,
ENDIF
initiate-RequestPDU        [8]IMPLICIT Initiate-RequestPDU,
initiate-ResponsePDU       [9]IMPLICIT Initiate-ResponsePDU,
initiate-ErrorPDU          [10]IMPLICIT Initiate-ErrorPDU,
conclude-RequestPDU        [11]IMPLICIT Conclude-RequestPDU,
```

```
conclude-ResponsePDU  [12]IMPLICIT Conclude-ResponsePDU,

conclude-ErrorPDU     [13]IMPLICIT Conclude-ErrorPDU,

}
```

下面以 **MMS Initiate** 请求服务为例，介绍协议规范的定义的 **PDU** 的结构。

```
Initiate-RequestPDU::= SEQUENCE{

    localDetailCalling                    [0]IMPLICIT Integer32
    OPTIONAL,

    proposedMaxServOutstandingCalling     [1]IMPLICIT Integer16,

    proposedMaxServOutstandingCalIED      [2]IMPLICIT Integer16,

    proposedDateStructureNestingLevel     [3]IMPLICIT Integer8
    OPTIONAL,

    initRequestDetail              [4]IMPLICIT SEQUENCE{

        proposedVersionNumber      [0] IMPLICIT Integer16,

        proposedParameterCBB       [1]IMPLICIT Parameter
        SupportOptions,

        servicesSupportedCalling   [2]IMPLICIT ServiceSupport
        Options,

        ...
    IF(csr cspi)

        additionalSupportedCalling [3]IMPLICIT Additional
    SupportOptions,

      ENDIF

      IF(cspi)

      additonalCbbSupportedCalling [4] IMPLICIT Addtional
      CBBOptions,

      privilegeClassIdentityCalling [5]IMPLICIT VisibleString,

      ENDIF

        }
```

}

图 2-8 所示为一个报文实例，使用 MMS Ethereal 软件捕捉得到，完整的
报文内容如下。

00 21 cc 68 a9 d7 00 a0 1e 07 08 09 08 00 45 00 00 f5 00 1c 40 00 40 06 19 41
ac 14 64 02 ac 14 64 7b 04 00 00 66 82 2f 1f 2d 82 20 8d f1 80 18 20 00 54 9c 00 00
01 01 08 0a 00 00 02 dd 00 00 02 d4 03 00 00 c1 02 f0 80 0d b8 05 06 13 01 00 16
01 02 14 02 00 02 33 02 00 01 34 02 00 01 c1 a2 31 81 9f a0 03 80 01 01 a2 81 97
81 04 00 00 00 01 82 04 00 00 00 01 a4 23 30 0f 02 01 01 06 04 52 01 00 01 30 04
06 02 51 01 30 10 02 01 03 06 05 28 ca 22 02 01 30 04 06 02 51 01 88 02 06 00 61
60 30 5e 02 01 01 a0 59 60 57 80 02 07 80 a1 07 06 05 28 ca 22 02 03 a2 06 06 04
2b ce 0f 21 a3 03 02 01 21 a6 06 06 04 2b ce 0f 21 a7 03 02 01 21 be 2e 28 2c 02 01
03 a0 27 a8 25 80 02 7d 00 81 01 01 82 01 01 83 01 05 a4 16 80 01 01 81 03 05 fb
00 82 0c 03 ee 1c 00 00 04 02 00 00 58 fc 10

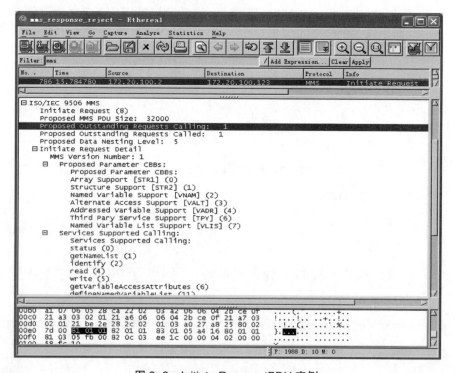

图 2-8   Initiate ResquestPDU 实例

其中首字"a8"在协议中表示为"请求"，代表请求服务原语；根据上面MMS Initiate请求服务定义的PDU的结构，可以识别"80 02 7d 00"的意义，这是一个符合ASN.1编码的TLV（Tag-Length-Value）结构：其标志（Tag）0x80即localDetailCalling，在这里表示MMS内容最大长度，其值的长度（Length）为0x02个字节，值（Value）为32000（0x7d00），其他内容可以按照MMS协议文本分析或使用相应软件分析，下面是使用MMS Ethereal软件分析的画面。

2.3.2　MMS的特点

通过使用MMS可使工业系统具有互操作性和独立性。

1. 互操作性

制定MMS的初衷是为设备和应用定义一套标准通信机制，使其具有高度互操作性。但报文格式的统一只是获得互操作性的一个方面，为此，MMS不仅定义了交换报文的格式，还提供了如下定义：

（1）对象（object）：MMS定义了一套通用对象（如变量）及这些对象的网络可见属性（如名字、值、类型）。

（2）服务（service）：MMS定义了一套访问和管理网络环境下对象的通信服务（如读、写）。

（3）行为（behavior）：MMS定义了当执行相关服务时，设备所应表现出的网络可见行为。

对象、服务、行为的定义构成了一套关于设备和应用在VMD模型中如何通信的规范。VMD模型只定义了通信的网络可见方面，对于实际设备如何实现VMD模型的细节，如编程语言、操作系统、CPU类型和I/O系统等，MMS则不定义。通过定义设备的网络可见部分的行为，MMS的VMD模型能使设备之间具有很高的互操作性，同时这些定义又不妨碍设备和应用内部使用不断创新的新技术。

2. 独立性

与很多只适用于特定产品的专用通信系统不同，MMS是一个通用的、独立于专用设备的国际标准体系。MMS为用户提供了一个独立于所完成功能的通用通信环境。

2.3.3 MMS 在 IEC61850 中的应用

IEC 61850 在技术上的一个显著特点就是使用了 MMS，其高层抽象定义最终都映射到底层的 MMS 上去，如在 Part 8–1 中，对于电能参量传输服务所采用的客户机 / 服务器交互方式，其通信协议栈有两种方案可选：基于 TCP/IP 传输协议集的 MMS 协议栈和基于 OSI 传输协议集的 MMS 通信协议栈。这两种通信协议栈的上三层完全相同，都为 ACSI 映射到 MMS，不同之处在于网络层与传输层的选择上。考虑到 TCP/IP 协议已是当今互联网通信的标准，变电站站控层网络中的网络层和传输层采用 TCP/IP 协议传输集。MMS 报文协议栈如图 2–9 所示。

制造报文规范（MMS）	应用层
ASN.1编码	表示层
面向连接的会话层IEC8236、IEC8237	会话层
传输控制协议（TCP）	传输层
互联网协议（IP）	网络层
MAC子层CSMA/CD	链路层
IEEE 802.3	物理层

图 2–9 MMS 报文协议栈

IEC 61850 描述的通信体系是分层结构，各层之间相互独立（见图 2–10）。IEC 61850–7–2 负责定义与具体网络和通信协议栈无关的抽象通信服务接口

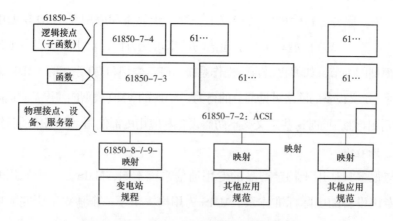

图 2–10 IEC 61850 通信系统总体结构

（ACSI），IEC 61850-8-/-9 负责定义与具体网络和通信协议栈相关的特殊通信服务映射（SCSM）。

IEC 61850-7-2 定义了 ACSI。ACSI 是个概念性的接口，它定义了独立于实际使用的网络和通信协议的应用，包括通信服务、通信对象及参数，这些通信服务、通信对象和参数通过 SCSM 映射到底层应用程序。IEC 61850-8-1 定义了变电站层和间隔层之间通信的 ACSI 到 ISO/IEC 9506 即 MMS 之间的映射，包含两方面的内容：ACSI 信息模型对象到 MMS 对象的映射和 ACSI 抽象服务到 MMS 服务的映射（见表 2-8）。

表 2-8　　　　　　　　　　ACSI 到 MMS 对象与服务的映射

IEC 61850 对象	ACSI 服务	MMS 服务	MMS 对象
Server	GetServerDierctory	GetNmaeList	VMD
LogicalDevice	GetLogicalDeviceDirectory	GetNmaeList	Domain
LogicalNode	GetLogicalNodeDirectory	GetNmaeList	NamedVariable
Data	GetDataDirectory GetDataValues SetDataValue	GetVarialeAccessAttributes Read Write	NamedVariable
DataSet	GetDataSetDirectory GetDataSetValues SetDataSetValues	GetNamedVariableListAttributes Read Write	NamedVariableList

IEC 61850 规范的 Server 类模型映射到 MMS 中的虚拟制造设备（VMD），LD 类模型映射到 MMS 的域（Dommn），LN 类模型与 Data 类模型都映射到有名变量（NameVariable），DataSet 类模型映射到有名变量列表（NameVariableList）。通信服务映射中，Server、LD 和 LN 的目录查询服务都映射到 MMS 中的 GetNameList 服务。Data 和 DataSet 的取数据和设置数据 ACSI 服务映射到 MMS 中的 Read 和 Write 服务。应用 ACSI 抽象语法和 MMS 语法可以建立对象的映射关系：对于 MMXUl 逻辑节点中数据对象 Hz 的数据属性 mag，在 ACSI 语法中 mag 可表示为：LDl/MMXUl.Hz.mag[MX]，"/"将逻辑设备和逻辑节点分开，"."表示数据对象和数据属性的层次结构，MX 为数据属性的功能

约束，用"[ ]"标注在数据属性的后面；在 MMS 语法中 mag 可表示为 LDl/MMXUl\$MX\$Hz\$mag，可以看出逻辑设备和逻辑节点之间也用"/"分开，逻辑节点以下的层次结构用"\$"分开，另外，功能约束放到了逻辑节点与数据对象中间。

ACSI 服务到 MMS 的映射以及根据协议栈生成 MMS 报文是客户机 /JR 服务器服务正常工作的两个关键步骤，以电网电压频率向变电层上传为例详细分析电能参量传输服务的工作流程。

首先假设变电站层 IED 在配置初就已得到电能表 IED 的信息模型，此时变电站层 IED 设备需要此测量点的电网频率，向电能表 IED 提出请求，该请求已在变电层 IED 中生成报文发送到变电站层以太网上。电能表 IED 经过物理层光纤以太网接收到请求后，在数据链路层去除帧头和帧尾并进行数据校验，确认数据完整无误后送入网络层。

在网络层和传输层对数据进一步解包送入会话层；会话层为内部的应用程序建立"会话"后，将数据送往表示层的 ASN.1 解码器解码；这时，解码后的数据就为 MMS PDU，MMS 执行机为 MMS PDU 建立事务状态机（TSM）t351，得到 MMS 通信服务原语 RequestRead LDl/MM Xl 71\$MX\$Hz；紧接着利用 ACSI 到 MMS 的映射程序将 MMS 服务原语转换为 ACSI 服务语句 GetDataValues.Request LDl/MMXUl.Hz[MX]。到此时电能表 IED 完成了请求报文的理解。

第二阶段是电能表 IED 将数据返回给客户机的过程。取出 Hz 生成 ACSI 服务语句 GetDataValues.Response LDl/MMXUl.Hz.mag LDl/MMXUl.Hz.q LDl/MMXUl.Hz.tl 通过映射程序生成 MMS 服务原语，经协议栈的七层网络自上而下逐级封装，最终将电压频率信息以以太网数据包的形式发送给变电站层 IED。

2.4 智能变电站配置文件（SCD）

在 IEC 61850-6 部分定义了变电站配置描述语言（SCL）。SCL 语言是根据 XML 的语法规则和结构定义，同时结合 IEC 61850 标准的需要定义的一种特定用途的、可扩展的标识性语言。SCL 语言相当于 XML 语言在基于 IEC 61850 变电站系统中的特定应用。而 XML 具有平台无关性，因而可使得文件中的数据能在不同厂家、不同平台的工程化工具之间进行交换。

引入 SCL 主要有以下两个作用：①对 IED 的功能和运行参数进行描述；②对系统进行描述，主要通过 SCL 语言描述系统中设备对象，包括一次、二次设备。下面主要对基于 IEC 61850 的变电站自动化系统中配置工具进行了分析。

2.4.1　SCL 的文档结构

XML 文档包括 DTD（文档类型定义）文件、XML 文件和式样单三部分，SCL 语言是基于 XML 的。同样，SCL 文档也包括这三部分。

1. DTD 文件

DTD 文件定义了标签及其属性，可完成声明标记任务。IEC61850-6 标准中给出了 SCL 语言的 DTD 文件的详细定义。理论上，可以在该标准内根据需要任意定义标签及属性，但在实际应用中，DTD 的定义有很高的难度，包括标签的可用性、简洁性、从实际设备抽象出良好的数据模型等，都需要有很丰富的实际工作经验。所有支持该标准的装置将使用相同的 DTD 文件。

2. XML 文件

该文件是采用 DTD 文件定义的标签，用于完成数据对象置标的任务，也就是将 IED、系统等数据对象描述出来。XML 文件严格受 DTD 的定义约束。IEC61850-6 标准没有规定功能，也没有规定功能分配，各装置功能各不相同，其配置在 IED 上的 LN 也不同。所以，XML 文件的内容也是不同的，但 IED 具有处理 XML 文件的能力。

3. 式样单

式样单是专门描述结构性文档表现方式的文档。从应用角度，IED 可直接处理 SCL 数据文件，只要获取所需信息即可正常运行并与系统交互，所以，式样单文件一般不是系统所必须的。

2.4.2　SCL 对象模型

根据变电站体系结构，SCL 描述了变电站、通信和 IED 三种对象模型。其中变电站模型主要用于描述一个变电站的功能结构，标识变电站内的一次电力设备及其之间的连接关系。

通信模型主要用于描述逻辑节点之间通过逻辑总线和 IED 访问点所建立起的连接。该通信结构具体包括的对象模型有 IED 的 mac 地址、IP 地址和子网掩码，以及逻辑节点之间的客户端 / 服务器关系等信息。

IED 模型中描述了各 IED 的模型信息，包括报告接收者、逻辑节点实例、数据对象实例等。

2.4.3　SCL 数据交换模式

1. SCL 信息流模型

SCL 文件在变电站内的通信传输涉及系统配置工具、IED 配置工具、IED 数据库三个概念。

系统配置工具是使用 SCL 进行变电站自动化系统的配置和管理的工具，可输入、输出按 IEC 61850-6 标准定义的 SCL 文件。

IED 配置工具是 IED 制造商提供的 IED 调试专用工具，该工具能生成特定的 IED 描述文件（以 .ICD 为后缀的 SCL 文件）并下载到 IED 中，同时可向系统配置工具提供 ICD 文件并能处理来自系统配置工具生成的 SCD 文件。

IED 数据库分为参数库和实时库，参数库用于描述变电站模型和通信模型，实时库则用于描述 IED 模型。IED 数据库包括了变电站的各种信息数据和属性，可以供配置工具和系统调用。

2. SCL 信息流动过程

SCL 数据流模型中不包含 DTD 文件，XML 文件才是真正包含配置数据的文件，也是参与配置数据流动的主要文件。图 2-11 所示是 SCL 文档在整个系统中的数据交换流程，也就是系统管理配置的过程。

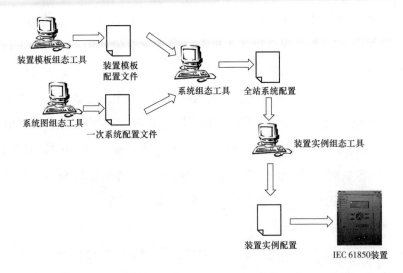

图 2-11　SCL 信息流动过程

各文件定义如下。

ICD 文件：IED 能力描述文件，由装置厂商提供给系统集成厂商，该文件描述了 IED 提供的基本数据模型及服务，但不包含 IED 实例名称和通信参数（如网络参数），文件中的 IED 名称为"TEMPLATE"。

SSD 文件：系统规范描述文件，全站唯一。该文件描述了变电站一次系统结构以及相关联的逻辑节点，最终包含在 SCD 文件中。

SCD 文件：全站配置描述文件，全站唯一。该文件描述了所有 IED 的实例配置和通信参数、IED 之间的通信配置以及变电站一次系统结构，由系统集成厂商完成。SCD 文件应包含版本修改信息，明确描述修改时间、修改版本号等内容；SCD 文件及其配置工具应能完成 GOOSE、SMV 等信号连接信息的配置。

CID 文件：IED 实例配置描述文件，每个装置一个。由装置厂商根据 SCD 文件中与特定的 IED 的相关配置生成。

智能变电站的系统管理配置流程如下。

（1）装置厂商提供装置配置工具，生成装置的 ICD 文件，各类型装置 ICD 文件的模板 DataTypeTemplates 应一致，不能有冲突。

（2）系统集成商提供系统配置工具，导入装置 ICD 文件，将分析各 IED 信息，并结合 IED 数据库取得各逻辑节点及数据对象的信息，统一进行所有装置的实例配置，生成全站 SCD 配置文件，其中须保留 ICD 文件的私有项。

（3）装置厂商使用装置配置工具导入 SCD 文件，生成具体 IED 的 CID 文件，IED 启动时首先解析 CID 文件以获取信息，并据此信息进行 IED 初始化，例如网络 I/O 将按获取的网络参数配置并启动。IED 正常运行时可与 IEC 61850 客户端进行通信以交互数据，SCADA 系统可根据 SCD 文件进行参数配置，在实时运行时，它将生成参数库和实时数据库。

3. XML 文件传输实例

SCD 文件由变电站系统集成厂商完成，各设备厂家提供 ICD 文件，然后从系统集成厂商获得对应设备的 CID。下面介绍一个 SCD 实例，主要用于传输计量事件，配置文件按照 IEC 61850-6 协议标准、IEC 61850 工程继电保护应用模型标准以及 IEC 61850 工程数字化电能表建模规范等相关文件建立。

（1）SCD 头部内容示例。

```
<? xml version="1.0" encoding="UTF-8" standalone="no" ? >
 <SCL xmlns="http://www.iec.ch/61850/2003/SCL" ema-instance"
xsi:schemaLocation="http://www.iec.ch/61850/2003/SCL SCL.xsd">
    <Private type="Substation virtual terminal conection
CRC">2C839552</Private>
    <Header id="SCDFILE" nameStructure="IEDName"
revision="1.1" toolID="ConfigTool" version="1.0">
      <History>
       <Hitem revision="1.0" version="1.0" what=""
when="2013-11-01 08:00:00" who="匿名" why=""/>
      </History>
    </Header>
```

（2）SCD 中某一 IED 的通信接口配置示例。

```
<Communication>
```

```
<SubNetwork name= "MMS_A">

...

    <ConnectedAP apName= "S1" iedName= "IEDNAME">

      <Address>

        <P type= "OSI-AP-Title">1, 3, 9999, 33</P>

        <P type= "OSI-AE-Qualifier">33</P>

        <P type= "OSI-PSEL">00000001</P>

        <P type= "OSI-SSEL">0001</P>

        <P type= "OSI-TSEL">0001</P>

        <P type= "IP">192.168.0.2</P>

        <P type= "IP-SUBNET">255.255.255.0</P>

      </Address>

    </ConnectedAP>

  ...

  </SubNetwork>

</Communication>
```

在发生瞬时 / 定时 / 约定冻结时，数字化电能表使用文件方式记录当前电能、需量等电能量信息，以有别于 DL/T 645《多功能表通信工具》协议。另外，告警事件及电表异常、电表清零、采样异常等其他事件发生时，也采用文件方式记录事件发生时的电能、需量等电能量信息。每次记录使用新的文件进行存储，其中文件名命名规则如下：

IEDname_LDname_code _Num_YYYYMMDD_hhmmss_ms.xml
其中：

IEDname：物理设备名称，如 TEMPLATE；

LDname：逻辑设备名称，如 METR；

code：冻结或事件类型，如 SVErr，具体见表 2-9；

Num：同类文件序号，范围 0–65535，大于 65535 时自动翻转；

YYYYMMDD：表示冻结时间或事件发生时刻的日期，如 20130226；

hhmmss：表示冻结时间或事件发生时刻的时间，如 161300；

ms：表示冻结时间或事件发生时刻的毫秒值，如 001。

举例说明，当文件名为：TEMPLATE_METR_SVErr_1_20130226_161300_001.xml 时，表示此文件为物理设备 TEMPLATE 的逻辑设备 METR 在 2013 年 2 月 26 日 16 时 13 分时发生了采样数据异常。

表 2-9 数字化电能表异常事件逻辑节点

序号	简写	描述	备注
1	DayFrz	日冻结	
2	MonthFrz	月冻结	
3	HourFrz	整点冻结	
4	PlanFrz	约定冻结	
5	LV	失压	
6	PhF	断相	
7	LC	失流	
8	ALV	全失压	
9	NegPh	逆相序	
10	PwrF	掉电	
11	Prg	编程	
12	Clr	电能表清零	
13	DmdClr	需量清零	
14	EvtClr	事件清零	
15	OpnShell	开表盖	
16	OpnCov	开端钮盒	
17	SVErr	采样数据异常	

文件格式采用 xml 格式描述冻结及事件发生时刻的电量信息和需量信息。下面 xml 文件只描述了费率 1 和 A 相的信息，其他费率和相别分别按照费率 1 和 A 相的命名方式进行扩展。

```xml
<? xml version="1.0" encoding="utf-8"? >
<EventReport>
  <EventStartTime>2013-01-06 10：01：23：243</EventStartTime>
  <EventInfo>
    <Name> 采样数据输入中断 </Name>
```

<! 一 描述事件发生的原因 —>

```xml
    <Value>1</Value>
```

<! 一 描述事件发生的状态 —>

```xml
    <Energy>
      <Name> 正向有功总电能 </Name>
        <Value>1</Value>
        <Unit>kWh</Unit>
    </Energy>
    <Energy>
      <Name> 反向有功总电能 </Name>
        <Value>1</Value>
        <Unit>kWh</Unit>
    </Energy>
    <Energy>
      <Name> 组合无功 1 总电能 </Name>
        <Value>1</Value>
        <Unit>kVarh</Unit>
    </Energy>
    <Energy>
      <Name> 组合无功 2 总电能 </Name>
        <Value>1</Value>
        <Unit> kVarh </Unit>
    </Energy>
```

```xml
<Energy>
    <Name> 第一象限无功总电能 </Name>
        <Value>1</Value>
        <Unit>kVarh</Unit>
</Energy>
<Energy>
    <Name> 第二象限无功总电能 </Name>
        <Value>1</Value>
        <Unit>kVarh</Unit>
</Energy>
<Energy>
    <Name> 第三象限无功总电能 </Name>
        <Value>1</Value>
        <Unit>kVarh</Unit>
</Energy>
<Energy>
    <Name> 第四象限总电能 </Name>
        <Value>1</Value>
        <Unit>kWh</Unit>
</Energy>
<Energy>
    <Name> 组合有功费率 1 电能 </Name>
        <Value>1</Value>
        <Unit>kWh</Unit>
</Energy>
<Energy>
    <Name> 反向有功费率 1 电能 </Name>
        <Value>1</Value>
```

```
    <Unit>kWh</Unit>

</Energy>

<Energy>

  <Name>组合无功 1 费率 1 总电能 </Name>

    <Value>1</Value>

    <Unit>kVarh</Unit>

</Energy>

<Energy>

  <Name>组合无功 2 费率 1 总电能 </Name>

    <Value>1</Value>

    <Unit>kVarh</Unit>

</Energy>

<Energy>

  <Name>第一象限无功费率 1 总电能 </Name>

    <Value>1</Value>

    <Unit>kWh</Unit>

</Energy>

<Energy>

  <Name>第二象限无功费率 1 总电能 </Name>

    <Value>1</Value>

    <Unit>kWh</Unit>

</Energy>

<Energy>

  <Name>第三象限无功费率 1 总电能 </Name>

    <Value>1</Value>

    <Unit>kWh</Unit>

</Energy>

<Energy>
```

```
        <Name>第四象限无功费率 1 总电能 </Name>

            <Value>1</Value>

            <Unit>kWh</Unit>

    </Energy>


    <Energy>

        <Name>A 相正向有功总电能 </Name>

            <Value>1</Value>

            <Unit>kWh</Unit>

    </Energy>

    <Energy>

        <Name>A 相反向有功总电能 </Name>

            <Value>1</Value>

            <Unit>kWh</Unit>

    </Energy>

    <Energy>

        <Name> A 相组合无功 1 总电能 </Name>

            <Value>1</Value>

            <Unit>kVarh</Unit>

    </Energy>

    <Energy>

        <Name> A 相组合无功 2 总电能 </Name>

            <Value>1</Value>

            <Unit>kVarh</Unit>

    </Energy>


    </EventInfo>

</EventReport>
```

2.5 建模及一致性测试

2.5.1 数字化电能表建模

数字化电能表按技术要求应直接通过 IEC 61850-8-1 描述的 MMS 服务和站控层电能量采集设备通信，由于 IEC 61850 标准对电能计量、电参量测量、电能表事件等相关信息的建模描述较为简单，无法充分表述数字化电能表作为 IED（智能电子装置）的信息，一般的建模思路如下：

一个数字化电能表建模为一个 IED 对象。该对象是一个容器，包含 server 对象，server 对象中至少包含一个 LD 对象，每个 LD 对象中至少包含 3 个 LN 对象：LLN0、LPHD、其他应用逻辑节点。ICD 文件中 IED 名应为"TEMPLATE"。实际工程系统应用中的 IED 名由系统配置工具统一配置。服务器描述了一个设备外部可见（可访问）的行为，每个服务器至少应有一个访问点（AccessPoint）。访问点体现通信服务，与具体物理网络无关。一个访问点可以支持多个物理网口。属于间隔层设备的计量设备，对上与站控层设备通信，对下与过程层设备通信。站控层 MMS 服务和过程层 SV 服务分别建立访问点，所有访问点应在同一个 ICD 文件体现。

具有公用特性的多个逻辑节点组合成一个逻辑设备。计量设备统一使用如下逻辑设备：①计量 LD，inst 名为"METR"；②SV 过程层访问点 LD，inst 名为"PISV"。

需要通信的每个最小功能单元建模为一个 LN 对象，属于同一功能对象的数据和数据属性应放在同一个 LN 对象中。IEC 61850 标准已定义的 LN 类，应优先选用，其他没有定义或不是 IED 自身完成的最小功能单元应选用通用 LN 模型（GGIO）。

逻辑节点类型（LNodeType）定义：统一扩充的逻辑节点类及其数据对象类，其他逻辑节点类参照 IEC 61850 标准 7-4 部分，逻辑节点类型中的数据对象排序应与 IEC 61850 标准 7-4 一致；自定义逻辑节点类型的名称宜增加"厂商名称 _ 装置型号 _ 模版版本 _"前缀，厂商应确保其装置在不同型号、不同时期的模型版本不冲突。

LN 实例化建模原则：电能量计量和需量计量应分别建不同实例，如电量计量 MMTR 和需量计量 MMTR。同一种类型的事件告警的，不同告警分别建不同实例，如欠压 MTUV、失压 MTUV 等；三相电能表测量使用 MMXU 实例，单相电能表测量使用 MMXN 实例；标准已定义的事件报警使用模型中的信号，其他的统一在 GGIO 中扩充；告警信号用 GGIO 的 Alm 上送。

参数建模方面，参数数据集名称为 dsParameter。参数数据集 dsParameter 由制造厂商根据定值单顺序自行在 ICD 文件中给出。参数数据集必须是 FC＝SP 的定值集合。LN 实例化建模要求方面，一个 LN 中的 DO 若需要重复使用时，应按加阿拉伯数字后缀的方式扩充；GGIO 是通用输入输出逻辑节点，扩充 DO 应按 Ind1，Ind2，Ind3…；Alm1，Alm2，Alm3 的标准方式实现。

国内厂商的数字化电能表一般都进行了建模扩充，以 DTAD 6268 数字化电能表为例，基本建模思路如下：逻辑设备（LD）建模含电能计量逻辑设备（METR）、采样值输入逻辑设备（PISV）、GOOSE 控制逻辑设备（PIGO）合计 3 个，逻辑节点（LN）建模含逻辑节点 0（LLN0）、时区时段定值（MTST）、电能量计量逻辑节点（MMTR/MMTN）、电参量逻辑节点（MMXU）、电能表事件（MTOV\MTOC\MSET）等，建模后的数字化电能表数据模型如图 2-12 所示。

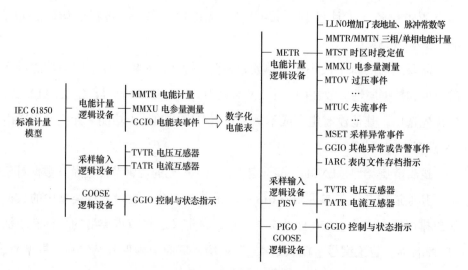

图 2-12　建模后的数字化电能表数据模型

2.5.2 IEC 61850 一致性测试

一致性测试是指验证 IED 通信接口与标准要求是否一致，由独立的测试机构执行的型式测试（单元级测试）。它验证串行链路上数据流与有关标准条件的一致性，如访问组织、帧格式、位顺序、时间同步、定时、信号形式和电平，以及对错误的处理。

实现各生产厂家 IED 的互操作性是 IEC 61850 标准的主要目的之一，IEC 61850-10 即一致性测试部分的根本目的是使制造商和用户（即使不是协议专家）也能客观评价所测试的设备（或系统）支持 IEC 61850 标准的情况，而一致性和互操作性是得出该评价的两个方面。其中，设备的一致性测试是指用一致性测试系统或模拟器的单个测试源一致性测试单个设备；系统的互操作性测试是利用两个运行系统进行互操作性测试，由分析仪检验其信息交换过程。一致性测试是互操作性测试的基础，从一致性陈述可以大致知道该设备的互操作能力，若要进一步评价，则须进行相应的互操作性测试。

当然，一致性测试并不是一种完全无遗漏的测试，通过了一致性测试的协议在实现时并不能保证百分之百地可靠，但是它可以在一定程度上保证该实现是与协议标准相一致的，从而大大提高协议实现之间能够互操作的概率。相对于其他类型的测试，一致性测试具有测试结果可比较、测试代价小等特点。

作为一个全球的通信标准，IEC 61850 系列标准包含一致性测试部分，用以确保各厂家生产的所有的 IED 产品都严格遵循本标准。

2.5.3 IEC 61850 一致性测试的流程

为顺利实现一致性测试，测试方应进行以被测方提供的在 PICS（协议实现一致性陈述），PIXIT（协议实现之外的信息）和 MICS（模型实现一致性陈述）中定义的能力为基础的一致性测试。在提交测试设备测试时，被测方应提供以下资料：①测试设备的准备；② PICS，也被称为 PICS 示范，是被测系统能力的总结；③ PIXIT，包括系统特定信息，涉及被测系统的容量；
④ MICS，详细说明由系统或设备支持的标准数据对象模型元素；⑤设备安装
和操作的详细的指令指南。

一致性测试的要求分成以下两类：①静态一致性需求，对其测试通过静
态一致性分析来实现；②动态一致性需求，对其测试通过测试行为来进行。

静态和动态的一致性需求应该在 PICS 内，PICS 用于三种目的：①适当的
测试集的选择；②保证执行的测试适合一致性要求；③为静态一致性观察提
供基础。

一致性测试评估过程如图 2-13 所示。

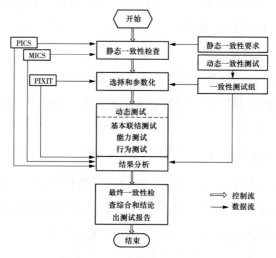

图 2-13　一致性测试评估过程

2.5.4　数字化电能表的测试实例

中国电力科学研究院电力工业电力设备及仪表质量检验测试中心可进行
数字化电能表的相关一致性测试，可进行的项目包括文件和版本控制、配置
文件、特定通信服务映射 SCSM、数据模型 MICS、应用关联、服务器 / 逻辑
设备 / 逻辑节点 / 数据模型、数据集模型、报告模型等合计 25 项具体测试，
表 2-10 为数据模型 MICS 测试的具体步骤，表 2-11 为数字化电能表一致性
测试报告实例。

表 2-10 数据模型 MICS 测试

测试项目	测试描述	实测结果
Data model	检验是否与 IEC 61850-7-3 的数据模型、公用数据类模型定义一致	通过
LN model	检验是否与 IEC 61850-7-3 的逻辑节点类模型定义一致，应具有带有 M 的数据属性	通过

表 2-11 数字化电能表一致性测试报告实例

测试项目	测试描述	实测结果	备注
70）Rpt8	对 BRCB 的总召唤（见 Rpt7）	通过	
71）Rpt9	报告的分段 　　检验如报告太长不能在一个报文中传送时是否可分成几个子报告。用 sequence-number 和 report-time-stamp 选项域，检查下述各项的有效性（IEC 61850-7-2 的 14.2.3.2.2.5）： • SeqNum（不改变） • SubSequNum（第 1 个报告为 0，递增，超过最大数归零） • MoreSeqmentsFollow • TimeOfEntry（SeqNum 不变时不改变）（IEC 61850-7-2 的 14.2.3.2.2.9） 　　检验正在发送由完整性或总召唤触发引起分段报告，可以被数据发生改变的报告所中断，此报告具有新的顺序号。（IEC 61850-7-2 的 14.2.3.2.3.5） 　　新的总召唤请求应能停止在进行中的总召唤报告的剩余段的发送。新的总召唤报告以新的顺序号开始，其子顺序号为 0（IEC 61850-7-2 的 14.2.3.2.3.4）	无此功能	
72）Rpt10	配置改变（IEC 61850-7-2 的 14.2.2.7） • 检验 ConfRev（配置改变）属性为由 DatSet 引用的 Data-Set 配置已改变的次数。下述改变应计数： ○ 删除 Data-Set 的任何元素 ○ Data-Set 元素的重新排序 　ConfRev 的初始值为 1，不得为 0。 • 检验服务器重新启动后 ConfRev 值保持不变（IEC 61850-7-2 的 14.2.2.7） • 检验服务处理不改变 Data-Set 配置，ConfRev 是用当地手段例如系统配置改变的（IEC 61850-7-2 的 14.2.2.7.注）	无此功能	
检验：××	报告编制：××	校核：××	
日期：2013 年 5 月 21 日			

3 智能变电站数字计量系统

智能变电站，是采用先进、可靠、集成和环保的智能设备，以全站信息数字化、通信平台网络化、信息共享标准化为基本要求，自动完成信息采集、测量、控制、保护、计量和检测等基本功能，同时，具备支持电网实时自动控制、智能调节、在线分析决策和协同互动等高级功能的变电站。

由于智能变电站直接采用了电子式互感器或电磁互感器加装合并单元进行转换的方式获取一次电压、电流信号，其数字量输出使得基于模拟量的传统电能计量方式不再适用于新的智能变电站。基于数字信号处理的数字计量技术随着智能变电站的使用推广得到越来越广泛的应用。智能变电站数字计量系统，以数字信号处理为理论基础，取代了变电站中的传统电能计量系统，更加精确、安全、可靠地实现了智能变电站中电能计量以及相关的信息管理。

3.1 智能变电站数字计量系统概述

智能变电站数字计量系统，一般是指智能变电站中由基于智能电网数字化技术实现电能量计量及电能量存储、传输等相关功能的系列装置及软件所组成的系统，主要由过程层的电子式互感器或合并单元、间隔层的数字化电能表、站控层的电能量采集终端装置等组成。图 3-1 所示为智能变电站数字计量系统结构图。

以应用了电子式互感器的智能变电站为例，电子式互感器及合并单元实现了电压、电流信号的数值采样，及通过转换获得二次侧输出数值；数字化电能表主要进行数据处理，实现电能计量及相关任务；电能量采集装置采集电能量并通过站控层平台向外传输电能数据。电子式互感器通过光电元器件

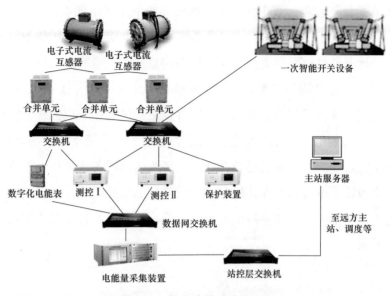

图 3-1　数字计量系统结构图

在一次侧按照一定的采样率（通常为每周波 80 点，即 4kHz 采样频率）进行电压、电流信号的采样，并将获取的采样值处理后以数字量或者低压模拟量的形式传输到合并单元，合并单元对所接收的采样信号根据标准通信协议进行解析（对低压模拟量信号则进行采样），并按照 IEC 61850-9-1/2/2LE、IEC 6044-8（FT3）等格式重新生成采样报文，通过过程层网络交换机或者以点对点光纤通信方式发送至数字化电能表、测控装置及其他保护装置等相关设备；数字化电能表将所收到的采样报文信号根据 IEC 61850 等协议规定的格式进行解析获得一次电压、电流值，然后通过其程序算法对电压、电流信号进行分析，继而实现电能计量以及相关功能；电能计量终端通过变电站的 MMS 网络、或者 RS485 串行通信线获取站内各数字化电能表的相关电能信息，并进行数据管理，同时通过站控层网络平台传输至远方主站或调度服务器，实现电能量的远方读取及智能管理。

相比传统变电站电能计量系统，智能变电站数字计量系统的采样部分使用电子式互感器及合并单元替代了电磁式互感器，解决了其互感器体积大、制造工艺复杂、造价高、绝缘困难、动态范围小、易产生铁磁谐振、二次

装置通信配合等问题。数字化电能表相比传统电子式电能表而言，遵循 IEC
61850 标准通过光纤通信采用数字采样信号进行电能计量，其基于数字信号
的硬件设计及软件算法可支持更多的相关信息获取；电能量采集终端可通过
MMS 通信获取电能表等计量装置的相关信息，并进行数据的处理、存储，比
传统的电能量采集装置具有更加快速、容量更大的数据获取方式，实现了更
加实时、丰富的电能量相关信息。智能变电站数字计量系统根据 IEC 61850
标准使用光纤作为装置间的通信介质，比传统的电缆传输电压电流信号更加
安全，也消除了电能信号在传输过程中所受到的电磁干扰等影响到电能计量
的因素，保证了整个计量系统的安全性、准确性。数字计量系统配置框图如
图 3-2 所示。

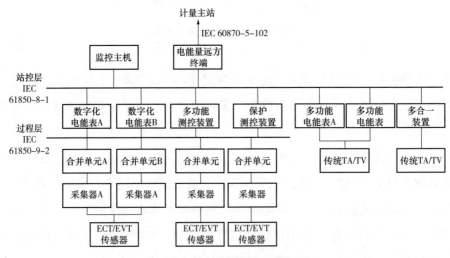

图 3-2　数字计量系统配置框图

由于与传统变电站的计量系统存在较大的差异，智能变电站数字计量系
统的校验也发生了巨大变化；而相对成熟的传统电能校验方式已经不再适用
于新的数字计量系统。数字式计量系统的指标要求比传统计量系统更加严格，
智能变电站数字计量系统除了满足系统的电能计量精度、稳定性等要求外，
还需要实现采样时间间隔的稳定性。

3.2　电子式互感器

3.2.1　电子互感器本体

互感器，是电能计量系统中的测量环节，随着电网的智能化发展，传统的电磁式电流互感器 TA、电压互感器 TV 不再适应智能变电站的需求。基于光电新技术的电子式互感器在智能变电站中开始得到使用，根据 IEC 60044-7《电子式电压互感器标准》、IEC 60044-8《电子式电流互感器标准》的定义，电子式互感器是一种装置，由连接到传输系统和二次转换器的一个或多个电压或电流传感器组成，用以传输正比于被测量的量，供给测量仪器、仪表和继电保护或控制装置。在数字接口的情况下，一组电子式互感器共用一台合并单元以完成此功能。

电子式互感器基于现代光学传感技术、半导体电子技术以及计算机技术等原理实现电网信号转化功能，具有很好的抗电磁干扰能力、绝缘性能及测量线性度。电子式互感器输出的低压模拟量或者数字量信号，可供频率 15～100Hz 的电气测量仪器及继电保护装置使用。

电子式互感器可分为 GIS 结构电子式互感器、AIS 结构电子式互感器和直流电子式互感器。根据传感器原理的不同，电子式互感器分为有源型和无源型。有源型电子式互感器基于半导体电子传感技术，在高压一次侧有电子电路需提供电源进行工作；无源型电子式互感器基于光电传感技术，在高压一次侧通过光学器件进行测量，不需要提供工作电源。根据测量对象的不同，电子式互感器分为电子式电压互感器和电子式电流互感器，如图 3-3 所示。有源型电子式电流互感器是在传感器部分采用罗氏（Rogowski）线圈或者低功率电磁感应式 TA 获取被测电流信号，并将被测电流转换成与之有一定关系的电压信号，高压侧调制电路将电压信号转换成数字信号驱动发光二极管，以光脉冲的形式通过光纤传输至低压侧进线后处理。

无源型电子式电流互感器，即光学电流互感器 OCT（optical current transformer）利用法拉第磁旋光效应，旋转角与被测电流大小成比例，通过测量偏振光的

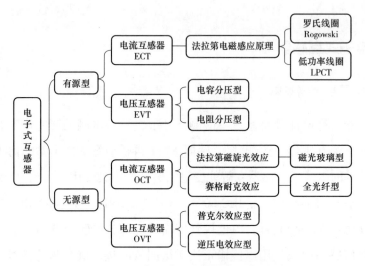

图 3-3　电子式互感器分类示意图

旋转角即可测得电流值，如图 3-4 所示，利用法拉第磁旋光效应光波在通电导体的磁场作用下，光的传播发生相位变化，检测光强的相位变化，测出对应电流大小。

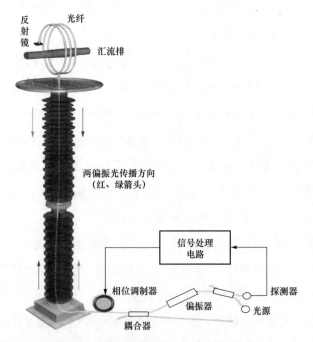

图 3-4　法拉第磁光效应光学互感器示意图

有源型电子式电压互感器基于电阻、电容、电感分压原理，通过准确的元器件分压再根据相关的算法进行数据处理从而实现高压侧电压的测量。

无源型电子式电压互感器，即光学电子式电压互感器 OPT（optical potential transformer）则是利用 Pockels 效应，一束偏振光通过有电场作用的 Pockels 晶体时，其折射率会发生变化，使得入射光产生双折射，而且从晶体中出射的两束偏振光的相位差与被测电压成正比例关系，通过间接测量方法就可以得到被测电压的大小。电子式互感器与电磁式互感器的比较见表 3-1。

表 3-1   电子式互感器与电磁式互感器的比较

比较项目	电磁式互感器	电子式互感器
绝缘	复杂	简单、可靠，易实现
体积及重量	体积大、重量重	体积小、重量轻，便于安装、运输
TA 动态范围	范围小、有磁饱和	范围大、无磁饱和
TV 谐振	易产生铁磁谐振	无谐振现象
精度	精度易受负载影响	精度与负载无关
TA 二次输出	不能开路	无开路危险
输出形式	模拟量输出	数字量输出，光纤传送

电子式互感器原理示意图如图 3-5 所示。电子式互感器通过其传感器获取一次侧电压/电流信号，然后将传感器的输出信号转化为数字信号、或者低压模拟信号传输至合并单元输出至二次设备。

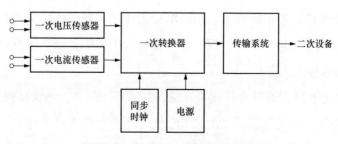

图 3-5 电子式互感器原理示意图

以工程上应用的 PSET 系列电子式互感器为例，该系列互感器可实现交直流高电压大电流的传变，并以数字信号形式通过光纤提供给保护、测量等相应装置；合并单元还具有模拟量输入接口，可以把来自其他模拟式互感器的信号量转换成数字信号，以 100BASE–FX 或 10BASE–FL 接口输出数据，简化了保护、计量等功能装置的接线。

光电互感器涵盖了电磁式互感器的所有应用场合，尤其适合交直流高压、超高压以及对精度、暂态特性要求高的场合。

电子式光电电流电压互感器（简称"光电互感器"）是利用电磁感应原理的 Rogowski 线圈，以及串级式电容分压器实现的混合式交流电流、电压互感器。产品系列包括电流电压互感器、电流互感器、电压互感器。

传感头部件包括串行感应分压器、Rogowski 线圈、采集器等。传感头部件与电力设备的高压部分等电位，传变后的电压和电流模拟量由采集器就地转换成数字信号。采集器与合并单元间的数字信号传输及激光电源的能量传输全部通过光纤进行。传感头部件在使用了分流器和 Rogowski 线圈后，光电互感器可应用于直流系统，传感头部件中的采集器以及互感器的其他部件不需另做设计，其设计寿命可达到 20 年。

光电互感器的以上特点决定了其具备以下优点：

（1）Rogowski 线圈实现了大电流传变，使得光电电流互感器具有无磁饱和、频率响应范围宽、精度高、暂态特性好等优点，有利于新型保护原理的实现及提高保护性能。电流互感器测量准确度达 0.1 级，保护优于 5TPE。光电电压互感器采用了电容分压器，测量准确度达到 0.2 级，并解决了传统电压互感器可能出现铁磁谐振的问题。

（2）采集器处于和被测量电压等电位的密闭屏蔽的传感头部件中，采集器和合并单元通过光纤相连，数字信号在光缆中传输，增强了抗电磁干扰性能，数据可靠性大大提高。

（3）光电互感器通过光纤连接互感器的高低压部分，绝缘结构大为简化。以绝缘脂替代了传统互感器的油或 SF_6 气，互感器性能更加稳定，同时避免了传统充油互感器渗漏油现象，也避免了 SF_6 互感器的 SF_6 气体对环境的影响。无需检压检漏，运行过程中免维护。

（4）无油设计彻底避免了充油互感器可能出现的燃烧爆炸等事故；高低压部分的光电隔离，使得电流互感器二次开路、电压互感器二次短路可能导致危及设备或人身安全等问题不复存在。

（5）光电互感器完备的自检功能，若出现通信故障或光电互感器故障，保护装置将会因收不到正确的校验码数据，而可以直接判断出互感器异常。

价格低廉的光纤光缆的应用，大大降低了光电互感器的综合使用成本。由于绝缘结构简单，在高压和超高压中，光电互感器这一优点尤其显著。光电互感器本体总体结构如图 3-6 所示。

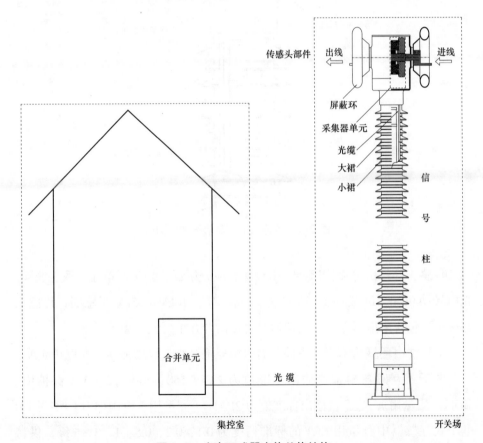

图 3-6　光电互感器本体总体结构

光电互感器由位于室外的传感头部件、信号柱、光缆以及位于控制室的合并单元构成。

传感头部件及信号柱结构如图 3-7 所示。

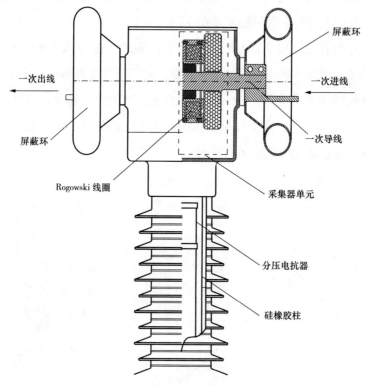

图 3-7　传感头部件及信号柱结构

传感头部件由电流传感器、串接式感应分压器、采集器单元、取能线圈、光电转换单元、屏蔽环、铝铸件等构成。对于 10kV ~ 35kV 互感器，传感头部件中不包含采集器单元，模拟信号直接由合并单元完成模数转换。

信号柱由环氧筒构成支撑件，筒内填充绝缘脂，以增强绝缘并保护光缆。

电子式互感器模拟量输出标准值为 22.5、150、200、225mV（保护用）和 4V（测量用），数字量输出标准值为 2D41H（测量用）和 01CFH（保护用）。电子式互感器中测量用 ECT 的标准精度为 0.1、0.2、0.5、1、3、5 级，供特殊用途的为 0.2S 和 0.5S 级；保护用 ECT 的标准精度为 5P、10P 和 5TPE，其中 5TPE 的特性考虑短路电流中具有非周期分量的暂态情况，其稳态误差限值与 5P 级常规 ECT 相同，暂态误差限值与 TPY 级常规 TA 相同。

　　根据工程实际的需求，电子式互感器可以输出低压模拟量信号以及数字量信号，经过合并单元后可直接用于保护装置及相关计量设备中，而且可以进行在线监测和故障诊断，在智能变电站中有明显的优势。常见电子互感器如图 3-8 所示。

图 3-8　常见电子式互感器

3.2.2　合并单元

　　根据 IEC 60044-8《电子式电流互感器标准》，合并单元 MU（Measuring Unit），是电子式互感器的数字化输出接口，用于连接电子式互感器和变电站间隔层二次设备，是过程层与间隔层串行通信的重要组成部分。合并单元的主要功能是接收电子式互感器所输出的电压电流采样数字信号并按照一定的格式输出给二次保护控制及计量设备。

　　合并单元将所接收的电子式互感器所输出或者由其他合并单元转发的多路电压、电流信号（一般为 5 路电压互感器信号，7 路电流互感器信号）进行数字滤波、同步以及重采样等数据处理后，按照标准规定的帧格式处理后向变电站间隔层的保护、测控及计量等装置发送。主流的传输标准包括 IEC 60044-8（FT3 格式）、IEC 61850-9-1 和 IEC 61850-9-2。对于保护、特别是

差动保护等应用场合宜应用可靠性较高的 IEC 60044-8 标准；对于需要信息
共享的应用场合，可以应用互操作性较好的 IEC 61850-9-1 等标准。主要包
括以下功能。

（1）接收并处理多达 12 路采集器传来的数据。合并单元的 A/D 采样部
分，可以采样交流变换模件输出的最多 6 路的模拟信号。

（2）接收站端同步信号，同步各路 A/D 采样。

（3）接收其他合并单元输出的 FT3 报文。

（4）接收隔离采集器的电源状态，根据需要调节激光电源的输出。

（5）合并处理所采集的数据后，以 3 路符合 IEEE 802.3 规定的 100BASE-
FX 或 10BASE-FL 方式对外提供数据采集信号，还可以用 FT3 格式传送 IEC
60044-8 规定格式的报文。

图 3-9 为合并单元基本功能示意图。

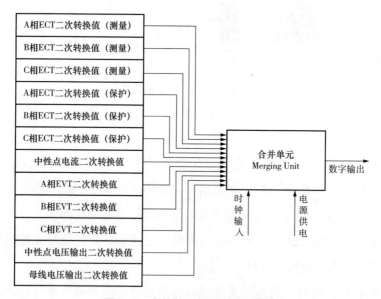

图 3-9　合并单元基本功能示意图

合并单元的数据处理模件是合并单元的核心模件，其电气原理如图 3-10
所示。

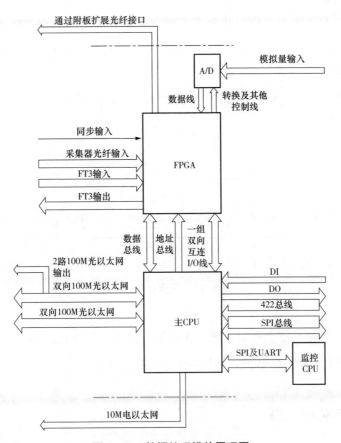

图 3-10 数据处理模件原理图

主处理器用于读取 FPGA 提供的采集器数据，按照合并单元的配置信息组织处理数据。主处理器向外提供 4 路符合 IEEE802.3 规定的 100BASE-FX 或 10BASE-FL 接口。

辅助处理器为 FPGA，用于控制 A/D 转换、接收多达 12 路采集器模件的数据、接收同步信号、接收和发送 FT3 报文，通过内部的双口 RAM 和主处理器交换数据。

A/D 采样部分，可以采样交流变换模件输出的 6 路模拟信号。与采集器输入信号归并后一起发出。

数据处理模拟提供装置告警信号到电源模件中，和电源告警共用一组开出继电器接点。

如果一台二次设备同时接收若干个合并单元输出的数据，则这几个合并单元需要同步工作，当同步信号丢失时，合并单元将通过报文中的标志位告知二次设备。

同步信号输入采用光纤接口，图3-11显示了合并单元中秒变化时，光信号的形状。

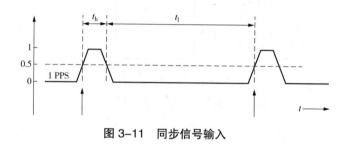

图3-11　同步信号输入

同步时刻为信号上升沿，触发光功率为最大光功率的50%，时钟频率为1Hz，脉冲持续时间 $t_h>10\mu s$，脉冲间隔 $t_l>500ms$。

3.3　数字化电能表

数字化电能表，是智能变电站数字计量系统的数据处理部分，实现了数字计量系统中电能计量、电量存储、事件判定、通信等功能。不同于传统的模拟量电子式电能表，数字化电能表通过光纤获取电压、电流的采样信号，基于数字信号处理原理可以实现更精确的电能计量及更多的测量功能。数字化电能表功能框图如图3-12所示。

数字化电能表所接收的数字化采样信号，是由合并单元根据IEC 61850-9-1/2标准协议所发送的采样报文；电能表将所接收的报文根据协议所规定的格式进行解析，可得到实际的一次电压、电流值。图3-13为IEC 61850-9-1/2标准协议所规定的采样报文帧格式。

数字化电能表基于数字量进行电能计量功能，不再根据模拟信号进行电

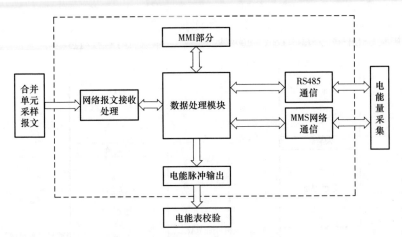

图 3-12　数字化电能表功能框图

能累积，继承模拟量计算电能的基础，进行数字化电能计量的原理如下。

式（3-1）为电能累积公式，式中 U、I 均为电能向量。

$$E = \int UI\mathrm{d}t \qquad (3-1)$$

而实际的电能量计算是在有限的时间间隔内进行，式（3-2）为

$$E = \int_{t1}^{t2} U_{\mathrm{m}}\cos(\omega t)I_{\mathrm{m}}\cos(\omega t + \varphi)\mathrm{d}t \qquad (3-2)$$

式（3-3）为电压、电流的数字化采样信号，i 为电网信号采样序号，N 为一个采样周期内的采样点数，ω 为电网运行角频率，U_{m}、I_{m} 分别为电压、电流信号幅值。

$$U_i = U_{\mathrm{m}}\cos(\omega i/N), \ I_i = I_{\mathrm{m}}\cos(\omega i/N + \varphi) \qquad (3-3)$$

则数字信号的电能计量公式为式（3-4），其中 T 为固定的电子式互感器采样的时间间隔（常见采样率有每周波 80 点即 4kHz、每周波 200 点即 10kHz 的采样率）。

$$E = T\sum_{i=0}^{N} U_i I_i \qquad (3-4)$$

对所得到的电压电流数字采样信号，可根据数字信号处理方法中常用的 FFT、DFT、小波变换、Z 变换、拉式变换等信号处理方法，能够实现电网频率、相位、幅值、功率因数、谐波等参数的测量及计算。

数字化电能表的信号输出目前主要有两种形式，即传统的 RS485 线路通

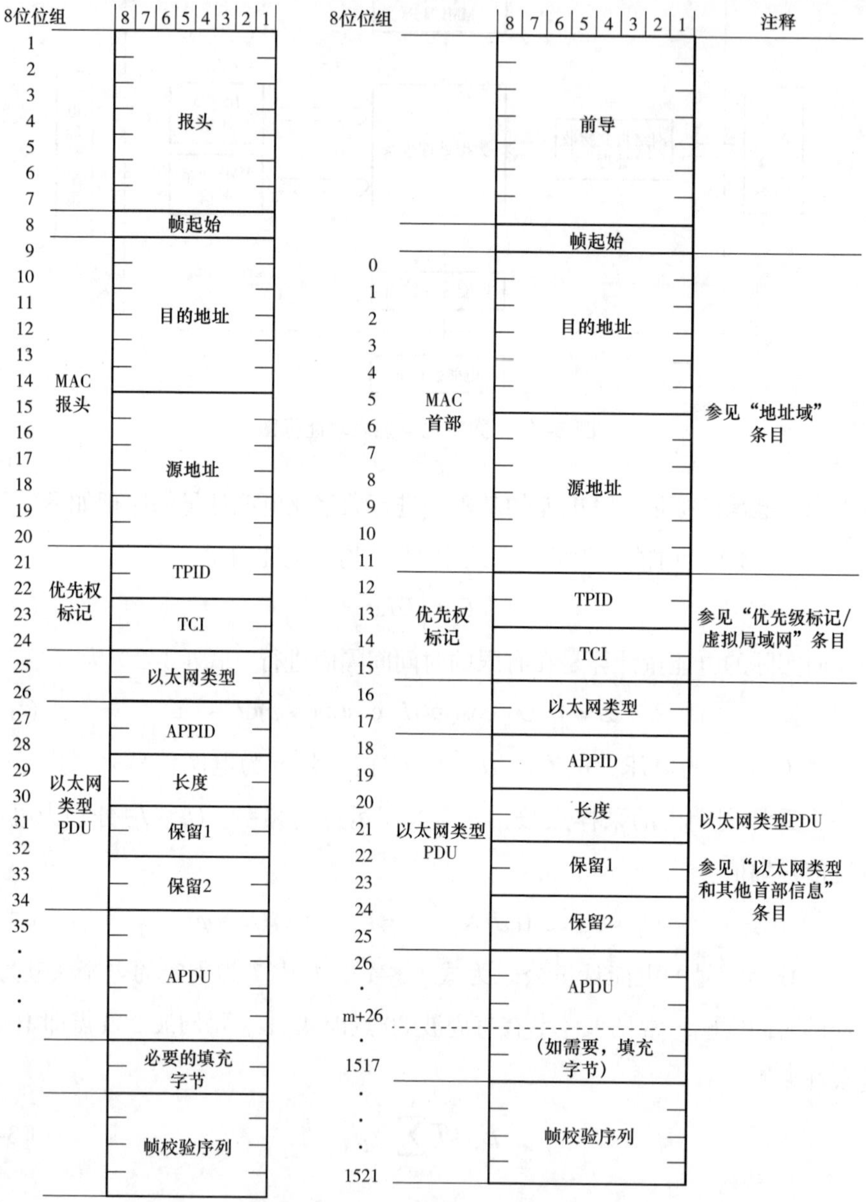

图 3-13 IEC 61850-9-1/2 帧格式

信，遵循 DL/T 645—2007《多功能电能表通信协议》；另一种方式是基于 IEC 61850 MMS 网络，根据 IEC 61850 定义的数据模型进行通信。RS485 通信方式基于串行通信线网实现，属于半双工通信，通信速度相对较慢，在电能量采集系统已经得到了广泛应用；基于 IEC 61850 MMS 网络平台的通信方式，通过以太网进行数据传输，极大地增加了通信速度及容量，可以更加快速的实现实时电量的读取、采集，但 MMS 所定义的电能量相关信息不如 DL/T 645中的内容丰富；根据电能计量系统的使用习惯及需求，MMS 中的电能量相关信息定义还有待进一步完善。

根据数字化电能表的运行流程及功能分析，数字化电能表需要完成大量的数据处理任务，因此数字化电能表一般都采用 DSP、ARM、PowerPC 等工作频率高、运算能力强大的芯片作为处理器；由于使用数字信号进行采样通信，数字化电能表须配置辅助电源（通常采用变电站内 DC 220V 作为工作电源）维持整个系统的运行，而无法参照电子式多功能电能表直接从电压信号端取电进行工作，同时还应具有光纤以太网接口用于接收采样通信报文。图 3-14 为数字化电能表的基本结构组成。

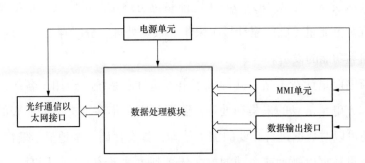

图 3-14　数字化电能表基本结构分析图

根据图 1-5 数字计量系统的误差分析比较以及对数字化电能表的功能分析，数字化电能表对数字采样信号的计量精度误差几乎为 0；考虑到检定过程中引入的 A/D 转化，以及实际的数字化电能表本身存在的缺陷及不足，造成计量精度误差等，在实际工程应用中，常见的数字化电能表精度等级为：有功 0.2S、0.5S，无功 1.0、2.0 等。

数字化电能表的电量采集通信方式，通常都采用 RS485 通信接口，少部分产品能够实现 MMS 以太网通信。采样通信接口主要是 IEC 61850 通信光纤

接口形式，应用较多的有 ST、LC 型的光纤接口，所选用的数字化电能表光纤
接口必须与现场所铺设光纤接口相匹配，对现场后期表计的更换也带来一定
的限制。

随着智能电网新技术的发展，已经出现了由测控装置替代数字化电能表
的工程应用，即通过更改测控装置的软、硬件实现电能计量的功能，优化了
智能变电站内的装置配置，有效利用了变电站内的网络及装置资源。但当测
控装置因检修或者其他原因须停机时，会影响到其计量线路的电能量，继而
对电能计量系统的计费产生影响，加之计量法规及数据安全性等因素限制，
该种实现方案并未进行大面积的工程应用。

3.4 电能采集终端和站控层平台

电能采集终端，也称为电能量远方终端，是电能量计量系统中用于与远方
通信的终端设备。根据 DL/T 743《电能量远方终端》的定义，电能量远方终
端是具有对电能量（电能累计量）采集、数据处理、分时存储、长时间保存、
远方传输等功能的设备。

它与电能量计费主站一并构成了电能量计费系统，运用于各级调度结算
中心对远方电量信息的采集和处理。除了可以采集多种类型电能表的电量数
据外，还可以对数据进行必要的加工处理，具有存储、本地显示输出等功能，
并可将电量数据以被动或主动的方式传送到主站系统。支持同时与多个主站
进行通信，每个主站系统都可以依据其登录权限进行完全独立的操作。

在电能计量系统中，电能采集终端通过采集通信网络（RS485 或者 IEC
61850 MMS）与电能表、测控装置等计量装置进行通信，读取相关的电能量
信息；电能采集终端内部通过软、硬件对采集的数据进行管理、存储；通过
对上通信网络（站控层网络平台，同时也可通过 MODEM 电话线缆、GPRS
无线方式等），电能量采集装置将电能量信息上传至远方主站，实现电能量信
息的远方管理；根据变电站内部需求，电能采集装置还可通过装置的 MMI 系
统以及打印机等装置实现电能量信息的输出。图 3-15 为电能采集装置的功能

示意图。

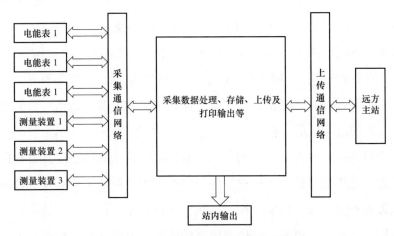

图 3-15 电能采集装置功能示意图

电能采集终端根据外形尺寸的不同，常见有机架式（通常为 19 英寸工业标准机箱）、壁挂式（尺寸大小约为 300mm×210mm×100mm）。在一般的应用中，机架式电能采集终端的功能比壁挂式更加丰富，所通信的计量装置数目也更多。终端外形如图 3-16 所示。

图 3-16 常见机架式电能采集终端与壁挂式电能采集装置外形图

作为电能计量系统中的电能采集及通信装置，电能采集终端须保证工作的稳定、可靠性。因此，在设计使用中，电能采集终端在电源、通信等方面都要求进行冗余设计。通常在变电站设计中，电能采集终端须同时接入交直流双路电源（通常是 AC 220V，DC 220V），以增加装置的工作稳定性能，减小因电源故障而造成装置无法工作的影响。而对于电能表等计量装置的通信线路（一般称为对下通信）一般要求双路通信，在使用 RS485 通信时通过双线路进行通信，而对于 MMS 通信，则建立双网络交换机进行通信。在与主站调度等远方通信端（一般称为对上通信）中，首先通过多种通信方式实现，以太网 102 规约通信、GPRS 无线通信、MODEM 电话线路通信等方式，同时通过冗余设计增加对上通信的可靠性。通过装置的电源及通信网络的冗余设计增强装置的通信稳定性能。

出于对电能量数据安全性的考虑，通常电能采集终端还应具备数据安全性的功能。首先通过设置不同权限的用户及密码，保证了对装置及数据通过本地或者远程进行操作的安全性，确保只有具备相应权限的人员能够进行相应的操作。其次，通过软、硬件的规范保证装置不因外界干扰因素（如电磁干扰、静电干扰、工作电压冲击及波动）而影响到电能数据的存储、传输等。

根据装置的功能及稳定性能要求，电能采集终端应具有交流电源转换模块、直流电源转换模块实现装置的工作电源供电，多路 RS485 接口或者 MMS 通信以太网接口进行电能表等计量装置的通信，多路 102 规约以太网接口、GPRS 无线通信模块、MODEM 电话通信接口等进行远方服务器通信，具有 MMI 显示及操控设施实现电能采集终端的本地数据读取及相关操作，对于有 GPS 对时需求的装置还应具有 GPS 天线接口。图 3-17 为电能采集终端的基本结构组成图。

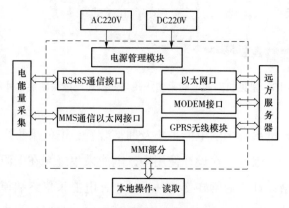

图 3-17　电能采集终端基本结构组成

　　站控层平台，也称为站控层系统，主要任务是采集全站的数据并进行相关的数据库存储以及数据管理，再通过相应的软件实现实时监测、远程控制、数据汇总查询统计、报表查询打印等功能，是监控系统与工作人员的人机接口。在数字电能计量系统中，站控层平台通过站控层网络实现了电能采集终端与远方服务器之间的通信。图 3-18 为站控层平台组成示意图。

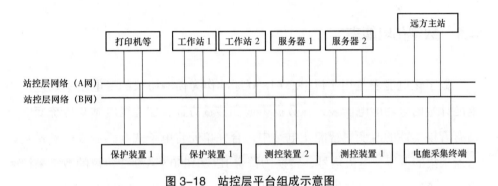

图 3-18　站控层平台组成示意图

　　为了防止站控层网络中大量通信数据造成网络风暴而影响到整个变电站站控层系统，通常站控层网络采用了 100M 网络进行通信，保证了网络通信正常运行。

4　数字化电能表原理及关键技术

4.1　数字化电能表

数字化电能表是用于以 IEC 61850 标准作为传输协议的变电站中，进行电能计量的多功能电能表，在数据生成和传输方面，智能变电站与传统变电站有着根本性的改变。智能变电站中，合并单元将电子式互感器或电磁式互感器采集的电压、电流信号，转换为符合 IEC 61850 9-1/9-2 协议的数字采样报文，通过光纤以太网传输到间隔层交换机，然后再传输入数字化电能表中。作为智能变电站中的计量设备，必须支持光纤以太网接口的数字量信号输入，而不再需要传统的表内模拟量转换互感器及 AD 采样电路，因此传统的电能表就不再适用，需要设计专门的数字化电能表。本节主要介绍数字化电能表架构、功能、关键部件以及与传统电能表的区别。

4.1.1　数字化电能表基本架构与功能

1. 基本架构

数字化电能表由数据接口模块、数据处理模块、CPU 管理模块、电源模块等组成，数据传输支持 IEC 61850 规约，能够与智能变电站无缝连接，实现变电站内精确、可靠的电能计量，如图 4-1 所示。

数据接口模块负责接收交换机转发的合并单元采样值报文数据包，该模块包括光纤以太网接口以及网络物理层芯片，前者负责光纤数字信号的收发，而后者则负责建立基本的 LINK 信息以及处理网络报文物理层信息；数据处理模块一般由 FPGA 或 DSP 等高速数字信号处理器构成，该模块负责快速解析电网电压、电流采样值等信息，并利用解析出的采样值信息进行电能参数

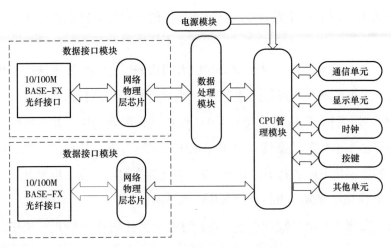

图 4-1　数字化电能表基本架构

计算、网络丢帧处理、脉冲发送以及表计校验接口数据处理等工作；CPU 管理模块则负责整个电能表的管理工作，根据需要统计、显示、存储各项数据，并通过 485 或以太网进行通信传输，完成运行参数的监测和上传。

采用这种电流电压数字采样值传输模式，基本避免了因二次电流电压模拟信号传输损耗引起的计量系统附加误差，从而使得电能表的计量准确度显著提高。

数字采样值信号处理流程如图 4-2 所示，从图中可以看出，通过合并

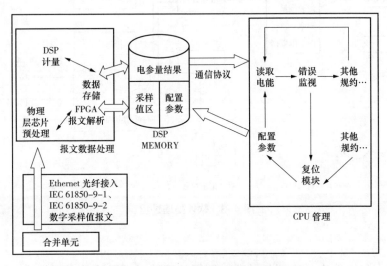

图 4-2　数字采样值信号处理流程

单元发送来的数字采样值信号，经过交换机的组网的光纤以太网传入电能表中，电能表的光纤接口接收后，将信号接入物理层芯片中，物理层芯片对该信号进行基本的预处理，过滤掉一些以太网物理层标识，使得该报文更加简洁，便于数据处理模块进行高速处理。"剪辑"后的信息接入数据处理模块的FPGA 中，后者根据 IEC 61850 9-1/9-2 标准进行解码工作，并将解码后的电压和电流基本采样值数据传入 DSP 模块中完成所有电量数据的计算；也有部分厂家的数字化电能表将 IEC 61850 9-1/9-2 标准解码工作与电量计算工作全部在 DSP 模块中完成，以达到降低功耗的目的。

　　DSP 完成各电量参数计算后，将计算结果上传到 CPU 管理模块中，此处实现的功能与传统表计相近，图 4-3 展示了数字化电能表中各模块对数字电压、电流采样信号的软件处理过程，阐述了数字电压、电流采样值是如何处理成电能计量所需的各类型数据结果。

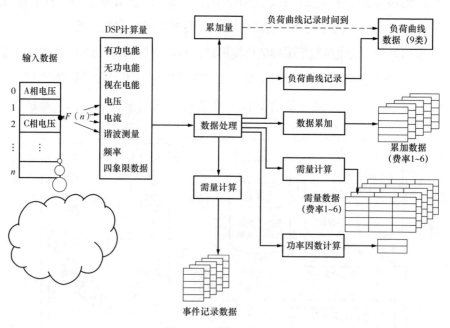

图 4-3　软件处理过程

2.基本功能

数字化电能表是由测量单元、数据处理单元、通信单元等组成，具有电能量计量、信息存储及处理、实时监测、自动控制、信息交互等功能的智能电能表。

数字化电能表基本功能如表 4-1 所示。

表 4-1　　　　　　　　　　数字化电能表基本功能

功能名称	功能描述
电能计量功能	具有正向有功、反向有功电能、四象限无功电能计量功能，支持分时计量
需量测量功能	测量最大需量、分时段最大需量及其出现的日期和时间，并存储带时标的数据
测量监测功能	测量、记录、显示当前电能表的总及各分相电压、电流、功率、功率因数等运行参数
显示功能	显示电量数据、电压、电流和功率，显示相关事件和查询电表相关参数
时钟功能	具有日历、计时和闰年自动切换功能
时段、费率及校时	具有两套可以任意编程的时区表和日时段表
事件记录功能	记录 DL/T 645—2007 中规定的（全失压、辅助电源失电除外）所有事件及一些扩展的事件
冻结功能	支持定时冻结、瞬时冻结、约定冻结、日冻结等方式，可以单独设置每类冻结数据的模式控制字
负荷记录功能	记录"电压、电流、频率""有、无功功率""功率因数""有、无功总电能""四象限无功总电能""当前需量"六类数据项中任意组合
安全防护功能	密码防护、编程开关防护
通信功能	上行通信接口、下行通信接口、维护通信接口
校时功能	可通过 RS485、红外等通信接口对电能表校时
电表清零功能	电能表清零不仅实现电量清零，还能清除冻结数据、事件记录、负荷曲线等

电能表作为计量计费器件，最重要的功能为电能计量功能，传统电能表和数字化电能表都具备以下计量功能：

（1）具有正向、反向有功电能量和四象限无功电能量计量功能，并可以据此设置组合有功和组合无功电能量。

（2）四象限无功电能除能分别记录、显示外，还可通过软件编程，实现组合无功1和组合无功2的计算、记录、显示。

（3）具有分时计量功能；有功、无功电能量应对尖、峰、平、谷等各时段电能量及总电能量分别进行累计、存储；不应采用各费率或各时段电能量算术加的方式计算总电能量。

（4）具有计量分相有功电能量功能；不应采用各分相电能量算术加的方式计算总电能量。

数字化电能表除具有普通电能表的事件记录功能之外，还具备记录与数字化通信相关的异常事件：

（1）记录采样数据输入序列不连续事件。

（2）记录采样数据输入报文存在无效通道事件。

（3）记录采样数据输入报文源地址无效事件。

（4）记录采样数据输入报文数据无效事件。

（5）记录采样数据输入报文为检修状态的事件。

（6）记录同步失效事件。

除上述功能外，数字化电能表还具备独立于传统电能表的通信功能，包括与过程层设备以及站控层设备的光纤以太网数据通信。数字化电能表至少具有一个红外通信接口、两个RS485通信接口以及两组光纤以太网接口，通信信道物理层独立。

（1）上行通信接口。上行通信方式有RS-485方式和以太网方式；RS-485接口有电气隔离，波特率可设置，其范围为1200~9600bit/s，缺省值为2400bit/s；以太网可选择采用光口或RJ45电口的方式，支持IEC 61850-8-1 MMS报文数据交互。

（2）下行通信接口。电能表与合并单元或交换机之间通过光纤通信，光接口—ST（光波长1300nm，100M），电表可支持IEC 61850 9-1和IEC 61850 9-2数字采样值报文通信（注：该通信是合并单元对电表的单方向通信）。

（3）维护通信接口。维护工作采用红外通信方式，该接口可以抄表和参数设置，波特率缺省值为 1200bit/s，通信有效距离 ≤ 5m。

数字化电能表的特殊功能主要在于通过光纤以太网进行数据通信，实现数字化电能表的正常通信，除了传统表的基本部件之外还需要有特殊部件，如光纤接口、物理层芯片、专用处理芯片等。

4.1.2　数字化电能表的关键部件

1. 光纤接口

光纤接口是一种用来连接光纤线缆的物理接口，如图 4-4 所示，该接口是数字化电能表最关键的，也是与传统电能表区别最大的部件，数字化电能表通过光纤接口接入合并单元或交换机的数字采样值信号，因此，若光纤接口参数不匹配或出现故障，都会引起信号接收异常或采样值丢帧等现象。

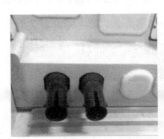

图 4-4　光纤接口

光纤接口的原理是利用了光从光密介质进入光疏介质从而发生了全反射。通常有 SC、ST、FC 等几种类型。FC 是 Ferrule Connector 的缩写，其外部加强方式是采用金属套，紧固方式为螺丝扣。ST 接口通常用于 10Base-F（基于曼彻斯特信号编码传输 10Mbit/s 以太网系统），SC 接口通常用于 100Base-FX（100Mbit/s 光纤以太网系统）。图 4-5 给出了几种不同的光纤接头，这几种接头分别需要相应类型的光纤接口。而智能变电站或中设备应用较多的还是 SC 或 ST 口。

除了光纤接口类型需要匹配外，对应的光纤种类也是一个重要因素。光纤从内部可传导光波的不同，分为单模（传导长波长的激光）和多模（传导

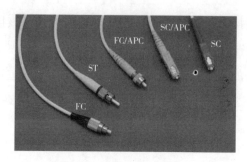

图 4-5　不同种类光纤接头

短波长的激光）两种。单模光缆的连接距离可达 20km，多模光缆的连接距离
要短的多，小于 2.5km，单模光纤适合的光波长为 1310nm 和 1550nm，这种
波长的激光传输时损耗较小，而多模光纤适合的光波长为 850nm 和 1300nm。
单模光纤的优势是适用于信号远距离传输，在头 3000 英尺的距离下，多模光
纤可能损失其 IED 光信号强度的 50%，而单模在同样距离下只损失其激光信
号的 6.25%。但在通信距离只有 1、2km 情况下，多模光纤将是首选，因为在
短距离传输中，多模光纤的成本将会低很多，所以在智能变电站应用中，一
般采用光波长为 1300nm 的多模光纤，通信速度为 100Mbps。

　　2. 物理层芯片

　　在如图 4-6 所示的 OSI 互联网模型中，物理层是第一层，它虽然处于
最底层，却是整个开放系统的基础。物理层为设备之间的数据通信提供传输
媒体及互连设备，为数据传输提供可靠的环境。由于智能变电站中，为保证

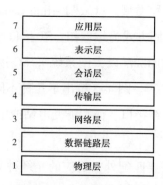

7	应用层
6	表示层
5	会话层
4	传输层
3	网络层
2	数据链路层
1	物理层

图 4-6　OSI 互联网模型

采样实时性，合并单元与数字化电能表之间的以太网通信只限于链路层以下（OSI 的倒数第二层）的交互，因此物理层芯片在整个数字交采数据的接收中起到至关重要的作用。

该物理层芯片必须完成以下工作：①数据端设备提供传送数据的通路，数据通路可以是一个物理媒体，也可以是多个物理媒体连接而成。一次完整的数据传输，包括激活物理连接、传送数据、终止物理连接。所谓激活，就是不管有多少物理媒体参与，都要在通信的两个数据终端设备间连接起来，形成一条通路。②物理层要形成适合数据传输需要的实体，为数据传送服务。一是要保证数据能在其上正确通过，二是要提供足够的带宽（带宽是指每秒钟内能通过的比特（BIT）数），以减少信道上的拥塞。传输数据的方式能满足点到点，一点到多点，串行或并行，半双工或全双工，同步或异步传输的需要。③完成物理层的一些管理工作。

3. DSP 数字信号处理器

信号处理器主要用于电压电流等数据解析、电量参数计算、参数校准、丢帧补偿等计量算法的实现，是数字化电能计量过程中的"核心加工厂"。DSP 也称数字信号处理器，如图 4-7 所示，是一种特别适合于进行数字信号处理运算的微处理器，在数字化电能表中广泛应用。

图 4-7　微处理器

根据数字信号处理的要求，DSP 芯片一般具有以下主要特点：

（1）在一个指令周期内可完成一次乘法和一次加法；

（2）程序和数据空间分开，可以同时访问指令和数据；

（3）片内具有快速 RAM，通常可通过独立的数据总线在两块中同时访问；

（4）具有低开销或无开销循环及跳转的硬件支持；

（5）快速的中断处理和硬件 I/O 支持；

（6）具有在单周期内操作的多个硬件地址产生器；

（7）可以并行执行多个操作；

（8）支持流水线操作，使取指、译码和执行等操作可以重叠执行。

由上可以看出 DSP 拥有极强的数字计算能力，非常适用于完成各类复杂的计量算法，以及高速的数据解码工作。如 IEC 61850 9-1、9-2 报文的解码，合并单元传过来的数字采样值信号都以这两种报文格式存在，由于合并单元每秒钟会发送 4000 个数字采样值报文，所以 DSP 需要在微秒级别的时间内解析光纤接口收到的 IEC 61850 9-1、9-2 报文，从中提取正确的三相电压、电流采样值，完成电量数据计算。为应对网络风暴的影响，新一代的数字化电能表也采用 FPGA 等可编程门阵列来对报文进行预处理，完成解析工作，并将提取的电压、电流信号传入 DSP 完成计算。

4. 管理 CPU 模块

DSP 芯片虽然在计算功能上比较卓越，但与通用微处理器相比，DSP 芯片的其他通用功能相对较弱些。因此，要完成电能表繁重的应用任务和管理功能，还需要另外一块通用微处理器来为管理 CPU，完成电能表所有基本应用功能。除此之外，该微处理器还必须完成数字化电能表与站控层设备的 IEC 61850-8 系列标准所规定的 MMS 通信交互，该部分的通信方式会在之后的章节中介绍，但这些综合的应用功能都对管理 CPU 的性能提出了更高的要求。

因此，数字化电能表常采用 ARM 或 POWERPC 系列等高速微处理器来担任管理 CPU 的职责。如英国 ARM 公司设计的主流嵌入式处理器 ARM9 系列 32 位微处理器，可提供百兆级以上的运行速度，支持 Linux、Windows CE 和其它许多嵌入式操作系统，采用 5 级流水线，增加的流水线设计提高了时钟频率和并行处理能力。该处理器可以很好地完成电能表要求的各项基本应用功能，支持传统电能表的 485 电量上传，支持丰富点阵液晶界面显示，同时还可连接独立的光纤以太网接口与物理层芯片，完成与站控层的以太网数据交互工作。更值得一提的是，这种类型的微处理器，可以以非常低的功耗提供优异的性能，完成上述各项复杂的功能。

4.1.3 数字化电能表与传统电能表的区别

1. 信号接入方式不同

鉴于智能变电站在建站原理上与传统变电站的巨大差异，用于智能变电站的数字化电能表与传统电能表尽管计量功能上相近，但结构和原理上都存在本质上的区别，其中，最重要的区别就是信号接入方式的不同，这种差异直接导致了整个计量原理以及溯源体系的变化。

众所周知，传统电能表输入的电压电流来自电磁式电压互感器与电流互感器的二次侧，二次侧电压、电流（如二次侧电压 57.7V，电流 5A）通过电缆接入到电能表内部，电能表内部再次通过互感器将二次侧电压、电流转换为毫伏级别的小信号，接入到计量芯片中，完成所有的计量工作，如图 4-8 所示。

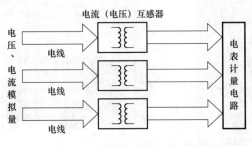

图 4-8 传统电能表工作方式

而在智能变电站中，电磁式电压、电流互感器被电子式互感器取代，电子式互感器自带模数转换电路，直接将一次侧电压、电流模拟量转换为数字量，并将这些数字交采值通过光纤传往合并单元及数字化电能表，因此数字化电能表将不再接入电缆，取而代之的是光纤的接入，如图 4-9 所示。

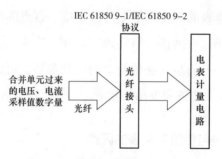

图 4-9　数字化电能表工作方式

　　这种信号接入方式的不同，也导致了数字化电能表在前端接线方式上，与传统的电能表电缆接线有着本质上的区别，图 4-10 为数字化电能表的端子与现场接线图。从图中可看出，数字化电能表接线非常简洁，不再需要电缆，而仅需要两根光纤输入，以及两路供电电源接线。

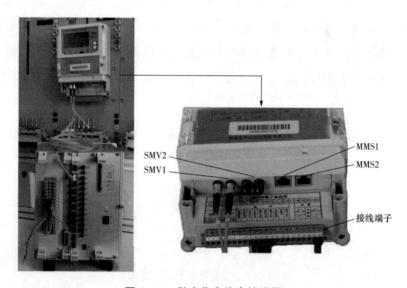

图 4-10　数字化电能表接线图

2.电能表计量系统误差不同

　　传统电能表 TV 误差 0.2%，TA 误差 0.2%，电缆叠加误差 0.1%，表计计量误差 0.2%，总体系统计量误差为 0.2%+0.2%+0.1%+0.2%＝0.7%。数字化电能表 EVT 误差 0.2%，ECT 误差 0.2%，不存在模数转换误差，也没有计量过程误差，总体计量误差为 0.2%+0.2%=0.4%，因此数字化电能表计量系统误差优于传统表的系统误差。

3. 电能表输入特性不同

（1）工作电源和上电启动。传统电能表工作电源一般取自计量回路的电压互感器，正常工作电压 $0.9U_n \sim 1.1U_n$，极限工作电压范围：$0.7U_n \sim 1.1U_n$，平均功耗不大于 6W；而数字化电能表工作电源使用双冗余供电，独立于计量电压回路，消除了表计功耗对计量准确性的影响，电源供电有直流 24V 或交流 110V 与 220V 可选，平均功耗不大于 3W，最大功率不大于 5W。

同样因为信号输入与供电方式的区别，数字化电能表无需再进行二次压降、二次负荷测量等测量精度修正试验。

（2）基本电流和过载能力。数字输入电能表输入的是数字信号，电能表本身不采样，电能表计量准确性与负载的大小无关，因此没有标定电流和最大电流概念，没有过载负荷限制，也无需根据电流大小划分不同的规格。传统电能表输入的是与一次电流大小成正比的二次电流，由于结构原因其误差特性为非线性，在电流特别大时，误差呈几何放大，因此有负载大小的限制，一般最大允许电流为额定工作流的 4 倍，如 1.5（6）A 与 5（20）A。

（3）采样频率。传统电能表采样频率可达到 4000 点 /s 以上，其采样精度直接决定电能表的准确度。

数字输入电能表自身不采样，采样在电子式互感器内完成，采样频率范围一般为 4000 ~ 1280 点 /s，能保证计量采样准确度。

4. 电能表输出特性不同

（1）启动和潜动。潜动是指电能表加上一定电压以后，在负荷电流等于零时，电能表仍在走字的现象。启动电流是指电能表在额定功率因数等于 1 时，加上额定电压以后，能使电能表连续不停地计量的最小负载电流。电能表潜动的大小和启动电流的大小是衡量其计量性能的重要指标，它们是否满足要求，是关系到电能表能否正确计量电能的关键。若潜动过大，电能表不能正常启动，导致电能表误差偏大，对用户不利；如启动电流过大，电能表灵敏度偏小（偏低），误差偏小，对国家不利，直接影响了电费回收。对于传统需要采样的电能表，潜动启动的实现有重要意义。而数字输入电能表自身不采样，不存在最小启动电流的概念。由于自身不采样，同样也不存在潜动问题。

（2）电能量和电能单位。经电磁式互感器接入的电能表需要外接电压互感器、电流互感器。一次侧电能就是互感器的输入端的电能，也就是互感器的一次侧。二次侧电能就是互感器的输出端的电能，也就是互感器的二次侧。在使用电能表的时候，电压电流通常为互感器输出，即二次侧电压电流，电能表计量为二次侧电能。需将表的电能乘以电压电流变比，才是实际的一次侧电能。而数字化电能表输入的即为一次侧电压电流，输出的是一次电能。

（3）电能表通信。随着微电子技术的不断进步，许多的通信方式被应用到电能表通信中。其中比较常用的有以下几种：

1）红外通信。包括近红外通信、远红外通信。近红外通信指光学接口为接触式的红外通信方式。远红外通信指光学接口采用非接触方式的红外通信方式，由于容易受到外界光源的干扰，所以一般采用红外光调制/解调来提高抗干扰度。红外通信的主要特点是没有电气连接、通信距离短，所以主要用于电能表现场的抄录、设置。

2）有线通信。有线通信主要包括 RS232 接口通信、RS422 接口通信、RS485 接口通信等。由于有线通信具有传输速率高、可靠性好的特点，被广泛采用。

3）无线通信。无线通信包括无线数传电台通信、GPRS、GSM 通信等。随着信息传递技术的飞速发展，无线通信技术在通信领域发挥着越来越重要的作用。使用无线数传电台可以在几百米到几千米的范围内建立无线连接，具有传输速率高、可靠性较好、不需要布线等优点。使用 GPRS 或 GSM 网络通信，还可以充分地利用无线移动网络广阔的覆盖范围，建立安全、可靠的通信网络。

4）电力载波通信。电力载波通信是通过 220V 电力线进行数据传输的一种通信方式。在载波电能表内部，除了有精确的电能计量电路以外，还需有载波通信电路。它的功能是将通信数据调制到电力线上。常见的调制方式有

FSK、ASK 和 PSK。处于同一线路上的数据集中器则进行载波信号的解调，将接收到的数据保存到存储器中。由此构成载波通信网络。电力载波通信的特点是不需要进行额外的布线、便于安装；但是由于电力网络上存在着各种电器，具有噪声高、衰减大的特点，这就限制了通信传输的距离和速率。

数字输入电能表采用光纤通信和 485 通信两种通信方式。

光纤通信，就是利用光纤来传输携带信息的光波以达到通信之目的。要使光波成为携带信息的载体，必须对之进行调制，在接收端再把信息从光波中检测出来。

5.电能表管理规定及要求

（1）安全认证。电能表作为电能结算的法定计量器具，如何防止人为非法修改电能表数据以达到窃电目的，是一个重要的课题。数字输入电能表目前还没有设置安全认证功能，这也是今后数字输入电能表需要改进的重要环节。

（2）标准规范。数字输入电能表由于计量原理完全不同，不适用于这些传统的标准与规范，需要国家重新制定国家标准和规范。

（3）检定方法。数字化电能表由于其计量过程有合并单元及电子式互感器的共同参与，而不像传统电能表，自身完成了所有的计量环节，因此尽管目前有多种数字化电能表的检定方法，但其溯源的问题仍然存在争议，传统电能表经过检定后，即可作为合格的计量器具使用，而数字化电能表自身计量精度检定后，其整体计量精度仍然依赖于合并单元与电子式互感器的精度等级评定，这也是未来数字化计量需要解决的一个争议性问题。

综上所述，与传统电能表相比，数字化电能表具有以下优势：

1）数字化电能表通过光纤接入，没有相线区别，克服了传统电能表错接线的问题，省去了铜导线，节约了资源。

2）使用光纤后，避免了二次回路损耗带来的误差，电子式互感器避免了二次电压回路短路，电流回路开路引起的安全问题。

3）理论上无计量误差，电源外接，电能表功耗不影响计量准确性。

4）无启动、潜动概念，在小电流或无电流状态下不影响电能计量，也没有负荷过载限制。数字输入电能表解决了传统电能表很多固有的缺陷，在数据准确性和可靠性方面显示出优越性。

但也存在一些新的问题：比如依赖外接工作电源，一旦失电，停止计量；由于输入的是数字信号，信号线通信稳定性、交换机和接口质量、通信丢包等问题不可忽视。在电能计量专业方面，厂家需要在计量程序算法、安全认证、检定方法和通道监测上多加以研究，以保证数字输入电能表能满足电力系统计量要求。

4.2　采样值获取及数据解析

数字化电能表内部不设置电压、电流的模数转换部分，用来计算电能的原始数据均来自前端的合并单元，这些数据均为数字量，按照 IEC 61850 规约，以数据报文的形式传送到数字电能表的光纤接口模块，经物理层芯片到数据解析模块。本节将重点介绍数据接收模块的原理、结构组成及数据报文的解析过程。

4.2.1　采样值获取

合并单元与数字化电能表之间的采样值传输主要是通过 SampIED Values 通信服务来完成，数字化电能表的数据接收模块包括用于数据传输的光纤接口和符合 IEC 61850 规约标准的物理层芯片，两者共同组成数字化电能表的数字量交采模块。数字信号通过光纤接口将光信号转换成电信号，输入到协议物理层芯片，通过协议物理层芯片与对方网卡建立 link，并将网络数据解包，过滤掉一些报文头信息，将信息文本通过 MII 接口传给 DSP 数字信号处理器进行处理。

1.光纤接口模块

光纤接口的作用是，将要发送的电信号转换成光信号，并发送出去，同时，能将接收到的光信号转换成电信号，输入到处理器的接收端。图 4-11、图 4-12 分别给出了一种 SC 光纤接口和 ST 光纤接口的结构图，两种接口在接口槽上的结构存在差异，但都通过接口内部的两路驱动芯片来完成光电信号

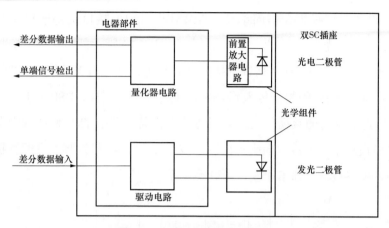

图 4-11　SC 光纤接口结构图

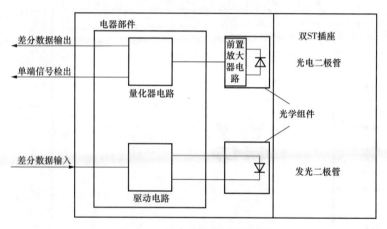

图 4-12　ST 光纤接口结构图

的转换，达到光纤数据交互的作用。

2. 协议解析单元

光纤接口将接受到的数字采样值光信号转换为电信号后，接入到物理层芯片中，完成物理层的编码与解码工作。以一种典型的物理层芯片 RTL8201BL 举例，它在智能变电站设备中有着广泛的应用。该芯片是一个单端口的物理层收发器，它只有一个 MII/SNI（媒体独立接口 / 串行网络接口）接口。它实现了全部的 10/100M 以太网物理层功能，包括物理层编码子层（PCS），物理层介质连接设备（PMA），双绞线物理媒介相关子层（TP-PMD），10Base-

Tx 编解码和双绞线媒介访问单元（TPMAU）。PECL 接口支持连接一个外部的 100Base-FX 光纤收发器。其管脚结构如图 4-13 所示，光纤接口接收的数据，都通过该芯片 RXD 系列管脚接入到芯片中，并通过 MⅡ接口（图中 25、26 管脚）将编码后的数据传入到 DSP 或 FPGA 中，同样，DSP 或 FPGA 通过 MⅡ接口将要发送的数据传入物理层芯片中，通过图中 TXD 系列管脚发送到光纤接口模块中，形成双向交互机制。该芯片 37 ~ 48 号管脚负责配置物理层通信的各项参数，如通信速度、接口模式等。

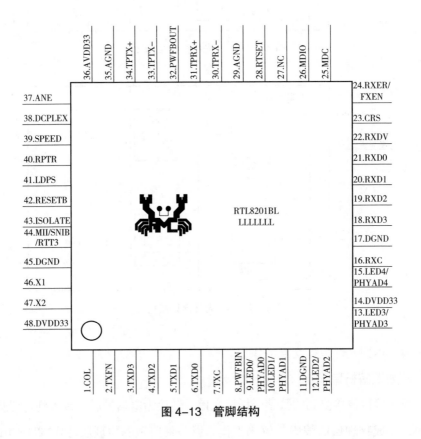

图 4-13　管脚结构

4.2.2　数据报文解析

智能变电站包括过程层、间隔层、站控层，过程层与间隔层通过 IEC 61850-9-1 点到点模式实现采样值数字化传输，或者采用 IEC 61850-9-2 标准采样值网络传输。采样测量值，也称 SMV（Sampled Measured Value），是一种用于实时传输数字采样信息的通信服务。

1. 数字采样值（SMV）通信协议

智能变电站内通信协议分类如图 4-14 所示。

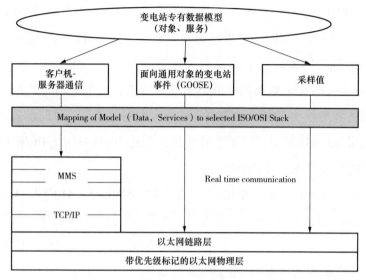

图 4-14 智能变电站内通信协议分类

从图 4-14 中可看出，合并单元与数字化电能表之间的采样值传输主要是通过 SampIED Values 通信服务来完成，而数字化电能表将计量的电量上传到站控层系统中则主要通过 MMS 报文协议来完成，这也构成了基于 IEC 61850 数字化电能表的主要通信协议。本节重点介绍与前端采样值传输息息相关的 SampIED Values 通信。SampIED Values 又称为 SampIED Measured Value 采样测量值，简称为 SMV，是一种用于实时传输数字采样信息的通信服务。从发展历史来说，SMV 传输协议的发展先后经历了：IEC 60044-8，IEC 61850-9-1，IEC 61850-9-2，IEC 61850-9-2LE，目前主要采用 IEC 61850-9-2，IEC 60044-8 来传输 SMV 报文。

IEC 61850-9-1《变电站通信网络和系统 第 9-1 部分：特定通信服务映射（SCSM）》通过单向多路点对点串行通信链路的采样值。IEC 61850-9-1 采用标准以太网为链路，可满足互操作要求。IEC 61850-9-1 与 IEC 60044-8 类似，可以看作是将后者的数据封装为以太网数据包，并通过以太网传输，其实现相对比较容易，在早期的合并单元、控制保护等设备中有一定的应用。但 IEC 61850-9-1 同样由于灵活性、可扩展性方面的限制，已不再为 IEC 所推荐使用。

IEC 61850-9-2 是国际电工委员会标准 IEC 61850-9-2《特定通信服务映射（SCSM）》中所定义的一种采样值传输方式，网络数据接口同样由以太网进行数据传输，但支持基于模型的灵活数据映射。与 IEC 61850-9-1 相比，IEC 61850-9-2 的传送数据内容和数目均可配置，更加灵活，数据共享更方便，能灵活满足各种变电站的需求，是技术发展的趋势。目前设备采样数据传输多采用 IEC 61850-9-2，并采用点对点的同步时钟系统或 IEEE 1588 网络时钟同步协议来实现同步采样。

IEC 61850-9-2LE 是 UCA 推出，由 ABB、SIMENS、AREVA、OMICRON、美国 GE、日本 TMT&D、东芝（欧洲）、加拿大等公司和实验室的国际知名专家联合起草的，IEC 61850-9-2 的工程实现指南，事实上是 IEC 61850-9-2 的更为明确定义的配套规范/标准。

IEC 61850-9-2LE 主要实现了采样值的网络化，可以与 GOOSE 共网，节省了大量光纤实现了数据网络化接口、以太网和光纤传输；体现了以太网地址、优先标志/虚拟局域网及以太网类等网络优化功能；它支持可变数据集、MSVCB 类服务（多播），并支持固定数据集/不支持多播/点对点等方式进行数据传输；支持 1588 网络对时，并进一步简化了网络。

2. ISO/IEC 8802-3 以太网帧结构

SMV 报文在链路层传输都是基于 ISO/IEC 8802-3 的以太网帧结构。不论是 IEC 61850 9-1、9-2 还是 9-2LE 都是采用的该结构，只是在 APDU 的数据结构中存在不同。ISO/IEC 8802-3 帧结构定义包括前导字节、帧起始分隔符字段、以太网 mac 地址报头、优先级标记、以太网类型 PDU、应用协议数据单元 APDU、帧校验序列。如表 4-2 所示。

（1）前导字节（Preamble）。前导字段，7 字节。Preamble 字段中 1 和 0 交互使用，接收站通过该字段知道导入帧，并且该字段提供了同步化接收物理层帧接收部分和导入比特流的方法。

表 4-2　　　　　　　　　　　ISO/IEC 8802-3 帧结构

字节		2^7	2^6	2^5	2^4	2^3	2^2	2^1	2^0
1									
2									
3									
4				前导字节 Preamble					
5									
6									
7									
8		帧起始分隔符字段 Start-of-Frame Delimiter（SFD）							
9									
10									
11				目的地址 Destination address					
12									
13									
14	MAC 报头 Header MAC								
15									
16									
17				源地址 Source address					
18									
19									
20									
21				TPID					
22	优先级标记 Priority tagged								
23				TCI					
24									
25				以太网类型 Ether-type					
26									

字节		2^7	2^6	2^5	2^4	2^3	2^2	2^1	2^0
27	以太网类型 PDU Ether–type PDU	APPID							
28									
29		长度 Length							
30									
31		保留 1 reserved1							
32									
33		保留 2 reserved2							
34									
35		APDU							
		可选填充字节							
		帧校验序列 Frame check sequence							

（2）帧起始分隔符字段（Start-of-Frame Delimiter）。帧起始分隔符字段，1字节。字段中1和0交互使用。

（3）以太网 mac 地址报头。以太网 mac 地址报头包括目的地址（6个字节）和源地址（6个字节）。目的地址可以是广播或者多播以太网地址。源地址应使用唯一的以太网地址。IEC 61850-9-2 多点传送采样值，建议目的地址为 01-0C-CD-04-00-00 到 01-0C-CD-04-01-FF。

（4）优先级标记（Priority tagged）。为了区分与保护应用相关的强实时高优先级的总线负载和低优先级的总线负载，采用了符合 IEEE 802.1Q 的优先级标记。优先级标记头的结构，如表 2-6 所示。

（5）以太网类型（Ethertype）。由 IEEE 著作权注册机构进行注册，该类型可以用来区分是采用 IEC 61850 9-1 还是 9-2 报文来传输的 SMV 数据。如表 2-7 所示。

（6）以太网类型（PDU）。APPID：应用标识，建议在同一系统中采用唯一标识，面向数据源的标识。为采样值保留的 APPID 值范围是 0x4000-0x7fff。可以根据报文中的 APPID 来确定唯一的采样值控制块。长度 Length：从 APPID 开始的字节数，保留 4 个字节。

（7）应用协议数据单元（APDU）。APDU 格式与采用哪种 IEC 61850 9 系列协议有关。

（8）帧校验序列。4 个字节。该序列包括 32 位的循环冗余校验（CRC）值，由发送 MAC 方生成，通过接收 MAC 方进行计算得出，以校验被破坏的帧。

3. IEC 61850-9-2 采样值报文帧格式

由上节所知，IEC 61850-9-2 特殊性主要体现在 ISO/IEC 8802-3 的以太网帧结构的 APDU 部分，在 9-2 协议中，一个 APDU 可以由多个 ASDU 链接而成。

采用与基本编码规则（BER）相关的 ASN.1 语法对通过 ISO/IEC 8802-3 传输的采样值信息进行编码。

基本编码规则的转换语法具有 T—L—V（类型—长度—值 Type—Length—Value）或者是（标记—长度—值 Tag—Length—Value）三个一组的格式。所有域（T、L 或 V）都是一系列的 8 位位组。值 V 可以构造为 T—L—V 组合本身。

IEC 61850-9-2 采样值报文 APDU 结构如表 4-3 所示。

表 4-3　　　　　　　IEC 61850-9-2 采样值报文 APDU 结构

内容	说明
savPdu tag	APDU 标记（= 0x60）
savPdu length	APDU 长度
noASDU tag	ASDU 数目　标记（= 0x60）
noASDU length	ASDU 数目　长度
noASDU value	ASDU 数目　值（= 1） 类型 INT16U 编码为 asn.1 整型编码
Sequence of ASDU tag	ASDU 序列　标记（= 0xA2）
Sequence of ASDU length	Sequence of ASDU 长度
ASDU	ASDU 内容

IEC 61850-9-2 采样值报文 ASDU 结构如表 4-4 所示。

表 4-4　　　　　　　IEC 61850-9-2 采样值报文 ASDU 结构

内容	说明
ASDU tag	ASDU 标记（= 0x30）
ASDU length	ASDU 长度
SVID tag	采样值控制块 ID 标记（= 0x80）
SVID length	采样值控制块 ID 长度
SVID value	采样值控制块 ID 值 类型：VISBLE STRING 编码为 asn.1 VISBLE STRING 编码
smpCnt tag	采样计数器标记（= 0x82）
smpCnt length	采样计数器长度
smpCnt value	采样计数器值 类型：INT16U 编码为 16 Bit Big Endian 编码
confRev tag	配置版本号标记（= 0x83）
confRev length	配置版本号长度
confRev value	配置版本号值 类型：INT32U 编码为 32 Bit Big Endian
smpSynch tag	采样同步标记（= 0x85）
smpSynch length	采样同步长度
smpSynch value	采样同步值 类型：BOOLEAN 编码为 asn.1 BOOLEAN 编码
sequence of data tag	采样值序列标记（= 0x87）
sequence of data length	采样值序列长度
sequence of data value	采样值序列值

表 4-4 采样序列值（Sequence of data value）即为详细的电压、电流采样

值数据，表 4-5 给出了一种 IEC 61850-9-2 采样值报文采样值序列结构。

表 4-5　　　　　　　IEC 61850-9-2 采样值报文采样值序列结构

保护 A 相电流	类型 INT32 编码为 32 Bit Big Endian
保护 A 相电流品质	类型为 quality，8-1 中映射为 BITSTRING 编码为 32 Bit Big Endian
保护 B 相电流	
保护 B 相电流品质	
保护 C 相电流	
保护 C 相电流品质	
中线电流	
中线电流品质	
测量 A 相电流	
测量 A 相电流品质	
测量 B 相电流	
测量 B 相电流品质	
测量 C 相电流	
测量 C 相电流品质	
A 相电压	
A 相电压品质	
B 相电压	
B 相电压品质	
C 相电压	
C 相电压品质	
零序电压	
零序电压品质	
母线电压	
母线电压品质	

其中，品质因数为一个双字节数据，具体格式如表 4-6 所示。

表 4-6　　　　　　　　　　　　　品质因数

8	7	6	5	4	3	2	1
			OpB	Test	Source	DetailQual	
DetailQual						Validity	

这 16 个位中，有 13 位用于标识 SMV 数据的状态，但常采用的为 Validity，用于标识该数据是否有效，以及 Test，用于标识当前是否处于测试模式。

4.2.3　数据报文解析实例

图 4-15 为从某个现场合并单元截获的 IEC 61850 9-2LE 报文，以此为例

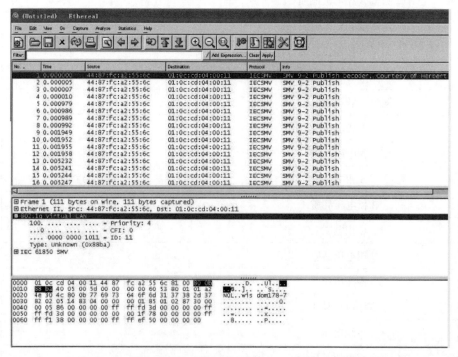

图 4-15　某个现场合并单元截获的 IEC 61850 9-2LE 报文

介绍过程层 SMV 采样值报文格式。

根据图中给出的数据，按照上两节中对 ISO/IEC 8802-3 帧结构以及 IEC 61850 9-2LE APDU 结构的介绍，可将报文内容解析如下：

前导字节帧由物理层芯片过滤掉，起始分隔符字段由解析软件过滤掉。MAC 报头：前 6 个字节为目的地址 01 0c cd 04 00 11，随后 6 个字节为源地址 4487fca255 6c；优先级标记：TPID 为 81 00，TCI 为 80 0b；以太网类型 Ethertype：88 ba，以太网类型 PDU：APPID 40 05，长度 Length 为 00 5d，保留 1 reserved1 为 00 00，保留 1 reserved1 为 00 00。

ISO/IEC 8802-3 帧结构定义如表 4-7 所示。

表 4-7 　　　　　　　　　　ISO/IEC 8802-3 帧结构定义

字节		2^7	2^6	2^5	2^4	2^3	2^2	2^1	2^0
1									
2									
3		前导字节（物理层芯片过滤掉）							
4		Preamble							
5									
6									
7									
8		帧起始分隔符字段 Start-of-Frame Delimiter（SFD）							
9									
10									
11	MAC 报头	目的地址：01 0c cd 04 00 11							
12	Header MAC	Destination address							
13									
14									

续表

字节		2^7	2^6	2^5	2^4	2^3	2^2	2^1	2^0
15	MAC 报头 Header MAC				源地址：4487fca255 6c Source address				
16									
17									
18									
19									
20									
21	优先级标记 Priority tagged				TPID：81 00				
22									
23					TCI：80 0b				
24									
25					以太网类型 Ether-type：88ba				
26									
27	以太网类型 PDU Ether-type PDU				APPID：40 05				
28									
29					长度 Length：00 5d				
30									
31					保留 1 reserved1：00 00				
32									
33					保留 2 reserved2：00 00				
34									
35					APDU				
					可选填充字节				
					帧校验序列				

优先级标记头的结构，IEC 61850-9-2 采样值报文 APDU 结构参见第二章。

IEC 61850-9-2 采样值报文 ASDU 结构如表 4-8 所示。

表 4-8　　　　　　　IEC 61850-9-2 采样值报文 ASDU 结构

ASDU 标记（=0x30）	30
ASDU 长度	4c
采样值控制块 ID 标记（=0x80）	80
采样值控制块 ID 长度	0b
采样值控制块 ID 值	
采样计数器标记（=0x82）	82
采样计数器长度	02
采样计数器值	05 14
配置版本号标记（=0x83）	83
配置版本号长度	04
配置版本号值	00 00 00 01
采样同步标记（=0x85）	85
采样同步长度	01
采样同步值	02
采样值序列标记（=0x87）	87
采样值序列长度	30
采样值序列值	

IEC 61850-9-2 采样值报文采样值序列结构如表 4-9 所示。

表 4-9 IEC 61850-9-2 采样值报文采样值序列结构

保护 A 相电流 类型 INT32 编码为 32 Bit Big Endian	
保护 A 相电流品质 类型为 quality，8-1 中映射为 BITSTRING 编码为 32 Bit Big Endian	
保护 B 相电流	
保护 B 相电流品质	
保护 C 相电流	
保护 C 相电流品质	
中线电流	
中线电流品质	
测量 A 相电流	00 00 0586
测量 A 相电流品质	00 00 00 00
测量 B 相电流	ff ff fd 3d
测量 B 相电流品质	00 00 00 00
测量 C 相电流	ff ff fd 3d
测量 C 相电流品质	00 00 00 00
A 相电压	00 00 1f 78
A 相电压品质	00 00 00 00
B 相电压	ff ff f1 38
B 相电压品质	00 00 00 00
C 相电压	ff ff ef 50
C 相电压品质	00 00 00 00
零序电压	
零序电压品质	
母线电压	
母线电压品质	

报文实例解析。以下为一帧 Wireshark 抓到的 IEC61850 9-2 数据，十六进制表示。

```
0x0000  01 0c cd 04 00 11 54 ee     75 1c 35 b6 81 00 80 0a
0x0010  88 ba 40 00 00 5c 00 00     00 00 60 52 80 01 01 a2
0x0020  4d 30 4b 80 0a 77 69 73     64 6f 6d 2d 30 30 31 82
0x0030  02 07 00 83 04 00 00 00     01 85 01 02 87 30 00 07
0x0040  9c 40 00 00 00 00 00 05     44 27 00 00 00 00ff3
0x0050  1f 98 00 00 00 00 ff cd     5b 40 00 00 00 00 00 7b
0x0060  d4 6f 00 00 00 00 ff b6     d0 51 00 00 00 00
```

解析如下：

[01 0c cd 04 00 11]—目的 Mac 地址 01：0c：cd：04：00：11

[54 ee 75 1c 35 b6]—源 Mac 地址 54：ee：75：1c：35：b6

[81 00]—802.1Q Virtual LAN

[80 0a]—1000 0000 0000 1010 B

　　　100—Priority：ControlIED Load（4）

　　　…0—CIF：canonical（0）

　　　…0000 0000 1010 - ID：10

[88 ba]—Type：IEC6850/SV

[40 00]—APPID：0x4000

[00 5c]—数据长度 00x005c

[00 00 00 00]—保留

[60]—APDU 标记

[52]—长度 0x52

[80]—APDU 数量标记

[01]—APDU 数目长度 0x01

[01]—APDU 数目值 0x01

[a2]—APDU 数列标记

[4d]—APDU 数列长度 0x4d

[30]—ASDU 标记

[4b]—ASDU 长度 0x4b

[80]—SVID 标记

[0a]—SVID 长度 0x0a

[77] 69 73 64 6f 6d 2d 30 30 31]—SVID 值，ASIIC：wisdom–001

[82]—采样计数标记

[02]—采样计数长度 0x02

[07 00]—采样计数值 0x0700

[83]—版本标记

[04]—版本标记长度 0x04

[00 00 00 01]—版本值 0x00000001

[85]—采样同步标记

[01]—采样同步长度 0x01

[02]—采样同步值 0x02，同步

[87]—采样序列标记

[30]—采样序列长度 0x30＝48＝[4+4]×6（[数据 4 字节 + 品质因数 4 字节]×[3 相电压 +3 相电流]）

[00 07 9c 40]—通道 1 数据 0x00079c40 [00 00 00 00]—通道 1 品质有效

[00 05 44 27]—通道 2 数据 0x00054427 [00 00 00 00]—通道 2 品质有效

[fff3 1f98]—通道 3 数据 0xfff31f98 [00 00 00 00]—通道 3 品质有效

[ffcd 5b 40]—通道 4 数据 0xffcd5b40 [00 00 00 00]—通道 4 品质有效

[00 7b d4 6f]—通道 5 数据 0x007bd46f [00 00 00 00]—通道 5 品质有效

[ffb6 d0 51]—通道 6 数据 0xffb6d051 [00 00 00 00]—通道 6 品质有效

4.3　数字计量电能运算

数字化电能表的计量算法与传统电能表计量算法差别不大，只是采样值已经经过电子互感器和合并单元的滤波环节，不再需要那么多滤波环节；但在传统计量算法基础上，还增加了丢帧补偿插值等网络采样值处理算法。本节将重点介绍数字化电能表的电参量计量算法、谐波分析算法、丢帧补偿算法等计量算法。

4.3.1　电参量计量算法

相比于传统电能表，数字化电能表不再引入表计内部 TV、TA，线路的损耗、以及 AD 转化带来的采样误差，因此数字化电能表整体的计量精度要高于传统电能表的计量精度。

1. 瞬时量的计算

下面介绍的是数字化电能表瞬时量的计算方法，包括电压、电流有效值，有功、无功功率，也是一个电表计量精度关键的决定因素部分。

电压电流有效值一般采用设定时间窗长度内的采样值均方根来计算，详细电压有效值计算公式如下所示

$$U_{\mathrm{irms}} = \sqrt{\frac{1}{M}\sum_{s=0}^{M-1}\left(U_{is}\right)^2} \qquad (4\text{--}1)$$

电流有效值的计算公式如下所示

$$I_{\mathrm{irms}} = \sqrt{\frac{1}{M}\sum_{s=0}^{M-1}\left(I_{is}\right)^2} \qquad (4\text{--}2)$$

其中，M 为时间窗大小，而有功功率的计算，也是取 M 的时间段内所有瞬时功率值的平均，具体计算公式如下

$$P_i = \frac{1}{M}\sum_{s=0}^{M-1}\left(U_{is}\times I_{is}\right) \qquad (4\text{--}3)$$

其中，U_{is}、I_{is} 为 s 时刻的电压采样值与电流采样值。

基于电能的物理现象，功率和电能可以转换为热功和热能。也可以通过量测热能或机械能的方式对其进行测量。因此在电压和电流为周期信号的情况下，上述有功功率的计算公式是没有争议的。然而，对于视在功率和无功功率，则不是一个好定义的物理现象，而是在一个基于正弦或近似正弦交流

信号情况下，按惯例定义的量。它们在电压、电流都为正弦或近似正弦情况下非常有用。此时无功功率定义为

$$Q = UI \sin \Phi = \sqrt{S^2 - P^2} \tag{4-4}$$

视在功率定义为

$$S^2 = P^2 + Q^2 \tag{4-5}$$

对于电压、电流为非正弦情形，最普遍认可的视在功率定义是

$$S = UI \tag{4-6}$$

这里 U、I 分别是电压电流的均方根值。对于周期的非正弦电压、电流信号，视在功率定义等价于

$$S = \sqrt{\sum_n U_n^2 \sum_n I_n^2} \tag{4-7}$$

对于无功功率，在电压、电流都为周期性非正弦情况下（如含有大量谐波），则有许多关于如何扩展的建议，其中，最流行并得到 ANSI/IEEE（1967）认可的定义是

$$Q = \sum_n U_n I_n \sin \Phi_n \tag{4-8}$$

该定义是由罗马尼亚科学家 Budeanu 给出的。故通常用 Q_B 表示。按此定义，功率三角就不再成立。为了描述与视在、有功、无功功率的关系，需要追加定义一个量 D，称之为畸变功率，此时

$$D^2 = S^2 - P^2 - Q^2 \tag{4-9}$$

然而，在实际应用中，畸变功率并没有实际用途。而且，如前所述，无功功率是一个人为定义的量。

2.电能和功率因数的计算

电能计量是所有单元中最关键的计量单元。有功能量，即负荷实际所耗电能实际上是由每一秒种之内得到的有功功率叠加起来，经过一定处理之后得到最后的总的有功率。换个角度说，电能事实上是由每 1s 或者更短的时间间隔得到的功率累计起来的，这里暂时取时间间隔为 1s，即有功能量每隔 1s 就累加上一次前面计算得到的有功功率的值，一直这么累加下去，再除以一定系数就能折算到最终要求显示的电能单位。具体公式如下所示

$$W = \sum P_{\Delta t} \times \Delta t \qquad (4\text{-}10)$$

而无功能量的计量方法与上面的有功能量计量类似，不同的就是把上面公式中的有功功率 P 替换成无功功率 Q。而功率因数的计算相对简单，根据功率因数的定义，其为有功功率与视在功率之比，用于描述电能有效做功的程度。具体公式如下所示

$$PF = \left| \frac{p}{s} \right| \qquad (4\text{-}11)$$

4.3.2　参数校准算法

由于计量过程中不免会存在系统误差，因此需要设计不同的校准算法来将计量结果存在偏差进行修正，它们在传统电能表中应用较多，但由于数字化电能表中的系统误差较少，只有在合并单元或电子式互感器环节存在误差时，才进行相应的误差修正。下面将详细介绍数字化电能表可能用到的误差校准算法，其中，失调校准是为了保证在 0 输入时，输出也为 0。进行增益校正的目的是为了在计算值和实际值之间建立起一个比例对应关系来。相位校准是为了保证数据采集的同步性。

1. 电压增益校准

电压增益校准计算公式为

$$V_{\text{n}} = V_{\text{r}} \left(1 + VRMSGAIN / 4096 \right) \qquad (4\text{-}12)$$

其中，V_{n} 为标准源的三相电压设定值，置 $VRMSGAIN = 0$，分别读取三相电压有效值测量值 V_{r}，根据上式计算各相的电压增益，将结果分别置入各相的 VRMSGAIN 寄存器。$VRMSGAIN$ 的改变将直接影响电压有效值的大小及视在电能大小。

2. 电流增益校准

电流增益校准计算公式为

$$I_{\text{n}} = I_{\text{r}} \left(1 + IGAIN / 4096 \right) \qquad (4\text{-}13)$$

其中，I_{n} 为标准源的三相电流设定值，分别读取三相电流有效值 I_{r}，按公式计算各相的电流增益，将结果分别置入各相的 IGAIN 寄存器。$IGAIN$ 的改变对有功无功视在电能都有影响。

3. 电流失调校准

电流失调计算公式为

$$IRMS = \sqrt{IRMS_0{}^2 - 16384 \times IRMSOS} \qquad (4-14)$$

电流失调可调整 IRMSOS 寄存器实现。这一步是开完根号以后进行的调整过程。$IRMS$ 必须在电压过零点读取，否则数值会有波动。去除三相电流，置 $IRMSOS = 0$，分别读取三相电流有效值 I_{r0}，按下式计算各相的电流失调值。

$$IRMSOS = I_{r0} \times I_{r0} / 16384 \qquad (4-15)$$

将结果分别置入各相的 IRMSOS 寄存器。

4. 电压失调校准

电压失调计算公式为

$$VRMS = VRMS_0 + VRMSOS \times 64 \qquad (4-16)$$

电压失调可调整 VRMSOS 寄存器实现；由于电压的一次采样值比电流大很多，为保证补偿精度，$VRMSOS$ 所乘的系数因子（64）要比电流 $IRMSOS$ 所乘的因子（16384）小很多。去除三相电压。置 $VRMSOS = 0$。分别读取三相电压有效值 V_{r0}。按下式计算各相的电压失调值。

$$VRMSOS = -V_{r0} / 64 \qquad (4-17)$$

将结果分别置入各相的 VRMSOS 寄存器。

5. 有功增益校准

有功功率增益校准公式为

$$power = power_0 \times \left(1 + \frac{AWG}{2^{12}}\right) \qquad (4-18)$$

加 A 相电压 V_n，电流 I_n，功率因数置 1，读取电能误差 E_r，按公式

$$WG = (1 / E_r - 1) \times 4096 \qquad (4-19)$$

计算有功增益补偿系数，置入 AWG 寄存器，B、C 相有功增益校准同 A 相。其中，$power_0$ 是未校正的数据。实际上采用的是校正后的 $power$。

6. 无功增益校准

无功功率增益校准公式为

$$R_e\,power = R_e\,power_0 \times \left(1+\frac{AVARG}{2^{12}}\right) \tag{4-20}$$

加 A 相电压 V_n，电流 I_n，功率因数置 0，读取电能误差 E_r，按公式

$$VARG = (1/E_r - 1) \times 4096 \tag{4-21}$$

计算无功增益补偿系数，置入 AVARG 寄存器，B、C 相无功增益校准同 A 相。

7. 相位校准

加 A 相电压 V_n，电流 I_n，功率因数置 0.5，读取电能误差 E_r，按如下公式计算相位补偿值置入 APHCAL 寄存器。

$$APHCAL = \arcsin(E_r / 1.732) \times 4 \times 2083 / 360 \tag{4-22}$$

8. 无功 / 有功失调校准

去除三相电流，置 $WATTOS = 0$，$VAROS = 0$，分别读取三相有功功率及无功功率值，分别调整各相的 WATTOS 及 VAROS 寄存器，使相应有功或无功功率值读数为 0。对于有功而言，1 个 $wattos$ 的值要对应于最小的有功输出值的 1/16，无功的失调校准过程也与其是类似的。

9. 去直流分量的校正

把 n 个连续电流采样数据进行求平均计算，即得到直流分量的补偿系数，公式如下

$$I_{去直} = \frac{1}{n}\sum I_n \tag{4-23}$$

4.3.3　丢帧补偿算法

智能变电站中，当网络繁忙或合并单元出现异常时，容易发生通信丢帧现象，这样就会造成 SMV 采样值报文不连续，影响电能计量精度。因此，数字化电能表必须能够识别是否发生丢帧现象，以及对丢帧的数据点进行插值补偿，以减少丢帧异常对电能计量的影响。数字化电能表常根据接收到的 SMV 报文中采样序号值变化来判断是否发生丢帧异常，以及确定丢失的采样点数。

当丢失的采样点数确定后，就需要开始采用插值算法来补偿丢失的数据

点。插值是离散函数逼近的重要方法,利用它可通过函数在有限个点处的取值状况,估算出函数在其他点处的近似值,插值分外插和内插,外插是已知过去时刻的数据点,要预测未来时刻的数据点值,内插则是已知过去几个时刻和当前时刻的数据点,要估算过去与当前之间某个未测量时刻的数据点值,显然,内插精度要优于外插的精度,因此数字化电能表的丢帧补偿中,采用内插法最为合适。

基本的插值算法包括拉格朗日插值法、牛顿插值法、埃尔米特插值法、分段多项式插值、样条插值等类型,插值精度和计算复杂度依次增加,此处介绍一种比较简单且精度较高的三点均差牛顿插值算法,如下所示,以电压补偿为例,丢帧点前两个时刻为 k_0,k_1,丢帧后一时刻为 k_2,此时的插值函数为

$$u(x) = u(k_0) + u[k_0,k_1](x-k_0) + u[k_0,k_1,k_2](x-k_0)(x-k_1) \qquad (4\text{--}24)$$

$u[k_0,k_1]$,$u[k_0,k_1,k_2]$ 分别为一阶均差,和二阶均差,并有:

$$u[k_0,k_1] = \frac{u(k_1) - u(k_0)}{k_1 - k_0} \qquad (4\text{--}25)$$

$$u[k_0,k_1,k_2] = \frac{u[k_1,k_2] - u[k_0,k_1]}{k_2 - k_0} \qquad (4\text{--}26)$$

根据上述公式可知,计算丢帧时刻为 k 的电压值,可将 $x=k$ 代入上述 $u(x)$ 的函数式中,计算出补偿后电压 $u(k)$ 的值。

4.4 计量数据 MMS 通信

前三节主要介绍数字化电能表如何接收合并单元传过来的 SMV 报文、解析电压、电流数字采样值数据、以及完成各电参量的计算,这部分都属于与过程层设备——合并单元 IEC 61850 通信的内容,而本节将介绍数字化电能表另外一个重要的通信内容——与站控层设备基于 IEC 61850 的数据交互,相关的站控层设备一般包括智能电量采集终端、站控层一体化后台等等。

与过程层的 SMV 报文交互不同,数字化电能表与站控层设备的交互一般

都基于以太网 MMS 协议，交互的数据类型主要包括电表计量的电量数据、各瞬时量及其他表计重要的参数，等等。IEC 61850 7 系列与 IEC 61850 8-1 标准中规定了这些数据模型的定义、MMS 通信方法以及相应的交互流程。在实际应用中，数字化电能表与站控层数据交互的具体流程是，首先是建模过程，即将电表中各数据的格式，排列结构定义，按照 IEC 61850 7 系列标准中的内容做成一个 icd 文件，这个 icd 文件提供了对电表中所有数据的描述，抄表设备下载了这个 icd 文件后，有专门的解析程序，能够得到电表整个数据集的格式信息。电表一般提供两种数据上报服务，一种是数据发生变化时，将变化的数据上报；还有一种是定时将整个数据集的数据上报，无论哪种条件满足，都会按照 icd 文件中数据集的格式，调用上报函数，这个函数就将这些上报的数据通过 MMS 协议传输到抄表设备或系统中，这个上报函数是集成在 IEC 61850 程序包中，MMS 报文传输的过程就跟 TCP/IP 协议一样，是直接集成好的程序包。本节首先介绍 MMS 报文，然后对电量建模以及各种服务进行介绍。

4.4.1 MMS 协议

制造报文规范 MMS（Manufacturing Message Specification），ISO/IEC 9506 标准所定义的一套用于工业控制系统的通信协议。MMS 规范了工业领域具有通信能力的智能传感器、智能电子设备（IED）、智能控制设备的通信行为，使出自不同制造商的设备之间具有互操作性。

在 MMS 协议体系中，服务规范和协议规范是整个协议体系的核心。其中，服务规范定义了虚拟制造设备 VMD（Virtualmanufacturing Device），网络上节点间的信息交换以及 VMD 相关的属性及参数。协议规范则定义了通信规则，包括消息格式、通过网络传递的消息顺序以及 MMS 层与 ISO/OSI 七层模型中其他层的交互方式。

MMS 采用抽象语法标记（ASN.1）及其基本编码规则（BER）作为其数据结构定义描述工具与传输语法。ASN.1 是一种标准的抽象语法定义描述语言，与平台和编程语言无关，提供了丰富的数据类型，MMS 主要使用序列类型、同类序列类型和选择类型构造相关数据类型。BER 是一种传输语法，它可以把复杂的用抽象语法描述的数据结构表示成简单的数据流，从而便于在通信线路上传送，采用八位位组作为基本传送单位，对数据值的编码由三部分组成，即标识符（又称标签）、长度和内容，一般称为 ASN.1 编码的 TLV 结构。

SCL 是基于 XML 用于变电站设备描述和配置的语言。它用于描述变电站 IED 设备、变电站系统和变电站网络通信结构的配置。最终目的是为了在不同制造厂商的设备配置工具以及系统配置工具间交换系统的配置信息，实现互操作。可扩展标识语言 XML 包含一种用以定义 XML 文档类型所允许词汇的方法，即文档类型定义（DTD）。

SCL 采用 XML 用于标准语法定义，遵循 IEC 61850 语义规范，通过自定义标签和多层元素节点嵌套的方式，创建可相互转换的结构化文本文档和数据文档。文档结构清晰，配置过程灵活多变，符合 IEC 61850 提出的对象模型。通过 Schema 模式定义了具体的 SCL 语法，主要包括头（Header）、变电站描述（Substation）、IED 描述、通信系统描述（Communication）和逻辑节点数据类型模版（DataTypeTemplates）5 个部分。其中，Header 部分描述了 SCL 配置、版本以及名字同信号之间的映射信息；Substation 部分描述了变电站的功能结构，包括一次设备及电气连接信息；IED 部分，通过描述访问点、LD 和 LN 等 IED 信息定义通信服务能力；Communication 通过逻辑总线和 IED 访问点描述了 LN 之间通信连接；Data Type Templates 部分描述逻辑节点的 DO 具体样本。

4.4.2　ACSI 到 MMS 映射

IEC 61850 是 IEC TC57 制定的关于变电站自动化系统通信的国际标准，代表了变电站自动化技术的发展方向，适应了技术的发展要求。IEC 61850 在技术上的一个显著特点就是采用了制造报文规范 MMS。MMS 规范了不同厂商设备间的通信，实现了信息互通和资源共享，从根本上保证了变电站内各类设备互操作的实现。因此，MMS 作为实现的关键技术，受到极大关注。在 IEC 61850 标准中，整个变电站自动化通信体系被划分为 3 层：变电站层、间隔层和过程层。其中，变电站层和间隔层间采用抽象通信服务接口 ACSI

（Abstract Communication Service Interface）映射到 MMS 的方式进行通信。ACSI 独立于具体的网络协议，并被映射到特定的通信协议栈以适应网络技术的发展。引入 ACSI 后，一旦底层网络技术发生变化，只需改变特定的通信服务映射（SCSM）即可适应各类网络技术的发展。相应地，如何实现协议中规范的 ACSI 到 MMS 的映射无疑成为实现技术的关键。

在应用 IEC 61850 解决变电站自动化系统的应用问题时，需要将 IEC 61850 定义的模型和服务映射为特定的应用层对应的模型映射大致可以分为数据类型映射、模型映射和服务映射三部分。

1. 数据类型映射

IEC 61850 标准与 MMS 标准各自定义了一套用于构成对象类的基本数据类型，由于最终 IEC 61850 数据模型需要映射到具体的通信协议 MMS 上，所以其规定的基本数据类型也必然需要与 MMS 规定的基本数据类型相对应，其对应关系如表 4-5 所示。

在实际应用中，IEC 61850 标准基本数据类型主要体现在实际装置的配置文件中，比如 cid 文件，在 cid 文件的 datatypetmplates 部分，每一个数据属性 DA 都规定有符合 IEC 61850 标准的基本数据类型。装置运行时，读取 cid 文件，将 IEC 61850 数据映射到了 MMS 数据。这个映射过程包含了基本数据类型的映射，比如 cid 文件中的延时过流保护逻辑节点数据 PTOCOPGENERAL，它是一个布尔型值，用以控制跳闸与否，其最终映射到 MMS 中的一个布尔数据。

表 4-10　　　　　　　　ACSI 到 MMS 的数据类型映射

IEC 61850 数据类型	MMS 数据类型	取值范围
BOOLEAN	Boolean	
INT8	Integer	−128 ~ 127
INT16	Integer	−32768 ~ 32767
INT32	Integer	−2147483648 ~ 2147483647
INT8U	Unsigned	0 ~ 255
INT16U	Unsigned	0 ~ 65535

IEC 61850 数据类型	MMS 数据类型	取值范围
INT32U	Unsigned	0 ~ 4294967295
FLOAT32	Floating Point	IEEE754 单精度浮点数
FLOAT64	Floating Point	IEEE754 双精度浮点数
ENUMERATED	Integer	可能取值的有序集合，具体应用时定义
CODED ENUM	BitString	可能取值的有序集合，具体应用时定义
OCTET STRING	OctetString	使用时指定位组串的最大长度
VISIBLE STRING	VisibleString	使用时指定位组串的最大长度
UNICODE STRING	MMSString	使用时指定位组串的最大长度

2. 模型映射

ACSI 到 MMS 的映射分为信息模型对象的映射和服务映射。信息模型的映射是指服务器、逻辑设备、逻辑节点、数据、关联和文件等模型分别与 MMS 的虚拟制造设备、域、有名变量、应用关联和文件之间的映射。服务映射是指从 ACSI 各个模型的抽象服务到 MMS 模型相关服务的对应关联关系。映射如表 4-11 所示。

表 4-11　　　　　　ACSI 到 MMS 的模型与服务映射

ACSI 对象	ACSI 服务	MMS 服务	MMS 对象
Server	GetServerDirectory	GetNameList	VMD
LogicalDevice	GetLogicalDeviceDirectory	GetNameList	Domain
LogicalNode	GetLogicalNodeDirectory	GetNameList	Namde Variable
Data	GetDataValues SetDataValues	Read Write	Namde Variable
Association	Associate Abort Release	Initiate Abort Conclude	Application Association

ACSI 对象	ACSI 服务	MMS 服务	MMS 对象
File	GetFile SetFile	FileOpen+ FileRead+ FileClose ObtainFile	File
	DclctcFile GetFileAttributeValues	FileDelete FileDirectory	
Log	GetLogControlValues SetLogControlValues GetLogStatusValues QueryLogByTime QueryLogAftcr	Read Write Read ReadJournal WriteJournal	Named Variable Named Variable Named Variable Joumal Joumal

在 MMS 的数据模型中，虚拟制造设备 VMD 中包含域对象、变量对象、变量列表对象等。变量对象和变量列表对象可以具有域特定范围属性或者 VMD 特定范围属性。在 MMS 的数据模型中最多只能表示对象的 3 层的隶属关系。在 IEC 61850 模型中，服务器中包含逻辑设备，逻辑设备中包含逻辑节点，逻辑节点中包含数据，数据中包含数据属性，数据属性也可能包含其他数据属性，对象的隶属层次很多。由于隶属层次的差别，MMS 模型和 IEC 61850 模型之间无法直接建立映射关系。IEC 61850 通过在变量或者变量列表的名称中分出层次关系来解决了这一问题，逻辑设备和逻辑节点之间加入了 "/" 符号，不同层次的变量名称之间加入了 "$" 符号，这样通过对象的名称，就可以区分数据模型中对象的层次关系。

4.4.3 电量建模以及各种服务

在 IEC 61850 标准中，逻辑设备（LD）由 LN 和附加 Service 组成。基于 ERTU 的特性，一个 ERTU 设备可监控多个电能表，从而完成对多条线路的电能量信息的采集。根据电能表划分 LD，结构清晰且符合 IEC 61850 标准的层次结构。在 LD 内部，除了按功能划分的 LN 外，还应提供关于物理设备或者由其控制的外部设备的相关信息。LLN0 代表 LD 的公共数据（例如铭牌、设

备运行情况信息），LPDH 代表拥有该 LN 的逻辑节点物理设备的铭牌、设备
运行状况等信息；MMTR 代表计量单元 MMTR，可以向主站提供电能表的测
量数据来计算电能，用于计费；MMXU 测量单元，通过测量电压、电流和功
率等基本量计算出电压和电流的有效值以及功率。

　　智能变电站的电能量数据与智能变电站其他数据存在较大的差异，主要
表现为：①电能量数据用于交易计费，因此其采集的精度、准确度、稳定度、
可靠性要求特别高；②电能量数据具有准实时性，即数据并不是用于实时应
用，而主要是周期性记录。由于数据用于交易计费结算，其作用和地位至关
重要，因此一般均建有独立的电能量采集系统，在智能变电站采用数字化电
能表，并配置专门的电能量采集终端（ERTU），在调度侧建立专门的电能量
采集与监视系统。

　　要实现数字化电能表基于 IEC 61850 标准数据交换，首先需要对电能表的
功能和相关数据进行抽象，功能分解，即电量建模以及各种服务实现的过程。

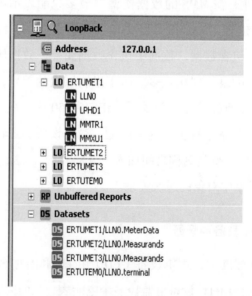

图 4-16　使用 IEDSout 连接 IEC 61850 服务器的实例

　　图 4-16 为一个使用 IEDSout 连接 IEC 61850 服务器的实例。要理解并实
现 IEC 61850 的面向对象建模，必须理解并掌握如下三点。

1. 功能、逻辑节点、逻辑设备和数据传输

IEC 61850 提供了一整套面向对象的建模方法，将实际的物理设备功能抽象为对应的数据模型，以便于数字化处理与信息共享。为了使得物理设备各项功能可以自由分布和分配，所有功能被分解成逻辑节点（Logical Node，LN），这些节点可分布在一个或多个物理装置上。这里 LN 被定义为用来交换数据的功能的最小单元，表示一个物理设备内的某个具体功能（如保护、测量或者控制）或者是作为一次设备（断路器或互感器）的代理。如图 4-17 中，右侧变电站中各断路器的闸刀控制功能被抽象为独立的 LN，每个 LN 包含闸刀控制命令、闸刀位置等对象参数，从而形成一个虚拟化的数据模型，并可以通过该模型获取或配置断路器的各种参数，在各智能化设备中实现信息共享。

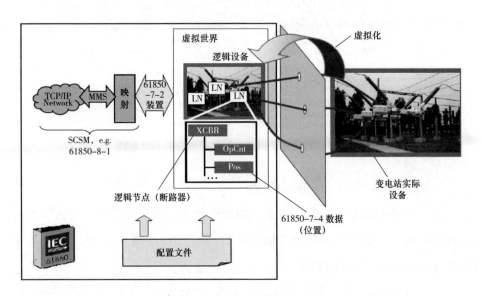

图 4-17　LN 建模实例

有一些通信数据不涉及任何一个功能，仅仅与物理装置本身有关，如铭牌信息、装置自检结果等，为此需要一个特殊的逻辑节点"装置"，为此引入 LLN0 逻辑节点。逻辑节点间通过逻辑连接（LC）相连，专用于逻辑节点之间数据交换。数据交换的格式采用了 PICOM（Piece of Information for COMmunication）格式，其突出的优势在于 PICOM 做到了信息的传递与通信

应答方式无关，即与所用的规约无关。为了满足互操作性要求，逻辑节点必须能够解释并处理接收的数据（语法和语义）和采用的通信服务，即要求逻辑节点内的数据得到标准化。

这一方法如图 4-18 所示，逻辑节点分配给功能（F）和物理装置（PD），逻辑节点通过逻辑连接互连，物理装置则通过物理连接实现互连。逻辑节点是物理装置的一部分，逻辑连接则是物理连接的一部分，该图形象的表述了"功能高于装置"的思想。

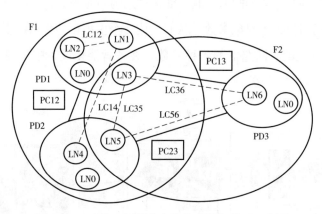

图 4-18　功能、逻辑节点和物理设备关系示意图

2. 功能划分以及 IED 的对象建模

对于功能可以分为 2 类：位于不同物理设备的两个或者多个逻辑节点所完成的功能，称之为分布功能，如图 4-18 所示中的功能 F1；反之称之为集中功能如图 4-18 所示中的 F2。

由于 IED 集成到了变电站自动化系统（SAS）中，功能具备分布特性，并且是基于通信的。为了对这种分布式的功能进行建模，通常将一些复杂的设备分解成基本的功能，如电能质量监控功能、计量控制功能、保护功能等。

需要指出的是，对于变电站中任意功能的建模都是基于对问题域的理解，且模型只考虑 IED 的通信可见特性，并不涉及 IED 内部软硬件的设计。图4-19 形象地展示了实际的物理设备到抽象的逻辑设备、逻辑节点及各属性点直接的包含关系。

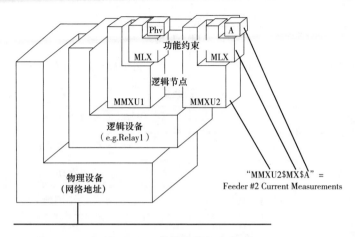

图 4-19 各属性点包含关系

3. 对实际的电能量 IED 进行对象建模

IEC 61850 规范了若干个逻辑节点组，包括保护功能逻辑节点组、计量和测量逻辑节点组等。但是该标准规范的计量和测量逻辑节点组与我们实际要求 IED 功能还有一定的欠缺，由于标准的开放性，可以通过扩展逻辑节点来解决建模问题。下面先就标准中所规范的计量和测量逻辑节点组进行讨论。

所有的 IED 中最常见的是用来对三相系统中多个测量量建模的逻辑节点 MMXU，该逻辑节点用于计算三相系统中电流、电压、功率和阻抗。主要用途是供运行使用。MMXU 中所包含的各种可选测量值的属性名和类型见表 4-12 所列。从表中可以看出，MMXU 中的数据属性大都是 WYE 类型的，如三相的相电压、相电流以及相阻抗。

表 4-12 MMXU 类的属性

MMXU 类		
属性名	属性类型	说明
逻辑节点名		应从逻辑节点类继承
数据		
公用逻辑节点信息		
		逻辑节点应继承公用逻辑节点类全部指定数据

续表

MMXU 类		
EEHealth	INS	外部设备健康（外部传感器）
被测量		
TotW	MV	总有功功率 P
TotVAr	MV	总无功功率 Q
TotVA	MV	总视在功率 S
TotPF	MV	平均功率因数 PF
Hz	MV	频率
PPV	DEL	线电压
PhV	WYE	相电压
A	WYE	相电流
W	WYE	单相有功功率 P
var	WYE	单相无功功率 Q
VA	WYE	单相视在功率 S
PF	WYE	单相功率因数
Z	WYE	单相阻抗

逻辑节点，计量（MMTR）逻辑节点描述见 IEC61850-5。该逻辑节点用于计算三相系统中电能量，适用于计费。从表 4-13 中可以看出 MMTR 数据都是 BCR 类型。

表 4-13   MMTR 类的属性

MMTR 类		
属性名	属性类型	说明
逻辑节点名		应从逻辑节点类继承
数据		
公用逻辑节点信息		

MMTR 类		
		逻辑节点应继承公用逻辑节点类全部指定数据
EEHealth	INS	外部设备健康（外部传感器）
EEName	DPL	外部设备铭牌
被测量		
TotVAh	BCR	自最近一次复位来，净视在电能
TotWh	BCR	自最近一次复位来，净有功电能
TotVarh	BCR	自最近一次复位来，净无功电能
SupWh	BCR	有功供给
SupVarh	BCR	无功供给
DmdWh	BCR	有功需求
DmdVarh	BCR	无功需求

逻辑节点，计量统计（MSTA）计量值并不总是直接使用，而是作为在给定分析期间平均值、最小值和最大值使用。报告可在分析阶段结束启动，MSTA 类的属性见表 4-14。

表 4-14　　　　　　　　　　MSTA 类的属性

MSTA 类		
属性名	属性类型	说明
逻辑节点名		应从逻辑节点类继承
数据		
公用逻辑节点信息		
		逻辑节点应继承公用逻辑节点类全部指定数据
EEHealth	INS	外部设备健康（外部传感器）
被测量		
AvAmps	MV	平均电流

MSTA 类		
MaxAmps	MV	最大电流
MinAmps	MV	最小电流
AvVolts	MV	平均电压
MaxVolts	MV	最大电压
MinVolts	MV	最小电压
AvVA	MV	平均视在功率
MaxVA	MV	最大视在功率
MinVA	MV	最小视在功率
AvW	MV	平均有功率
MaxW	MV	最大有功功率
MinW	MV	最小有功功率
AvVAr	MV	平均无功功率
MaxVAr	MV	最大无功功率
MinVAr	MV	最小无功功率
控制		
EvStr	SPC	分析间隔起始
定值		
EvTmms	ASG	平均分析时间（时间窗）

电能量 IED 不仅应该包括逻辑节点 MMXU、MMTR 和 MSTA，而且应该包含时间段内的峰、平、谷电量，可能出现的异常情况记录例如失压、断流记录等。现在尚未在 IEC 61850 中定义，但根据一个提议，可以按照和保护功能建模类似的法则来定义相应的逻辑节点，这些节点将被组成新的电能量事件相关逻辑节点组 MMJE，而峰、平、谷电量和失压、断流记录等逻辑节点都将包含在该逻辑节点组中。

图 4-20 是一个数字化电能表的计量逻辑节点（MMTR）示例，从图中可

以看出，该逻辑设备 ERTUMET 为数字化电能表的抽象形式，该逻辑设备包含一个 MMTR 逻辑节点，站控层平台通过该模型即可获知该数字化电能表具备 MMTR 定义的各项逻辑功能，从而根据 MMTR 的定义通过 MMS 协议获取各数据对象的具体数值以及对应的数据服务，如图中总有功电能 TotWh 的数值大小、冻结时间、品质因数等等，具体参考 IEDSout 使用相关资料，此处不再赘述。

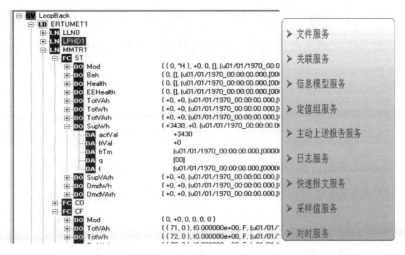

图 4-20 计量逻辑节点（MMTR）示例

4.5 异常处理

根据国家电网公司要求，电能表必须具备异常信息提示与处理功能，数字化电能表也不例外。除传统电能表计量异常处理之外，数字化电能表还需具备与数字化通信有关的异常处理功能，这些异常往往由光纤传输、表计意外损坏、数字化电能表现场人员操作失误以及过程层设备调试引起。本节重点介绍传统计量部分的异常处理、数字化通信异常处理、以及数字化电能表现场维护中经常会出现的异常状况及处理办法。

4.5.1 典型计量异常处理

典型计量异常时所有传统电能表普遍要求检测的异常信息，这些异常往往由表计自身的故障或软件 BUG 引起。数字化电能表在上电之后，首先进行自检，如果出现异常，则液晶上显示异常提示信息"Err-××"（此处显示的内容国家电网公司 2007 电能表规范中有着严格的要求），但此时按键显示仍能正常使用。异常信息可分为以下几类。

第一类是故障类异常，表示严重的硬件错误，此时电表将停止正常的自动轮显，而是固定显示此信息。出现此类异常后应及时同厂家联系解决。主要的故障类异常提示信息如表 4-15 所示。

表 4-15　　　　　　　　　　主要的故障类异常提示信息

异常提示代码	异常内容
Err-01	控制回路错误
Err-02	ESAM 错误
Err-03	内卡初始化错误
Err-04	时钟电池电压低
Err-05	内部程序错误
Err-06	存储器故障或损坏
Err-07	时钟故障

第二类是事件类异常，表示电表运行过程中发生了某些非正常事件，此类提示在自动循环显示的首项前显示。主要的事件类异常提示信息如表 4-16 所示。

表 4-16　　　　　　　　　　主要的事件类异常提示信息

异常提示代码	异常内容
Err-51	过载

异常提示代码	异常内容
Err-52	电流严重不平衡
Err-53	过压
Err-54	功率因数超限
Err-55	超有功需量报警事件
Err-56	有功电能方向改变（双向计量除外）

4.5.2　数字化通信异常处理

数字化电能表除了传统的计量异常外，还有可能面对因网络化通信造成的异常。这些异常不一定由表计自身产生，较多时候是由表计及合并单元参数设置问题、人员操作失误、变电站网络异常、过程层设备出现故障等多种原因造成，但数字化电能表必须识别这些异常，在显示界面上进行报警，且能进行异常事件记录，记录事件的开始及结束时间、开始及结束时刻电量，为异常的修复以及故障期间的电量追算提供参考，具体包括以下异常信息。

1. 采样数据输入序列不连续异常

发生此异常时，表示有 SMV 报文丢帧现象存在，这种异常产生的原因有多方面的，诸如变电站网络交换机过于繁忙、过程层合并单元出现故障、数字化电能表光纤接口过热、光纤波长参数不匹配等等，都会导致或多或少的数据帧丢失。

该异常的检测方法主要是通过采样报文序列号是否连续来进行甄别，同时进行相应的丢帧补偿措施。当发现此异常时，数字化电能表要记录该异常事件、包括该事件发生及结束的时间，丢帧的数量等等，并在液晶界面上进行报警。

该异常有种极端情况，就是采样报文序列号不再变化，及数字化电能表再也接不到新的 SMV 报文。此时，过程层通信可能已经中断。该异常产生的原因包括光纤没有插好或接反、合并单元或交换机停止工作、MAC 地址设置错误等等。因此数字化电能表将不能再进行丢帧补偿，要停止计量，初始化各瞬时量显示，并进行异常记录和告警。

2. 采样数据输入报文存在无效通道异常

若输入报文中，有数据的品质因数第一位（Validity）被置位，则该数据通道无效。若合并单元出现故障或合并单元处于调试状态（没有接入交流采样），都有可能出现无效数据通道的异常，此时该通道尽管有采样值数据，但该采样值数据可能是错误的，电能表必须停止计量或将该数据当作 0 处理，确保不会产生电量异常。并记录此时的异常事件，在液晶界面上进行显示。

有一些案例中，当电表设置为三相三线计量时，由于采用两表法测量，B 相的品质因数可能会被置无效，此时需要根据现场具体情况，来甄别是否为无效通道异常。

3. 采样数据输入报文源地址无效异常

源地址无效异常表示若输入 SMV 报文的 MAC 地址并非来自于对应合并单元的 MAC，这种异常一般较常出现在广播地址通信中。一般过程层通信中，除了点对点或组网内的 SMV 报文通信，还存在一些广播信息，这些广播信息统一采用广播 MAC 地址（FF：FF：FF：FF：FF）。若甄别到采样报文的源地址是来自于广播 MAC 地址，而非合并单元的 MAC 地址，则发生了源地址无效异常，此时的采样报文数据若当作采样值数据处理，电能表的电量计量将会出现重大偏差，因此，电能表需要过滤掉这些信息，只处理来自合并单元的正确 SMV 报文数据。

4. 采样数据输入报文数据无效异常

SMV 报文数据异常包括两种情况，一种情况是报文中的标识出现异常；另一种情况是报文中的电压、电流数字采样值出现异常。第一种情况产生的原因一般由合并单元的故障引起，或者是对方发错了规约文本（如将 9-1 误当做 9-2 发送）、以及双方 9-2 配置参数不匹配引起；第二种情况则有可能是由前端电子式互感器出现异常或处于调试状态，或 9-2ASDU 的配置参数不匹配引起，如发现 SMV 采样报文中的电压、电流采样值超过了 24 位（最高的 AD 位数为 24 位），或电压、电流明显超过了该智能变电站的电压、电流峰值。

无论上述哪种情况发生，电表都应该停止计量，或当作 0 数据处理，并及时记录该异常事件的各项信息，以便后续的故障判断及电量追补。

5. 采样数据输入报文为检修状态异常

有部分案例中，现场合并单元处于检修或调试状态时，发送过来的 SMV 报文各采样值品质因数 TEST 位被置位，此时 SMV 报文中的采样值数据有可能是错误的，电能表应忽略这些数据或作 0 数据处理，避免因错误数据导致的电量异常。

6. 同步失效异常

智能变电站过程层电子式互感器及合并单元的采样都是有秒脉冲严格同步的，若同步出现异常，则有可能会产生失步误差或引入角差影响有功电量的计量，该异常可根据报文中秒脉冲同步标记是否被置位来识别。但发生该异常时，电能表必须停止计量，并在液晶界面上进行告警，同时记录该异常事件所有信息。

4.5.3 数字化电能表现场调试常见异常及处理

数字化电能表属于一种维护量较大的产品，主要原因在于智能变电站的计量环节是由好多个厂家的产品共同组成，因此在不同厂家产品的协调配合中，经常会出现一些匪夷所思的问题。本节根据一些现场应用案例的总结，列了比较常见的几种异常现象。

1. 参数配置问题

参数配置问题是数字化电能表现场运行出问题最多的地方，这包括数字化电能表、合并单元等设备的配置参数匹配异常。首先是数字化电能表通道号的配置，合并单元厂家通道号有的是从 0 开始排序，有的是从 1 开始排序，因此数字化电能表上的通道号配置可能不匹配，此问题出现在河北某个智能站现场。为避免该异常，首先需要与合并单元厂家多沟通，再确定数字化电能表的通道配置。其次，通过抓包工具分析是否合并单元发送的数据本身存在问题，如在江西某现场调试数字化电能表时，发现合并单元给的通道数据发送的不是正弦电流信号，而是直流信号，最后确定是合并单元厂家通道配置出错。

2. 接触问题

接触问题经常出在光纤与数字化电能表的接口处，由于光纤不像电缆接线，可以用螺丝固定，光纤靠卡扣固定，如果安装不仔细，容易造成接触不良。在一个现场案例中，某厂家的数字化电能表出现 ERR-160 错误，此标志说明通信上存在丢帧现象，经排查后发现是光纤接触不良，现场光纤重新拔插一下，电表即恢复正常。

3. 干扰问题

智能变电站和中的电能量采集器经常会受到干扰，有时会误认为表计发出报文有问题。如河南一个智能站现场采集器抄读数字化电能表时，发现采集器抄读电能与表显示不一样，经过排查，发现该采集器运行不稳定，容易受到信号干扰，当采集电能量时，下发命令没问题，表也正常接收并正常发送电能数据到 485 上了，但到了采集器端发现报文每隔 3 字节或 4 字节会串扰 3F，但采集器收到报文效验位还是正确的，故采集器不会扔掉这一帧数据，最终导致不能正常采集数字化电能表电能量数据，经查找采集器厂家已找出原因，并最终解决问题。

4. 变电站现场接线方式问题

目前有部分变电站现场是三相三线接法，但经常由于用户也不太清楚现场情况或者前期没有沟通好，造成三相三线模式下出现一些配置性的错误。这种情况在河南现场出现过，当时发现数字化电能表不平衡率达到了 2%，而一般要求不平衡率控制在 1% 以下，该现场是三相三线接法，经过排查，发现合并单元厂家错误的设置了接线方式，导致相序出现了异常。

5. 表码倒走问题

在江西某智能变电站现场出现了表码倒走的异常，经过查找是用户更改变比造成的。表计电能是按照一次累加计算的，液晶显示或采用 DLT645 规约抄读电能时是按照二次电能抄读的，当变比变大时，一次电能不会有改变，算不平衡率时折算到一次电能是没问题的，而二次电能会发现比原来抄读电能小，但电能还是持续累加的，导致用户对比原来抄读二次电能量数据时，发现电能变小了，误认为是表码倒走。

6. 电流漏采问题

在江西上饶河口变电站出现数字化电能表表码倒走和母平不平（电能表进线总电量与所有表出线电量不平衡）的问题，经过排查，发现母平不平的问题是现场采用三相四线接线方式，但合并单元却漏采 B 相电流，最终导致母平不平。

本书根据多个现场出现的异常案例，总结了如表 4-17 所示的数字化电能表异常原因及处理方法，以作为厂家工程人员及现场用户调试数字化电能表时的参考。变电站现场工况负责，现场异常问题原因较多，还有类似投检修引起的数字化电能表无法计量的情况等等其他异常，需要现场调试人员逐一排除异常因素查找故障。

表 4-17 常见表计设置错误

问题	可能的原因	处理方法
设参失败	485 物理通信错误	抄表软件验证
	未按下编程键	设置上述参数必须按下编程键（为保证计量正确性）
表计没有任何显示值	光纤 TX/RX 接入错误	交换光纤接口
	合并单元没有数据	与合并单元厂商技术人员沟通，或用光电转换设备截取数据包
	MAC 地址设置错误	重新设置 MAC 地址
	通道号错误	与合并单元厂商技术人员沟通，设置正确的采样数据通道号
电压电流有效值错误	通道号错误	设置正确的电压 / 电流通道数据
	TV、TA 错误	设置正确的参比电压 / 电流值
频率值错误	采样点数错误	与合并单元厂商技术人员沟通，设置正确的采样点数
	信号失压	与变电站技术人员沟通，检查线路是否失压
功率因数错误	通道配置不正确	设置正确的电压 / 电流通道数据
	电压与电流夹角错误	与变电站技术人员沟通，检查电网信号

4.6　数字化电能表计量安全设计

数字化电能表是智能变电站的关键组成部分，它向电力公司和消费者提供用电量和用电时间的相关信息，提供强有力的测量、控制方面的数据支撑，帮助协调用电设备的运行并调整能耗。数字化电能表计量安全关系到电网和用户的切身利益，关系电网的正常运行和控制，因此，数字化电能表计量安全设计具有非常重要的意义。但不像传统变电站的电表都拥有独立的计量互感器，智能变电站数字化电能表将与其他测控设备共用电子式互感器及合并单元，如何抵御复杂的网络环境中干扰与冲击，将是数字化电能表面临的巨大挑战，从这一点来说，数字化电能表将比传统电能表在计量安全设计方面存在更高的难度。本节从硬件设计、数据存储、通信等几个方面讲述数字化电能表的安全设计。

4.6.1　硬件安全性设计

对于表计来说，首要考虑的是硬件安全性设计，尤其在一些关口类的变电站中，一旦电表硬件出现故障，停止计量或计量出错，就意味着每天有上百万元结算电费被蒸发掉，其损失是不可估量的。硬件安全性设计主要从架构可靠性设计、壳体及热设计、电路的可靠性设计以及整表的可靠性试验4个方面入手。

1. 架构可靠性设计

电能表的总体架构的选择对产品的可靠性起着关键的作用。一台全新的电能表的长期可靠性及稳定性很难在短时间内通过设计及实验而得到完全验证。可行的方案是充分利用现有的成熟产品，并充分理解国家电网标准的新需求，然后集中精力将变动部分做细、做好。

例如兰吉尔的国家电网三相多功能表平台便是利用了 ZD 表通过多年实际运行而累计下来的诸多成熟的硬件设计及计量技术。

对于数字化电能表来说，由于其应用的特殊性，对电能表性能要求很高，甚至要求接近终端类产品的平台性能。这就对数字化电能表架构的设计提出了更高的要求，有些厂家为了提高数字化电能表的性能，采用了终端类产品的平台。但平台性能越高，可靠性设计就更难，电能表的可靠性要求与终端类产品的可靠性要求是不同的，有些电能表要求做的电磁兼容试验（如辐射骚扰试验）终端类产品是不做的，而且电能表对功耗、复位及启动时间都有着更加严苛的要求。

因此，在架构设计方面，数字化电能表不能仅仅考虑平台的性能，还应该从多方面去优化设计。首先要考虑的就是表计的电源设计，比较好的方案是采用基于高性能半导体功率器件的开关电源。此设计需充分考虑到宽电压范围、脉冲负载，以及电网的各种干扰。这种方案对设计提出了很高要求，也对产品成本带来了更大压力，但长期可靠而高效率的运行所带来的益处却是其它方案所无法比拟的。其次需要考虑的是系统的电磁兼容，这包括电路板的布局及板与板之间的强电、弱电的连接。例如板与板采用星形连接以避免地线回路。同时电源电路、数字电路及模拟采样电路的布局尤其是地线的连接也非常关键。既要使三部分有效的隔离，又要避免造成人为的电势差，从而避免使得共模电势差转为差模干扰信号。电磁兼容设计的优化不但可增强产品的可靠性，也可确保电能表的计量精度。

2. 壳体及热设计

数字化电能表主要应用在智能变电站或中，室内的应用对数字化电能表壳体的要求相对没有传统电能表那么高，但从长期运行可靠性角度来看，至少要符合 IP51 的要求。

由于电能表几乎被密封在塑料壳内，其热设计便显得十分重要。在这方面，数字化电能表比传统电能表要求更高。其一是因为数字化电能表一般采用多个高速的 32 位处理器，及高速的内存芯片，芯片发热程度比传统电能表更高；其二是数字化电能表功耗比传统电能表高，因此其电源部分发热比较明显；其三是数字化电能表不止采用一个光纤接口模块，而这些光纤接口模块为了保证高速的数据传输，都带有大功率驱动芯片，因此这部分经常成为整个表计最热的部分，若此处功耗过大，持续发热，长期运行时将有可能导致丢帧或数据出错，不利于数字化电能表的长期运行稳定性。

因此在热设计中，除了注意器件的额定值选择，器件的安装和热循环也很有用。例如可以利用电路板的地铜箔可使功率MOS管壳体温度降低5～10℃。在设计验证阶段，利用红外测温仪可观测到表内热点，如图4-21所示，从而做出针对性的改进。如采用红外测温仪发现光纤接口处过热，则可考虑调整电阻参数，降低光纤接口的功耗，减少发热量。

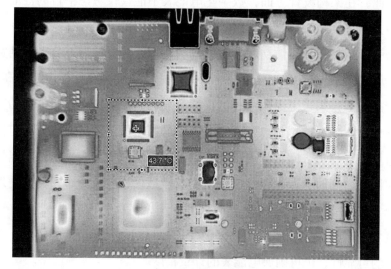

图 4-21　电路板表面热点

3. 电路的可靠性设计

电路的可靠性设计是产品可靠运行的核心，而数字化电能表由于采用了更加复杂的高速处理平台，一切计量工作都由自主编程的CPU代替了计量芯片，因此电路可靠性设计要求比传统电能表要高很多。这一方面包括电路的合理设计，另一方面包括器件的合理选型。

电路设计方面。目前还未曾见到可靠性仿真软件能有效地覆盖到功能可靠性上，故电路的可靠设计还需设计者的细心考虑。以下给出几点设计建议，以供参考：

（1）器件上下级间的电平匹配；开关电源电路因其易受到浪涌干扰的影响，加上模拟电路的复杂性，设计的难度也最大。建议采用如PSPICE类的仿真软件，对其在各种工作模式下的电压、电流波形进行全面仿真计算。按照最坏情况来选择器件的额定工作电压、电流及功率。电源电路器件一般应至少降额至 75% 使用，而关键器件（如整流二极管）降额至 50% 使用。

（2）器件选型方面，器件的可靠性的基础是选用成熟、经过实际运行验证过的并有良好信誉的厂家的产品。同时对来料的质量检查及可靠性的抽样验证都是确保器件可靠性的前提。

每一个关键器件都必须经过严格的性能评估，通过这种一系列的试验和评估方法，来选择满足要求的数字化电能表器件。

4. 整表可靠性试验

如上所述，可靠性设计十分复杂；它涉及到诸多知识领域。因此，对于应用到智能变电站的数字化电能表，评估其是否能够安全可靠运行的最佳方法就是做整表可靠性试验。即在表计产品研发、生产过程中，根据国家标准及国家电网标准的规定进行全面的型式实验。而针对产品的长期可靠性验证，建议加强高温高湿加速寿命实验（ALT）及湿热交变实验。它们可加速导致器件不良封装裂纹、电解电容的金属化腐蚀、电路板表面的氧化及离子的电迁移等，从而导致产品的局部功能下降（如精度超差），甚至整表的失效。对湿热交变实验，除了按标准要求测试验证外，在设计阶段。建议加强试验强度，如拓宽温度、湿度变化范围，并提高变化梯度，使得器件在低温时表面凝露或结霜，并在高辐时蒸发，从而增加腐蚀力度。同时根据热胀冷缩原理它也增强了对不良焊点及封装的破坏。对整表而言 ALT 实验的测试条件建议采用 75℃温度、85% 相对湿度及 1000h。这是由于一些如壳体和 LCD 等部件难以长时间承受 85℃的高温。依据 Hallberg–Peek 模型。在此温度和湿度条件下，600 小时便可预测出如电解电容等关键器件 12 年的寿命。

4.6.2　数据存储安全性设计

不论是考核用的电能表还是结算用的电能表，储存在电能表中的电量数据始终都是电网部门进行效益计算的依据，因此在电能表设计时，保障数据存储的安全性至关重要。该安全性设计包括数据存储器的可靠性、冗余度和数据可恢复性等三个方面。在这一点上，数字化电能表与传统电能表有着相同的要求。

1. 数据存储器的可靠性设计

如果电能表在产生、存储数据时，存储器本身存在着不安全因素，容易受现场运行环境的影响而导致数据不可靠，那么后续信息数据的读取、修改的安全性也都失去了根基。因此，原始数据保护是整个信息安全防护的基础，数字化电能表设计时，必须选用工业甚至更高等级的电子元器件，设计合理的电路以及进行严格的 EMC 测试，确保电能表数据的物理安全性。

数字化电能表的数据一般使用非易失性存储器来进行存储，如 EEPROM、FLASH、SD 卡等，其中，EEPROM 因为其存储速度快、可靠性高的特点，较多的用来存储重要的电量数据，因此，在该器件选型时，要选择有经过大量现场验证的芯片品牌，同时芯片的极限访问速度受通信管脚的上拉电阻和滤波电容的影响，若芯片数据的读写速度接近该极限速度时，因温度变化对电阻及电容的影响，有可能会使得当前的读写速度超过芯片允许的极限，从而发生数据读写错误。所以还需要提前测定 EEPROM 的极限访问速度，将实际访问速度控制在该极限速度的 50% 左右是最安全的。

同样，在存储器的读写驱动上，也需要进行可靠性设计，这里主要建议采取以下三个措施：

（1）写方式控制。程序中只要有写数据的要求，便存在数据被破坏的可能。为防止误写数据，程序设计中应设置写请求口令变量，程序欲执行一个存储器写流程时，需先置位一个写请求口令变量，才可以调用写数据子程序。而在写数据子程序中，只有写请求口令变量值与该操作流程相符，方可进行写操作。写操作完成后，自动复位写请求口令变量。对不正确的写请求口令变量值，写子程序将不予理会并对其复位。

（2）回读写数据校验。对写入串行 EEPROM 中的数据，为防止在写数据过程中受到干扰造成误写，写完成后，需要再将刚写入的数据读出来，与要写的数据相比较，看两者是否一致，如一致，则说明数据已正确写入存储器中，如不一致，则启动重写操作，直到数据写入正确为准。

（3）写入次数限制。串行 EEPROM 每个单元都有写入次数限制，要保证在仪表的使用期限内写入次数不超过厂家推荐的值，保证数据可靠性。

2. 存储冗余度设计

由于电量数据的重要性，仅仅存储一份电量是不可靠的，当存储的电量出错时，我们无法甄别当前电量是否正确。此时，电量存储的冗余度设计就显得非常重要，因为即使其中一个备份的电量出现问题，正确的电量还可以从其他备份里恢复，同时可以通过比较来甄别异常的电量，毕竟在这种多个电量备份下，所有电量数据同时出错的概率是非常低的。

（1）存储区域的冗余。在数字化电能表的硬件设计中，一般选用两种独立的存储器，比如两片独立的 EEPROM，实现备份数据的物理隔离。在同一片 EEPROM 中，一般采用 3 重备份方案，即隔离出三个不同的存储区域来备份电量数据，这样，同一时刻数据在两种存储器中有 6 个备份。采用不同的存储器，并同时对采集数据进行多个备份，可以大大提高数据的抗干扰性能。

（2）备份数据的表决。存于存储器中的 6 份数据，CPU 定期对其进行数据有效性检验，以观察是否受到干扰。一般通过表决的方式，认为其中有 3 份以上的数据相同，便认为相同的数据为有效数据，同时用其覆盖掉不相同的数据备份，以保证数据的有效性和完整性。

尽管上述的冗余机制会小幅增加电能表的生产成本，但这种多份电量冗余机制，可以严苛保证电能表的计量安全性，因此电能计量部门在选购电能表时，对于售价很低的低成本电能表要提高警惕，在存储器冗余方面减少成本会很大地增加计量安全风险。尤其对于数字化电能表来说，其主要存储一次侧的电量，庞大的数据量导致出错的风险更高，冗余度高的数据存储方案是必不可少的。

3. 数据可恢复性设计

在数字化电能表设计时，必须要考虑在电量数据受扰出错的时候，如何自动恢复正确的电量数据。一般情况下，通过备份数据表决可解决大部分的数据受扰问题，但在有些情况下，也会出现数据表决失败的情况。为此，还需对每一块备份数据进行校验，并将校验值存于校验数据存储区中。

在备份数据表决失败时，从校验数据存储区读取各备份数据的校验值，同时对每一块备份数据再次进行校验计算，比较计算出的校验值是否与从校验数据存储区读出的校验值一致，若一致，则认为该备份数据有效，若不一致，则认为该备份数据已遭到破坏。校验算法可采用和校验、CRC 校验等。对校验数据值亦可采用备份存储的方法，以进一步提高数据存放的可靠性。

通过这一系列的比较，甄别出正确的电量数据，并将该数据重新恢复到 6 个备份区中。

4.6.3　数字化通信安全性设计

对于数字化电能表来说，通信安全性设计要比传统电能表严格很多，这主要是因为数字化电能表一般应用与智能变电站或，在这些变电站中，数字化电能表不再拥有独立的计量互感器和通信信道，而是接入了与测控终端共用的电子式互感器，以及上下行通信端口都接入了变电站中共用的光纤以太网交换机。这种智能站信息高度共享的方式是把双刃剑，在带来信息交互便利的同时，也带来了更多潜在的网络冲击及电量数据泄露或被篡改的风险。通过过程层 SMV 报文通信安全性设计和站控层 MMS 报文通信安全性设计，来确保数字化电能表的安全。

1.过程层 SMV 报文通信安全性设计

数字化电能表通过接入过程层网络来接收 SMV 报文数据，有部分变电站中，数字化电能表通过合并单元点对点的方式接入，但大多数还是以区域组网的方式接入到光纤以太网交换机中。此时可能会有大量非必须的报文发送到数字化电能表中，其中大部分 MAC 地址不匹配的报文在网络芯片底层就被过滤掉了，但对于一些广播地址信息以及出错的 SMV 报文信息，还是有可能被数字化电能表成功响应，影响数字化电能表的计量结果，因此，在数字化电能表设计时需要做以下过程层通信安全性设计。

（1）数字化电能表在成功接收到 SMV 报文后，要对报文中每一个重要的标记进行识别，确认报文格式是否正确，是否为所需要的采样值报文数据。

（2）SMV 报文解析完毕后，要进一步判断解析出来的交流采样值是否正确，对于一些明显超出变电站电子式互感器采样范围的数据，要加以剔除。

（3）数字化电能表应及时识别数据丢帧现象，对于丢失的数据点数，要进行补偿处理。同时对多种网络异常现象，如上节中提到的源地址无效、断网、无效通道等等，要加以甄别，并停止计量，产生事件报警。

（4）数字化电能表必须具备抗网络风暴冲击的能力，即大量广播报文或出错 SMV 报文的冲击，这些频繁的非必要报文冲击会给数字化电能表带来巨大的计算负担，占用 CPU 的计算资源，而 CPU 导致没有足够的资源来处理正确的报文。因此在设计数字化电能表时，要为过程层数据处理模块预留出充足的计算资源，采用分布式计算方法，来优化抗网络风暴冲击的能力。

2. 站控层 MMS 报文通信安全性设计

IEC 61850 是一个开放式的国际标准，遵循 IEC 61850 的变电站系统有着传统变电站系统不可替代的优势。IEC 61850 旨在解决不同厂商设备的互操作性问题，它明文规范了变电站的网络通信协议，但没有对变电站网络系统提供相关的安全规范。这对于开放式变电站信息系统的安全性和可靠性而言，显然是不容忽视的问题。变电站来自外部的网络安全威胁有非法截获、中断、篡改、伪造、恶意程序、权限管理不当、Internet 的安全漏洞等；而来自内部人员的威胁也越来越受到关注，有研究表明变电站网络系统的安全威胁相当一部分来自内部人员威胁。内部人员是那些具有合法授权的用户，这些用户滥用他们的合法权限破坏信息系统，从而造成不可估量的损失。

对于数字化电能表而言，IEC 61850 通信的易受攻击性主要体现与站控层设备的 MMS 报文交互环节上。通过前面章节的内容可知，数字化电能表的电量数据一般通过 MMS 报文上传到站控层，对于一些关口站，这些电量数据都涉及到成百上千万元的电费交易，若在电量数据上传的过程中，信息发生了篡改，或通过站控层篡改了电能表的参数，则会导致大量费用的损失。因此，数字化电能表必须进行站控层 MMS 报文通信安全性设计，主要涉及到以下几个方面：

（1）机密性的安全策略。在数字化电能表数据信息与站控层的交互过程中，为避免在未经授权时被第三方窃听、截听等各类攻击而失去机密性，可以采用加密算法来对智能电表的数据信息进行加密。常用的加密算法如三重DEs加密算法、RsA算法或两者的混合算法，可以屏蔽数据信息，并对所有进入系统的用户进行身份鉴别；同时，对用户端自己发送给电力企业的报文数据信息进行数字签名，以防范伪造连接初始化攻击。

（2）可用性的安全策略。可用性的安全策略是在第三方非法访问智能电表的数据时进行的访问控制策略，访问控制也称为存取控制或接人控制。通过访问控制用户终端首先可以通过口令等身份识别方式来拒绝非法侵入用户，然后通过三向鉴别验证通信双方用户的正确性，对原明文采用常用算法进行加密。

（3）表计编程保护。对于一些可能影响计量结果的重要电能表参数，不能随意地被编程和修改，因此数字化电能表须要具备编程保护功能，如增加编程按键，通过具有法律效应的铅封保护在端子盖下，站控层设备若需要修改这些重要参数，都必须人工打开铅封，按下编程按键，通过铅封的法律效应为追责提供依据。

5 数字式电能表的功能与设计

三相数字式多功能电能表为了实现对智能变电站内电能计量、事件记录和远方通信等功能，通常是由通信单元、计量单元和数据处理单元、显示单元等组成。通信单元在电能表工作时通过光纤接口，接收数据帧，并根据 DL/T 860.92 协议进行数据报文解析，获取数字式互感器的采样值；计量单元除计量有功、无功电能量外，还具有分时计量、需量计量等多种功能，数据处理单元实现事件判别、储存等功能。在硬件实现上通常采用双处理器结构，高速处理器用于采样值处理和电能计算，以保证网络数据吞吐能力和数据处理能力，低速处理器用于管理按键、停电显示等操作，以降低电池功耗。

5.1 数字式电能表功能

数字化电能表相比较传统电子式电能表功能，主要不同点在于通信规约支持 DL/T 860《变电站通信系统》，能够接收采样值报文功能；支持网络通信和对网络通信异常事件的监测和记录功能，具体功能如下。

5.1.1 采样值报文接收功能

电能表具有 10/100M 自适应光纤接口用于接入变电站网络，接收采样值报文数据。光纤接口常用 ST 接口或 LC 接口，波长 1310nm。电能表接收采样值支持 DL/T 860.92 协议或其他用户自定义协议，同时适应多种组网方式。在变电站设计中，根据现场电压、电流互感器和合并器的连接方式不同，在图 5-1 和图 5-2 中，只需要一路光纤接入电能表，可以选择单光口电能表。在图 5-3 中，需要两路光纤才能将采样值信息接入电能表，在选择电能表时，

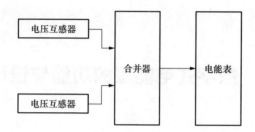

图 5-1　单光口接收采样值连接示意图

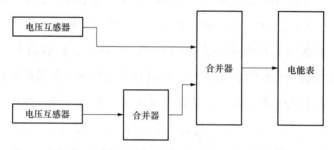

图 5-2　单光口接收合并器级联连接示意图

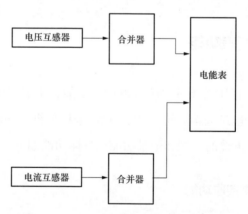

图 5-3　双光口接收采样值连接示意图

需要双光口接入电能表。当电能表具有一个光纤接口时，电压采样值和电流采样值通过一路光纤接口传输入电能表。当电压、电流采样值在一个报文内部时，电能表只需识别一种报文格式，然后从报文内部取出对应的电压、电流采样值。当电能表有两路采样值光纤网络接口时，电能表可以硬件接入两路采样值传输光纤。这样可以一路光纤传输电流采样值报文，一路传输电压采样值报文，或者一路传送电流采样值，一路传送电压、电流采样值。

5.1.2 DL/T 860.81 协议通信功能

电能表提供 10/100M 自适应电以太网接口（RJ45）用于接入变电站网络，实现 DL/T 860.81 协议通信，能够通过 DL/T 860.81 协议直接实现电能表数据采集。能够采集有功、无功电量和电压、电流瞬时量。采集方式既可以采取由远方电能量采集终端或采集主站能够通过 DL/T 860.81 协议进行采集，也可以通过设置电能表进行主动上报方式，定时上报电能量、瞬时量等数据。

5.1.3 网络对时功能

电能表接收网络对时服务器的对时报文，校正电能表时间。电能表对时方式支持 SNTP 对时。

5.1.4 双路电流采样值接收功能

电能表能够接收 2 路电流采样值，并能够进行矢量运算，合成流经被测电路的采样值。应用示意图如图 5-4 所示。在图 5-4 的接线中，被测量电路

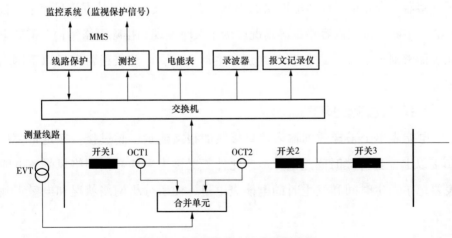

图 5-4 电流矢量合成应用示意图

的电流为流经 OCT1 与 OCT2 的矢量和。电能表计算流经测量电路的电能量时，电流采样值通过接收 TA1 和 TA2 的采样值，经过矢量运算，得到测量电路的电流采样值值，测量电路的电压采样值取线路电压互感器 EVT 的值，根据流经的电压、电流采样值计算出电能量。

5.1.5　计量功能

电能表接受的为电压、电流量化后的采样值，而不是模拟的电压电流。因此当电能表计量时，需要将采样值对应为一定的物理量进行计算。现在常用的有两种计量方法：第一种方法将采样值折算为二次值进行计算。将高压侧的电压、电流为额定值时的采样值对应为电能表的计量额定值。高压侧电能为电能表计量值乘以电压、电流变比。也可采用电能表直接计量一次值，将采样值与高压一次侧相对应，直接计算一次值。

采用二次值计量与传统变电站电能计量比较一致，容易接入原有计量系统。采用一次值进行计量不需要进行变比变换，能够直接得到高压侧电量，计量结果方便直观。

5.1.6　采样值传输事件记录

电压、电流采样值传输是电能表计量的数据源头，同时，采样值易受电子互感器、合并单元或传输网络的影响，有可能发生网络数据流量突增，报文通信中断、报文内容错误等情况。为了及时发现和排除网络错误，需要电能表能够对网络异常进行及时判别和主动上报。电能表通常记录以下网络事件。

1.采样数据网络风暴

电能表单个采样数据输入接口接收的报文流量，超过接口额定带宽的 50% 以上，且持续时间超过 2ms，此种工况称为采样数据网络风暴，电能表要记录发生时间和发生时的电能表电量，便于分析网络状况和电量正确计量。

2. 采样数据输入通信中断

电能表持续 2ms 及以上时间，未接收到采样数据输入报文的异常工况，称为采样数据输入通信中断。当发生采样数据输入通信中断时，电能表发送事件上报，便于维护人员快速排除故障。采样值中断通常是电能表光纤接收损坏，光纤接头污染，光衰减严重造成电能表不能正确接收采样值等错误。

3. 采样数据输入报文源地址无效

在采样数据网络为点对点组网情况下，电能表接收的采样数据报文标识数据源的字段，如 SVID、APPID，与电能表中配置信息不匹配，且持续 2ms 及以上，此种工况称为采样数据输入报文源地址无效。电能表应具备甄别采样数据输入报文无效地址，并将事件上报的功能。

4. 采样数据输入报文格式无效

电能表接收到的采样数据报文帧格式不符合 DL/T 860.92、IEC 61850-9-2 或 IEC 61850-9-2LE 等电能表标称的采样数据传输标准规范，且持续 2ms 及以上，此种工况称为采样数据输入报文格式无效。在变电站网络中，通过虚拟局域网技术（VLAN）、动态注册技术（GMRP），能够保证电能表端口只接受相关的采样值数据。当网络配置错误时，可能造成电能表端口接收大量无关数据，而通过报文格式无效记录，可以快速发现网络配置错误，防止因网络配置错误，造成数据报文发送到电能表端口，出现数据拥堵。

5. 采样数据输入序列不连续

电能表接收到的采样数据报文中采样计数器值不连续，并且在 8s 内累积时间达到 2ms 及以上，此种工况称为采样数据输入序列不连续。当采样值不连续时，通常是在网络传输时，有丢帧现象或者电能表接收采样值时，发生数据覆盖，造成接受的采样值丢失。

6. 采样数据输入报文数据无效

电能表接收到的采样数据报文中有采样点的数据品质字段被置为无效，或者有部分采样点数据品质位被置为检修，且持续 2ms 及以上，此种工况称为采样数据输入报文数据无效。采样值数据品质能够标识采样值数据的状态，如，采样值无效状态，采样值为检修状态或非同步状态等。在这些状态下，采样值不能累计入当前电量。

7.采样数据输入报文丢失

电能表在 8s 内，未接收到的采样数据报文折算成时间，累积达到 2ms 及以上，此种工况称为采样数据输入报文丢失。

8.采样数据输入报文为检修状态

电能表接收到的采样数据报文中所有采样点的数据品质字段被置为检修，且持续 2ms 及以上，此种工况称为采样数据输入报文为检修状态。

9.采样数据非同步

电能表接收到的采样数据报文中，同步标识字段被置为非同步，且持续 2ms 及以上，此种工况称为采样数据非同步。

5.1.7　操作类事件记录

操作类事件包括：掉电记录、编程记录、电表清零记录、需量清零记录、事件清零记录、校时记录、时段表编程记录、时区表编程记录、节假日编程记录、有功组合方式编程记录、无功组合方式 1 编程记录、无功组合方式 2 编程记录、结算日编程记录、开表盖记录、开端钮盖记录、拉闸记录、合闸记录。

5.1.8　故障类事件记录

故障类事件包括：失压记录、过压记录、欠压记录、断相记录、全失压记录、失流记录、过流记录、断流记录、电压不平衡记录、电流不平衡记录、电流严重不平衡记录、电压逆相序、电流逆相序、过载记录、功率反向记录、潮流反向记录、需量越限记录、功率因数超下限记录、恒定磁场干扰记录、负荷开关误动作记录、电源异常记录。

5.1.9　电量冻结

电量冻结是存储特定时刻的电量。通过冻结功能实现所有具有冻结功能的电能表在特定时间点同时冻结，如，月度冻结实现月度用电量精确计量，为阶梯电价的实施提供了准确、合法的电能计量依据。

利用电子式电能表内的冻结电量功能实现月度电量自动在每月 1 日零时冻结，并通过计量自动化系统采集冻结数据，比较准确地计量了月度电量，有利于公平实现月度阶梯电量计费。

零时冻结电量不仅带来了准确计量，也大大减轻了抄表员的工作量和抄表成功率。没有冻结数据，把当前电量数据作为月度数据，当人工抄表时，必须实现月末抄表，有时碰上恶劣天气，也必须抄表，抄表效率较低，自动抄表能够在结算周期内，多次抄读上月冻结数据，提高抄表成功率。以下是具体冻结的类别与内容：

定时冻结：按照约定的时刻及时间间隔冻结电能量数据；每个冻结量至少应保存 60 次。

瞬时冻结：在非正常情况下，冻结当前的日历、时间、所有电能量和重要测量量的数据；瞬时冻结量应保存最后 3 次的数据。

日冻结：存储每天零点的电能量，应可存储 62 天的数据量。停电时刻错过日冻结时刻，上电时补全日冻结数据，最多补冻最近 7 个日冻结数据。

约定冻结：在新老两套费率 / 时段转换、阶梯电价转换或电力公司认为有特殊需要时，冻结转换时刻的电能量以及其他重要数据。

整点冻结：存储整点时刻或半点时刻的有功总电能，应可存储 254 个数据。

结算日冻结：在结算日（通常为每月的 1 日零时）对当前电量、需量转存到上 1 月。

5.1.10 统计功能和负荷记录

1.统计功能

统计功能是根据电表设置的电压上限值、电压下限值，电压考核上限值以及电压考核下限值判断当前各相电压的状态，并记录各相电压的合格率、超限率等数据。具体判断如图 5-5 所示。

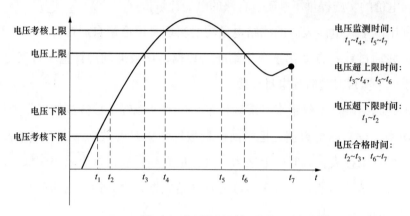

图 5–5　相电压状态示意图

（1）分相电压合格率数据应遵从以下两个公式：

$$电压超限率 = \frac{电压超上限时间 + 电压超下限时间}{电压监测时间} \times 100\%$$

$$电压合格率 = 1 - 电压超限率$$

（2）合相电压合格率：

合相电压合格率与分相电压合格率的计算方法不同。

$$合相电压合格率 = \frac{合相电压合格时间}{合相电压监测时间} \times 100\%$$

其中，合相电压监测时间指三相都在考核范围的累计时间；合相电压合格时间指三相都在合格范围的累计时间。

（3）合相电压超限率：

$$合相电压超限率 = 1 - 合相电压合格率$$

合相电压合格时间、电压超上限时间、电压超下限时间相互独立，存在多相同时超限的情况。

注意：合相电压合格时间 ≠ 电压监测时间 –（电压超上限时间 + 电压超下限时间）

举例如图 5-6 所示。

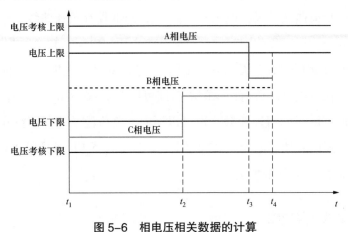

图 5-6　相电压相关数据的计算

上图中黄线表示 A 相电压、蓝线表示 B 相电压、红线表示 C 相电压，在 t_1-t_4 这段时间内，与协议对应的合相数据如下：电压监测时间 $= t_4$-t_1 合相电压合格时间 $= t_4$-t_3 电压超上限时间 $= t_3$-t_1 电压超下限时间 $= t_2$-t_1。

电压合格率是电能质量主要指标之一，是国电公司电力市场整顿与优质服务年活动的一项重要内容。根据《供电营业规则》规定，供电电压允许偏差 10kV 及以下三相供电的为额定值的 ±7%；220V 单相供电为额定值的 +7%，–10%。电压损失同输送的负荷大小、距离、性质有关。

各种用电设备都是设计在额定电压下工作的。只有电网内各级电压符合标准，才能使用电设备处于最佳工况下运行，才能获得最佳经济效益。电压偏差对用电设备的性能、生产效率和产品质量都有不同程度的影响，还使供用电设备出力降低，线损增加，电动机启动困难等等。

2. 负荷记录功能

负荷记录功能反映一段时间内负荷随时间而变化的规律，可用负荷曲线来描述。按负荷种类可分为有功功率负荷曲线和无功功率负荷曲线；按时间长短可分为日负荷曲线和年负荷曲线；按计量地点可分为个别用户、电力线路、变电站、发电厂乃至整个系统的负荷曲线；将上述三种特征相组合，就确定了某一种特定的负荷曲线。电力系统有功功率日负荷曲线是制订各发电厂负荷计划的依据，这对掌握电力系统运行具有重要意义。

电表的负荷曲线记录：电表采用大容量 flash 保存负荷曲线，每条负荷曲线可记录 6 类数据。负荷记录内容可以从"电压、电流、频率""有功、无功功率""功率因数""有、无功总电能""四象限无功总电能""当前需量"六类数据项中任意组合。负荷记录间隔时间可以在 1～60min 范围内设置；每类负荷记录的间隔时间可以相同，也可以不同。负荷记录的存储空间应至少保证在记录正反向有功总电能、无功总电能、四象限无功，间隔时间为 1min 的情况下不少于 40 天的数据量。

5.1.11　参数设置功能

数字输入电能表由于设计功能复杂，运行过程中经常需要用到多种类型的诸多参数，这些参数大多需要在电表运行之前的调试过程正确配置后，电表才能按照用户要求正常运行。电表需要配置的参数主要为计量参数和电表运行参数。

1. 计量参数

计量参数主要与电能计量相关，如额定输入电压、额定输入电流、电压电流采样路数，电压电流采样点数等，这部分参数是电表运行的计量的核心参数，直接影响电能表的正常计量功能。

2. 电表运行参数

电表运行参数是除计量参数外，其他影响电表正常运行的所有参数的总称，其中包含时间参数、终端参数、通信参数、报警参数、电压合格率参数、事件判断参数、数据冻结参数、时区时段费率参数以及显示参数等，具体的参数内容如下。

（1）时间参数：主要是电能表的系统日期、时间。

（2）终端参数：与电能表自身属性相关的参数，包括通信地址、表号、资产管理编码、准确度等级、电表常数、电表等级、生产日期、协议版本号等。

（3）通信参数：该参数直接影响电表正常通信功能，包括 485 通信波特率、红外通信波特率。

（4）报警参数：该类参数用于异常状态下输出报警信息，给用户提示，包括声音报警参数、光报警参数、报警节点输出参数等。

（5）电压合格率参数：包括合格电压上限、合格电压下限，考核电压上限、考核电压下限。

（6）事件判断参数：该类参数用来进行事件判断，并记录异常事件记录，包括失压、断相、过压、欠压、失流、过流、断流、过载、功率反向、需量越限、功率因数越限、电压不平衡、电流不平衡等事件的判断条件。

（7）数据冻结参数：包括定时冻结、日冻结、整点冻结、约定冻结、负荷曲线等数据冻结相关参数。

（8）时区时段费率参数：包括时区数、时段数、费率数、时区表、时段表、周休日、公共假日等。

（9）显示参数：该类参数与显示相关，包括轮显时间、轮显屏数、键显屏数、轮显参数、键显参数等。

5.1.12 红外、时钟及其他辅助功能

1.时钟功能

时钟功能是数字化电能表中仅次于计量的有精度要求的功能。数字化电能表支持多费率计量功能、事件记录功能、电量冻结功能、统计功能等，时钟是实现这些功能的基础，其中多费率计量功能还直接与最终的电费结算有关，因而时钟功能是数字化电能表中的一项重要功能。

时钟功能的主体一般是时钟芯片，一般由 32768Hz 的精密石英晶体和相关的振荡、分频、计数等电子电路构成，可以实现精准的秒、分、时、日、周、月、年的计时及切换，并自动处理闰年。时钟芯片的计时精度很高，可以做到小于 0.5s/d，时钟芯片的计时精度在芯片生产时已经校准，在使用中无须再校准。石英晶体振荡器的频率精度受温度影响较大，为了保证在不同温度环境下的计时精度，时钟芯片内置有温度传感器及相关的补偿电路，这些措施保证了时钟芯片在相当宽的温度范围内仍具有很好的精度。

时钟芯片具备有 I2C 通信接口，通过该接口与数字化电能表的微控制器 MCU 相连接。MCU 通过该接口可以对时钟芯片进行初始化、对时、配置参数

等操作。时钟芯片具备标准的秒信号输出，可以用来在电能表外部对时钟的精度实行校验。

时钟芯片要保持计时的连续性，必须有不间断的电源。在电能表正常加电工作时时钟芯片依靠电能表主电源供电工作，在电能表未加电工作期间则依靠电能表内置的锂电池供电，由于时钟芯片的功耗很低，因此锂电池能够维持时钟芯片连续工作 5 年以上（电能表一直不加电的情况下）。

时钟芯片在长期使用工作后仍会存在一些计时偏差，因此在使用中一般会定期进行时间校准。时间核准有两种方式：广播校时与单表校时。广播校时适用于时钟偏差在 5min 之内的情况，校时效率高，在通信总线上连接的电能表均能够响应广播指令；单表校时则可以对时钟进行任意的修正，但只能时行点对点的操作。广播校时与单表校时的指令格式均遵循 DL/T 645 协议。在实际应用中建议每个月对电能表进行广播校时来修正偏差。

2. 红外通信、红外唤醒及停电抄表功能

红外通信是数字化电能表的一项基本功能，主要用于电能表没有连接通信网络情况下使用手持设备（具备红外通信功能）对电能表进行数据读取、参数配置等。红外通信接口由红外发送器和红外接收器组成。红外通信采用的是 940nm 波长的红外光，支持的通信波特率一般是 1200bps/s，通信时在手持设备与电能表红外收发器正对的情况下通信距离可达 5m。工作时先要将手持设备的红外接口对准电能表的红外接口，由手持设备发出包含数据信息的红外光，电能表的红外接收器接收来自手持设备发送的包含信息的红外光，并解调出有用的数据信息传送给 MCU；MCU 将数据信息处理后，将需要应答的数据信息通过发送器以红外光为媒介发送出去，由手持设备接收处理，从而完成一次通信过程。

红外通信是以红外光为媒介进行数据交换的，通信时有可能受到环境光的干扰而影响通信效果，因此在红外通信时应尽可能避开较强的环境光干扰，电能表在安装时也要注意避免阳光直射。

电能表具有停电唤醒功能及停电红外抄表功能。当电能表处于停电状态时，可以通过手持红外通信设备以非接触的方式唤醒电能表显示以查看某些信息，在电能表被唤醒后还可以通过手持红外通信设备以红外方式直接抄收电能表的数据。停电红外唤醒及停电红外抄表功能主要由红外收发器、停电抄表电池、电源管理电路及其他相关电路等构成。

5.1.13　脉冲输出功能

数字化电能表具备脉冲输出功能。脉冲输出的信号类型包括有功电能脉冲、无功电能脉冲、时钟秒脉冲、需量周期投切脉冲、时段切换脉冲等。

有功电能脉冲、无功电能脉冲输出是采用定脉宽模式，脉宽为 80ms ± 20ms。当电能表累积了一定的电能量（有功或无功）时，即会输出一个脉冲。一个脉冲所代表的电能量称为"脉冲当量"，脉冲当量等于 1kWh/ 电能表脉冲常数 C。脉冲输出一般用于电能表的精度校验。校验装置采集电能表的有功电能脉冲或无功电能脉冲，然后与处于相同计量环境的标准电能表计量到的电能量进行比较，得到电能表的计量误差。

时钟秒脉冲输出是电能表内部时钟部件输出的秒计时脉冲，50% 占空比，一般用于外部校验电能表的时钟计时精度。

需量周期投切脉冲是电能表内部进行需量计算时的时间切换点信号，采用定脉宽模式，脉宽为 80ms ± 20ms。输出一个脉冲即代表电能表内部完成了一次确定周期的需量计算。需量周期投切脉冲主要用于外部校验电能表的需量周期投切准确度。

时段切换脉冲是电能表内部进行多费率计量时的时段切换点信号，采用定脉宽模式，脉宽为 80ms ± 20ms。输出一个脉冲即代表电能表内部费率时段切换了一次。时段切换脉冲主要用于外部校验电能表的费率切换准确度。

脉冲输出一般采用光耦器件。光耦器件输出是无源的，在应用时需要提供电源及匹配电阻，如图 5-7 所示。

光耦输出的电流驱动能力典型值一般为 5mA，因此电路中电阻 R 的取值应适当，一般按照 VCC/2mA 来选择。电阻 R 取值不当时可能造成脉冲输出信号不稳定的问题。

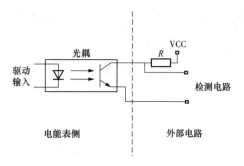

图 5-7　脉冲输出（光耦）与外部电路连接示意图

5.2　数字化电能表国内主流方案

5.2.1　数字化电能表系统结构

　　IEC 61850 标准是全世界唯一的变电站网络标准，它的出现从根本上解决了变电站设备间通信速度慢、可靠性低和连接通用性差等一系列问题。基于 IEC 61850 的数字化多功能电能表是一种特殊的数字化电能表，它将自身的通信接口规范于通信协议（IEC 61850）这个框架之下，使之具有中智能设备的一切特性。

　　IEC 61850 从通信协议上采用了标准的 OSI 网络参考模型，在物理层和链路层上构建于标准的高速以太网通信网络，并在此基础上严格遵循 IEC 61850 自身定义的顶层协议。在 IEC 61850 体系下，电子式电流互感器（ECT）与电子式电压互感器（EVT）的概念被提出来，它们同样被 IEC 61850 规范定义为智能设备，是变电站系统中的重要组成部分。由于 ECT 与 EVT 的使用，与传统的数字化电能表相比，基于 IEC 61850 的数字化电能表的结构组成发生了根本性的变化。计量信号输入从传统的电压、电流模拟量输入，转变为数字量输入，传统的以电压、电流变换，信号调理、采样与计量的计量结构，转变为以数字信号接收与运算为主的计量结构。电能表基本组成有电源模块、光电模块和数字处理 CPU 部分，组成结构如图 5-8 所示。

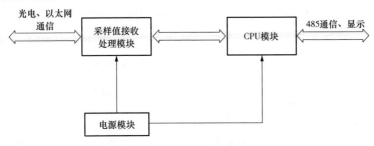

图 5-8　数字化电能表组成结构

1.电源模块

数字化电能表的电源模块大多采用开关电源。如图 5-9 所示，电源模块输出两路直流电源第一路提供 CPU 模块和光电模块，第二路提供 485 电源。这实现了电源的隔离，加强了产品的可靠性。

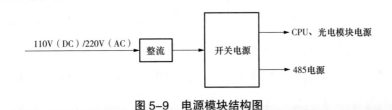

图 5-9　电源模块结构图

开关电源与传统线性直流电源比较有以下优点：

（1）功耗小，效率高。开关电源晶体管在激励信号的激励下，它交替地工作在导通—截止和截止—导通的开关状态，转换速度很快，频率一般为 50kHz 左右，在一些技术先进的国家，可以做到几百或者近 1000kHz。这使得开关晶体管的功耗很小，电源的效率可以大幅度地提高，其效率可达到 80%。

（2）体积小，重量轻。开关电源没有采用笨重的工频变压器。由于调整管上的耗散功率大幅度降低后，又省去了较大的散热片。由于这两方面原因，开关电源的体积小，重量轻。

（3）稳压范围宽。从开关电源的输出电压是由激励信号的占空比来调节的，输入信号电压的变化可以通过调频或调宽来进行补偿。这样，在工频电网电压变化较大时，它仍能够保证有较稳定的输出电压。所以开关电源的稳压范围很宽，稳压效果很好。改变占空比的方法有脉宽调制型和频率调制型两种。开关电源不仅具有稳压范围宽的优点，而且实现稳压的方法也较多，设计人员可以根据实际应用的要求，灵活地选用各种类型的开关电源。

（4）滤波的效率大为提高，使滤波电容的容量和体积大为减少。开关电源的工作频率基本上是工作在 50kHz，是线性稳压电源的 1000 倍，这使整流后的滤波效率几乎也提高了 1000 倍；即使采用半波整流后加电容滤波，效率也提高了 500 倍。在相同的纹波输出电压下，采用开关稳压电源时，滤波电容的容量只是线性稳压电源中滤波电容的 1/500～1/1000。电路形式有自激式和他激式，有调宽型和调频型，有单端式和双端式等，设计者可以发挥各种类型电路的特长，设计出能满足不同应用场合的开关电源。

开关电源依然存在如下缺点：存在较为严重的开关干扰。开关电源中，功率调整开关晶体管工作在开关状态，其产生的交流电压和电流通过电路中的其他元器件产生尖峰干扰和谐振干扰，若不采取一定的措施进行抑制、消除和屏蔽，就会严重地影响整机的正常工作。此外由于开关电源振荡器无工频变压器的隔离，这些干扰就会串入工频电网，使附近的其他电子仪器、设备和家用电器受到严重干扰。

此外，由于国内微电子技术、阻容器件生产技术以及磁性材料技术与先进国家还有一定差距，因而造价不能进一步降低，也影响到可靠性的提高。由于开关电源电路复杂的电路结构，在实际应用中，开关电源故障率高，维修麻烦。

2. 采样值接收处理模块

采样值接收处理模块是数字化电能表的核心。此模块实现的功能如下。

（1）光纤信号接收功能。由互感器，信号调理电路以及 A/D 转换电路组成的预处理电路集成到 ECT 和 EVT 中，其采样信号送入电能表 IEC 61850 光纤数字接口。光纤数字接口将数字光学信号转换为内含模拟量采样值的以太网数据包。以太网控制器对数据包进行解包处理后，就交给微处理器集中进行电能参量的计算。其功能框图如图 5-10 所示。

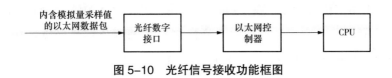

图 5-10　光纤信号接收功能框图

（2）对数据进行解析与运算。电能表接收采样值报文后，解析出采样值，并根据解析后的采样电压、电流数据计算出功率、谐波、铁损、线损等相关电网数据。从电能计量的角度看，电能参量包含：电网频率、电压电流基波有效值、电压电流谐波有效值、有功功率、无功功率、视在功率、功率因数、基波电能、谐波电能等参数。电压电流基波、谐波有效值以及功率因数的计算可以用傅里叶级数理论统一起来；有功功率、无功功率和基波谐波电能可以用功率测量理论统一。所以从电能参量的实现算法角度看，可以分为三大类：测频算法，谐波分析测量算法和功率测量算法。

1）测频算法。已有多种方法应用于电力系统频率的测量：过零点检测法、基于傅里叶变换理论的算法、最小二乘法、数字滤波法等。过零点检测法检测正弦信号的两个相邻的过零点，进而算出电网电压频率，它其实是一种测周期的方法。该方法的缺点是检测精度不高，同时还需要硬件锁相环的支持。基于傅里叶变换理论的算法是应用最为广泛的测频算法，各种改进的算法之间都是以傅里叶变换理论为基础的。利用傅里叶变换算出相邻数据窗间的相位差，根据它计算出系统的频率。基于傅里叶算法测频的另一类方法是加窗插值 FFT 法，对采样数据叠加各种各样的窗函数来减少频谱泄漏，提高测量精度。数字滤波法原理简单，它借助 FIR 或 IIR 数字滤波器将信号中的高次谐波滤除，再结合如过零比较法等方法计算系统频率。

2）谐波分析测量算法。现代电力系统中，高压直流输电（HDVC）中的换流站，无功补偿中的静止无功补偿器（SVC）、静止无功发生器（SVG）、有源电力滤波器（APF）、可控串联补偿器（TCSC），以及各种交流变频调速装置已大量投入使用。它们内部含有大量的电力电子设备，是谐波产生的主要原因装置，谐波分析测量已成为电能计量中的一个重要组成部分。

电力系统谐波分析测量算法主要有：基于 DFT 变换的谐波分析法、基于子空间分解的 MUSIC 法、基于自回归—滑动模型（ARMA）的 Prony 方法、人工神经网络法（ANN）和小波变换法等。在谐波分析测量算法中，基于 DFT 的谐波分析法在电能表的工程应用中同样是最受青睐的，这种方法大体有两类：基于加窗插值 FFT 的频谱校正方法和修正采样频率法。它们都是围绕如何减少采样不同步造成的频谱泄漏，进而提高基波谐波测量精度展开的。加窗插值 FFT 的频谱校正方法根据校正方法的不同又可细分为四种：能量重心校正法、比值校正法、频谱细化法和相位差校正法。修正采样频率法从一定程度上减小了频谱泄漏，但根木上无法完全消除。MUSIC 法和 Prony 法不仅可以高精度地测量谐波，也可以测量间谐波，但计算复杂，运算量很大，实时性不高。将 ANN 法和小波变换法应用到谐波分析测量中是近些年才兴起的，已经取得了重大的发展，具有良好的应用前景。

3）功率测量算法。功率测量主要分为有功功率测量和无功功率测量。对于有功功率的测量，有两种计算方法：利用有功功率的定义，即电压、电流有效值以及功率因数角余弦的乘积计算；另一种是利用瞬时功率在时间上的累积计算。相比第一种方法，第二种方法只需知道电压电流的模拟量采样值即可，计算简单方便，得到了广泛的应用。无功功率测量算法有三类：直接公式法、基于 FFT 的无功功率测量和基于数字移相法。直接公式法套用无功功率的原始定义直接计算，而公式定义本身就是以标准正弦为前提的，因此在谐波环境下该方法有很大的测量误差。基于 FFT 的方法是直接公式法的一种变形，对信号进行 FFT 变换，再利用无功定义计算。数字移相法构造一种变换，对电压进行 90° 移相，然后按照计算有功功率的步骤得出无功功率。以基于 Hilbert 移相器的测量方法最为成熟，获得了良好的精度。

（3）将计算出的电网数据传输给 CPU 模块。

3. CPU 模块

CPU 模块可以分为几个小模块，如图 5-11 所示。

显示模块：主 CPU 将需要显示的信息通过 I2C 总线传输给显示模块，显示模块通过液晶驱动在液晶上显示需要信息。

通信模块：可以通过 485 电路或红外电路接收 DL/T 645—2007 规约的数

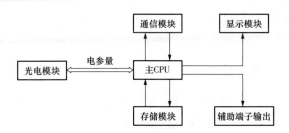

图 5-11　CPU 组成结构图

据，实现参数的设置和参数的抄读。

存储模块：将 CPU 计算出的有功功率、无功功率、需量、事件记录、参数设置等数据全部存入 E2，将 6 类负荷曲线数据存入 FLASH。

辅助端子输出：输出有功功率、无功功率校表脉冲、秒脉冲、需量周期脉冲、时段切换脉冲、报警端子信号等。

主 CPU：将从光电模块收到的信息进行处理，然后将相关信息存入存储模块，将显示信息通过显示模块进行显示；同时控制辅助端子的输出。

5.2.2　基于 IEC 61850 的数字化多功能电能表的硬件设计

1. 硬件电路的基本组成

基于 IEC 61850 的数字化多功能电能表的硬件结构如图 5-12 所示。

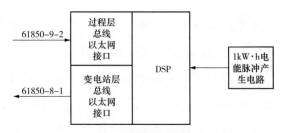

图 5-12　电能表硬件的结构框图

电能表硬件系统的组成可以分为几个部分：DSP 最小系统、过程层总线以太网接口、变电站层总线以太网接口和 lkWh 电能脉冲产生电路。

双总线的光纤以太网接口完成模拟量采样值接收的功能和电能参量远传的功能。过程层总线以太网接口接收过程层网络发送到电能表的光学以太网数据包，经过光纤以太网收发器和以太网媒介转换器后变为电信号的以太网数据包；以太网控制器将收到的数据包进行帧校验后，去除帧头和帧尾再送入DSP；DSP进行解包和数据运算处理，得到电能参量计算值后按相反的过程通过变电层光纤以太网接口发送给站控单元。

数字式电能表各部分组成及功能如下：

（1）1kWh脉冲产生电路为电能表装置的必需配置，用于产生电能计量脉冲。

（2）DSP最小系统包含DSP、晶振时钟电路、系统供电电源和系统复位电路，结构图如图5-13所示。其中，晶振时钟电路为各部件提供基准频率，系统供电电源为各部件提供稳定的工作电压，系统复位电路用于确保系统在启动时各部件处于确定的初始状态，并从初始状态工作，保证系统的稳定性。

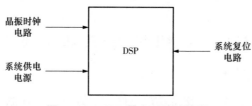

图5-13　DSP最小系统结构图

（3）光纤以太网接口电路由三个模块构成：光纤以太网收发器、以太网媒介转换器和以太网控制器。结构框图如图5-14所示。其中光纤以太网收发器完成将光信号的以太网数据转换成电信号的以太网数据的功能；以太网媒介转换器电路完成100 Base-FX光纤以太网类型数据与100 Base-Tx双绞线以太网数据之间的转换；以太网控制器与双总线以太网接口的硬件组成完全相同，唯一不同的是它们传输的以太网数据包格式不同。对于过程层以太网控制器来说，数据从以太网媒介转换器电路接收，再将数据传递给DSP，因此以太网控制器电路可分为两部分来设计，包括以太网控制器与DSP的接口电路和以太网控制器与媒介转换器的接口电路。

图 5-14　光纤以太网接口电路

2. 硬件设计举例

DSP 采用 TMS320F2812，如图 5-15 所示，其硬件参数配置极高：DSP 核心的时钟频率可高达 150Mhz（内核电压为 1.9V），相应的指令周期只有 6.67ns；采用程序总线和数据总线的双总线哈佛结构，内部的数据总线位宽高达 32 位，可实现一个指令周期的 32 位操作。片内存储器资源异常丰富：M0 和 M1 两个 1K×16 位 SARAM、L0 和 L1 两个 4K×16 位 SARAM、4 个 8K×16 位和 6 个 16K×16 位的程序存储器和 128K×16 位 Flash。片内集成多种外设：ADC 模块、SCI 串行通信模块、SPI 串行外设接口、eCAN 总线模块等。

图 5-15　TMS320F2812 外观图

光纤以太网收发器电路中收发器芯片选用 Agilent 公司的 AFBR-5803ATZ。由 AFBR-5803ATZ 组成的光纤以太网收发电路如图 5-16 所示，它完成了将光信号的以太网数据转换成电信号的以太网数据的功能。

以太网媒介转换器电路以 Micm Linear 公司的 ML6652 以太网媒介转换芯片为核心，辅以外围设置电路构成。芯片的封装为 44 管脚的 TQFP，按照功能将芯片管脚划分为三部分：以太网媒介输入输出接口管脚（图 5-17 左下部分）、芯片供电电源管脚（图 5-17 右下部分）和工作模式设置管脚（图 5-17 右上部分）。图 5-17 左上部分的电阻网络完成 ML6652 芯片工作模式的配置，

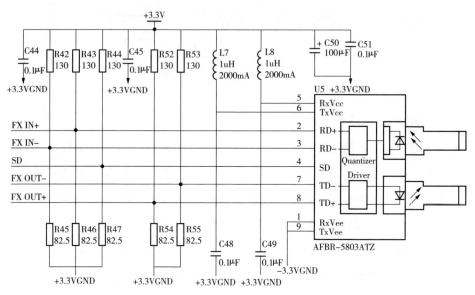

图 5-16　光纤以太网接收器电路

是光纤以太网接口电路正常工作的关键。ML6652 上电过程中，通过读取配置引脚端的电平高低来设定 ML6652 的工作模式。

以太网控制器以 SMSC 公司的 LAN91C111i 为例，它专为嵌入式以太网系统设计，具有 10M/100M 全双工自诊断功能，支持 100 Base-TX 以太网类型。如图 5-18 所示，以太网控制器与 DSP 之间选用总线通信的方式，对于 DB 总线，直接将 F2812 的 DO.D15 位与 LAN91C1 11i 的 DO-D15 相连；对于 AB 总线，它们之间的 A1-A15 地址线直连，同时 F2812 的 CS0andl 外部存储器片选信号控制 LAN91C111i 的 AEN 片选使能信号，在变电站层的以太网控制器中对应 F2812 的 CS2 片选；对于 CB 总线，F2812 的写信号 /AWE、读信号 /XRD 和准备信号 XREADY 分别对应 LAN91C111i 的 nWR、nRD 和 ARDY。当 LAN91C111i 接收到以太网数据后，在引脚 INTRO 上产生中断信号给 F2812 的 X1NT0 中断，通知 DSP 取走数据。在变电站层以太网中，中断信号送给 F2812 的 XINTl 中断。

图 5-19 为以太网控制器与媒介转换器的接口电路图。图中 TGl10-E050N2 为电磁耦合变压器，它能有效防止雷电等高压大电流在以太网线路上感应的电流脉冲进入以太网控制器，起到很好的隔离作用。经电磁耦合变压器的变

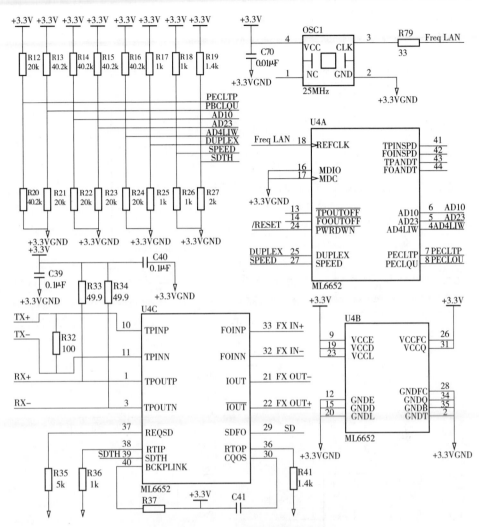

图 5-17 以太网媒介转换器电路

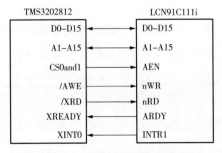

图 5-18 以太网控制器与 DSP 接口

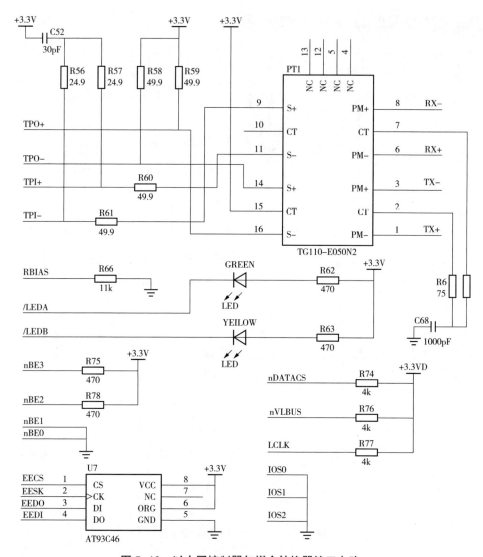

图 5-19   以太网控制器与媒介转换器接口电路

换和 R56-R61 电阻的电平转换，媒介转换电路侧的输入输出差分数据传输到
以太网控制器的输入输出差分对。图 5-19 的下半部分为 LAN91C111i 的设置电
路。AT93C46 为串行 EEPROM，用于存储网络的配置信息和以太网 MAC 地址。

5.2.3   基于 IEC 61850 的数字化多功能电能表的软件设计

由于传统数字化电能表所含的信号调理电路和 A/D 转换电路已移至电子

式互感器中，基于 IEC 61850 的数字化电能表测量误差的主要来源为测量计量算法的精度。本章 5.2.2 节已经详细阐述了电能表硬件电路的设计，依据软件设计的模块化编程思想，基于 IEC 61850 的数字化多功能电能表的软件程序主要有：模拟量采样值以太网数据包解析子程序、电能计量子程序、功率测量子程序、频率测量子程序和谐波参量测量子程序。

1. 电能表电能参量测量的主程序

电能表电能参量测量的主程序流程如图 5-20 所示。

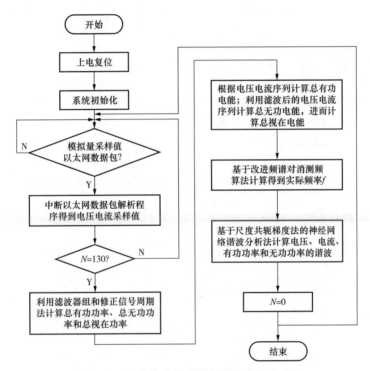

图 5-20 电能表电能参量测量的主程序流程

流程图中系统初始化主要有 DSP 片内硬件资源的初始化设置和电能参量的变量初始化。系统初始化完成后就中断等待以太网数据包的到来，若有数据包到就解析数据包中的电压电流采样值。接着判断是否已经接收了 130 个模拟量采样点，若不满足，等待下一个数据包的到来，当满足条件时，调用功率测量算法计算有功功率、无功功率和视在功率，并调用电能计量程序计

算有功电能、无功电能和视在电能。接着利用改进频谱对消测频算法得到高
精度的频率测量值，最后利用神经网络的谐波测量算法计算谐波电能参量值。
当全部电能参量计算完成后数据包计数器清零并等待数据包，准备进行下一
次电能参量的计算。

2. 模拟量采样值以太网数据包解析子程序

模拟量采样值的以太网数据包解析子程序的流程如图 5-21 所示。

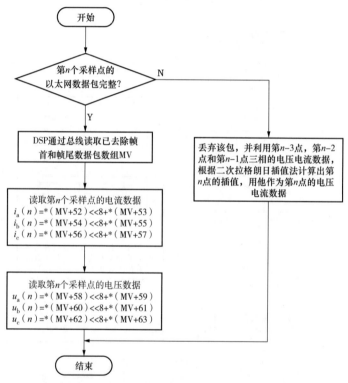

图 5-21　以太网数据包解析子程序流程图

当接收到 Part 9-1 定义的以太网数据包数据完整无差时，去除帧头和帧
尾后，数据包的第 53 节开始为 ABC 三相测量用的电流采样值，第 59 个字节
开始为 ABC 三相的电压采样值，每个采样值信息占两个字节，且高字节存储
在低地址上。当出现丢包或数据包的帧校验失败时，根据该采样点的前三个
点采样数据，构造二次拉格朗日插值多项式，计算出该点的电压电流数据。

因此经过图中所示的运算方法即可得到每一相的电压电流值，也就完成了以太网数据包的解析工作。

3. 功率测量子程序

一般采用瞬时功率在时间上的积累计算有功功率。若已知电压电流瞬时采样值，则可得瞬时功率 $P(t_k)$ 为

$$P(t_k) = u(t_k) \times i(t_k) \tag{5-1}$$

对电压电流进行同步采样，设采样时间间隔为 Δt，且有 $T = N\Delta t$，则平均功率 P 可以由式（5-1）得

$$P = \left[u(t_1) \cdot i(t_1) + L + u(t_k) \cdot i(t_k) + Lu(t_n) \cdot i(t_n) \right] \cdot \frac{1}{N} \tag{5-2}$$
$$= \sum_{k=1}^{N} \frac{1}{N} u(t_k) \cdot i(t_k)$$

功率的测量用到了希尔伯特滤波器组，其程序流程如图 5-22 所示。图 5-22 中按照修正信号周期的计算方法对电压电流信号乘积的瞬时功率求和即可得到总有功功率，对滤波后的电压电流序列按照有功功率的计算方法可得出总无功功率。总视在功率按照其自身定义即可求出。

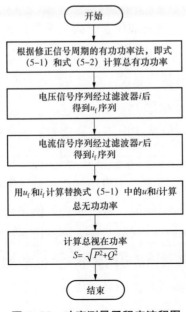

图 5-22　功率测量子程序流程图

4. 电能计量子程序

电能计量子程序流程如图 5-23 所示。

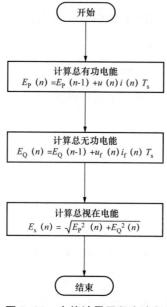

图 5-23　电能计量子程序流程

把瞬时功率与采样周期的乘积在时间上不断累积即可得到有功电能的计量。同理把经过滤波器组滤波后的电压、电流乘以采样周期并在时间上不断累积可得到无功电能的计量。总视在电能为二者的平方和再开方。

5. 频率高精度测量子程序

基于 IEC 61850 协议的格式中不包含信号的频率信息，只有一周波的电压、电流采样值，所以只能根据采样的一周波值来计算频率值。用时域的采样信号来计算信号的实时频率，一般用解析法和过零检测法，解析法是由一个周期中任意两对具有相同间隔点数的采样数值来计算的，这种方法相对复杂、计算量较大，且对来自外界的干扰和噪声以及信号波动过于灵敏。过零检测法是通过检测一个周波中信号的两个零点位置的时间间隔来计算频率的，计算简单方便、准确度高，在此用过零检测法计算信号的频率。其测量示意图如图 5-24 所示。

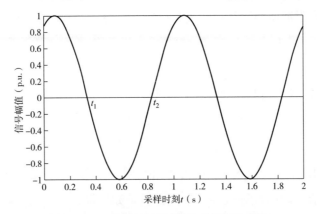

图 5-24 过零检测法计算信号频率示意图

根据图 5-24 所示的信号频率测量示意图,理论上只要检测出信号的过零时刻 t_1、t_2 后就可以得到电网信号的频率

$$f = \frac{1}{T} = \frac{1}{2 \times (t_2 - t_1)} \tag{5-3}$$

对于离散的采样信号,采样值不一定刚好过零点,在此根据正弦信号零点位置附近可线性化的原理,来计算零点位置,正弦函数的幂级数为 $\sin x = x - \dfrac{x^3}{3!} + \dfrac{x^5}{5!} + \dfrac{x^7}{7!} + L$,当信号零点附近 x 取值很小时,可以忽略高次项式,那么零点附近可近似为 $\sin x = x$。在离散采样系统中,采样点数越多零点附近值就越趋于线性。可以根据零点相邻两点来计算零点位置。

取零点附近两点 (x_1,y_1) (x_2,y_2) 如图 5-25 所示。

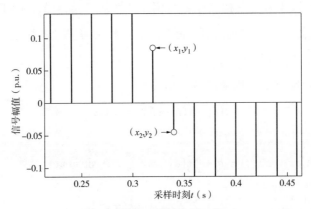

图 5-25 离散信号前后两点采样值

根据零点附近可线性化得经过两点的直线为

$$y = \frac{y_2 - y_1}{x_2 - x_1} = (x - x_1) + y_1 \qquad (5\text{-}4)$$

再令 $y = 0$，即可得零点位置

$$t_1 = x_1 - y_1 \frac{y_2 - y_1}{x_2 - x_1} \qquad (5\text{-}5)$$

同理可求 t_2，由式（5-3）即可算出频率。理论上，只要知道过零信号的前后两点就能准确的计算过零点位置，但是如果存在噪声与干扰测得零点附近的两个采样值不准确，将产生极大的误差。因此，针对上述方法对信号噪声与干扰抑制能力不强的缺陷，可以取过零点前后多点进行统计计算。

过零检测法计算频率具有以下优点。

（1）因为一周采样 256 个点，采样点数多，过零点附近线性化程度好，用过零检测法计算频率精度高。

（2）仅依赖由合并单元传过来一周波的数据即可计算频率，无需外加硬件设施，并且计算的频率即为本周波数据的频率，实时性高。

（3）若按照传统的测量频率的方法则需要修改 IEC 61850 协议的数据帧格式，使传输到电能表的数据含有频率信息，而用过零检测法只要一周波的电压电流信息即可计算频率，无需更改协议帧格式。

6. 谐波参量测量子程序

傅里叶变换作为时域和频域之间相互转换的工具，已经被 IEC 标准采用，是电力系统谐波和间谐波分析的基本方法。利用傅里叶变换进行谐波测量原理如下。

周期为 T 的信号 用周期函数表示为

$$x(t) = x(t + kT) \quad k = 0, 1, 2 \cdots \qquad (5\text{-}6)$$

将其展开为傅里叶级数形式

$$x(t) = a_0 + \sum_{n=1}^{\infty} (a_n \cos n\omega_0 t + b_n \sin n\omega_0 t)$$
$$= a_0 + \sum_{n=1}^{\infty} A_n \sin(n\omega_0 t + \varphi_n) \qquad (5\text{-}7)$$

其中，$a_n = A_n \sin \varphi_n$，$b_n = A_n \cos \varphi_n$，$A_n = \sqrt{a_n{}^2 + b_n{}^2}$，$\varphi_n = \arctan \dfrac{a_n}{b_n}$。

将信号 $x(t)$ 的周期 T 扩展至无限大，则谐波频率的间隔 ω_0 趋近于零，式的傅里叶系数成为频率 ω 的连续函数，即

$$X(j\omega) = \int_{-\infty}^{\infty} x(j\omega) e^{-j\omega t} \mathrm{d}\omega \qquad (5\text{-}8)$$

式中，$\omega = 2\pi f$，这时的时域信号 $x(t)$ 可用 $X = (j\omega)$ 表示

$$X(t) = \frac{1}{2\pi} \int_{-\infty}^{\infty} X(j\omega) e^{j\omega t} \mathrm{d}t \qquad (5\text{-}9)$$

由于计算机只能处理有限长的离散信号，在频域的频谱和时域的函数都为采样函数的情况下，由有限长的离散信号构成的傅里叶变换对为

$$X(k) = \frac{1}{N} \sum_{n=0}^{N-1} x(n) e^{-j\frac{2\pi}{N}nk} \qquad k = 0, 1, \cdots, N-1 \qquad (5\text{-}10)$$

$$x(n) = \sum_{k=0}^{N-1} X(k) e^{j\frac{2\pi}{N}nk} \qquad n = 0, 1, \cdots, N-1 \qquad (5\text{-}11)$$

即为离散傅里叶变换公式，式中 $x(n)$ 为采样后待分析的含有谐波、间谐波的电力系统信号，$X(k)$ 为傅里叶变换系数，对应信号中第 k 次谐波，又由式可知，从系数 $X(k)$ 可以获得 k 次谐波对应的两个直角分量 a_n 和 b_n，因此可以很容易求出第 k 次谐波的幅值和相位，最后依据谐波有功和无功的定义完成谐波有功功率和谐波无功功率的测量，如图 5-26 所示。

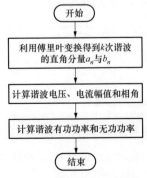

图 5-26　谐波参量测量子程序

5.3　数字化电能表具体实现方案一

基于 IEC 61850 的某新型数字化智能电能表设计外观如图 5-27 所示。

光纤因特网

图 5-27　数字化智能电能表设计外观

5.3.1　光电智能电能表技术指标

- 准确度等级：有功 0.2S 级，无功 2.0 级。

- 额定频率：50Hz。

- 工作电压：直流 110V 和交、直流 220V 可选。

- 参比电压：以提供接入的光电式电压互感器所接的一次额定电压为准，此时对应电表二次额定电压为 57.7/100V。

- 参比电流：以提供接入的光电式电流互感器所接的一次额定电流为准，此时对应电表二次额定电流为 1A 或 5A。

5.3.2　光电智能电能表的工作原理

光电智能电能表工作原理框图如图 5-28 所示，电能表工作时通过光钎接口，遵循 IEC 61850-9-2/1 标准，获取数字式互感器的采样值，然后经数据处理单元将采样所得电压、电流采样值进行处理，获得电量、功率、功率因数

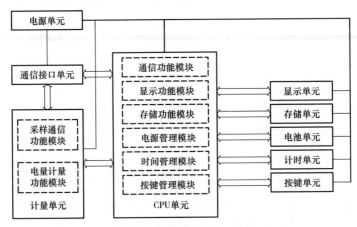

图 5-28　光电智能电能表工作原理框图

等计量数据。然后，由主 CPU 管理单元完成分时计费和处理各种输入输出数据，通过串行接口将电能计算 CPU 的数据读出，并根据预先设定的时段完成分时有功、无功电能计量和最大需量计量功能，根据需要显示各项数据、通过红外或 485 总线进行通信传输，并完成运行参数的监测，记录存储各种数据。由于采用了 DSP 和 CPU 联合应用的双处理器结构，使得用于电能计算的数字信号处理器有足够的时间来更加精确的处理电能数据和更强的网络数据吞吐能力，从而使电能表的计量准确度和网络适应能力都有了显著提高。

实现功能见表 5-1，现场应用图如图 5-29 所示。

表 5-1　　　　　　　　　　　　实现功能

功能		型号	DTSD568（B 型） DSSD566（B 型）
有功	正向有功（分时）		√
	反向有功（分时）		√
	1～12 月用电量		√
无功	正向无功（分时）		√
	反向无功（分时）		√
	四象限无功		√

续表

功能	型号	DTSD568（B型） DSSD566（B型）
有功最大需量		√
无功最大需量		√
零点电量冻结		√
即时电量冻结		√
失压记录		√
失流记录		√
电压合格率		√
负荷代表日		√
7类负荷曲线		▲
红外通信		√
光钎以太网接口		√
电以太网接口		▲
停电抄表功能		√
停电按钮唤醒功能		√
红外唤醒功能		▲
外部编程接口功能		▲
开表盖记录功能		√
报警功能		√
背光功能		√
硬件时钟		√
时钟温度补偿		▲
1Hz时钟输出		√

5.3.3 光电智能电能表的应用

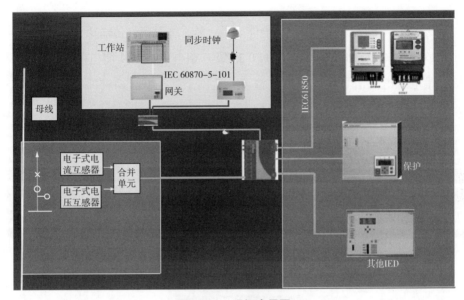

图 5-29 现场应用图

- DSSD 568/DTSD 568 三相电子式多功能电能表是由 IEC 61850 通信单元、测量单元和数据处理单元等组成,除计量有功、无功电能量外,还具有分时计量、测量需量等多种功能,并能显示、储存和输出数据;采样值数据传输支持 IEC 61850-9-2/1 标准,能与之无缝连接。

- 电子式互感器将采样值传输给合并器,合并器将多路电子互感器采样数据值合并成符合 IEC 61850-9 标准的以太网数据帧,发送到变电站环网上,电能表从以太网环路上接收数据,进行运算,运算结果通过 485 总线有厂站计量终端设备采集,然后传输到厂站总线上,以便调度和监控。

- 光纤传输采样信号,受外接环境影响小。

- 没有 A/D 转换,计量准确性更高。

- 通信功能:红外、485。

- DTSD 568-B。

5.4 数字化电能表具体实现方案二

DSAD 331/DTAD 341–ME2 型电能表是一款采样测量值传输符合 IEC 61850–
9–1/IEC 61850–9–2/LE 标准规范的 0.2S 级三相电子式多功能电能表。其主要
特点是电压电流信号为数字信号输入，适用于基于 IEC 61850 标准建设的新
型电能计量。其外观如图 5–30 所示。

图 5–30　数字化电能表外观

5.4.1　主要特点

（1）采样测量输入接口，采用符合 IEEE 802.3u，100Base–FX 的 ST/SC 型
光纤接口，抄表接口采用 RS485 接口及符合 IEEE 802.3u 的 RJ45 以太网接口。

（2）双路交 / 直流冗余宽范围电源供电。

（3）点阵液晶显示，显示内容直观、丰富、灵活。

（4）电能表参数密码保护设置。

（5）RS485/MMS 以太网接口 / 远红外通信接口。

（6）可通过液晶显示和按键直接设置协议参数（参数设置有编程保护）。

（7）单合并单元和多个合并单元可灵活配置，满足不同的现场应用需求。

（8）可记录多种采用值异常事件。

（9）可支持最大三路光纤信号接入。

5.4.2 主要功能

（1）测量各相/各元件的电压、电流，测量总及各分相/各元件的有功功率、无功功率、功率因数及电网频率。

（2）分时正反向有功电能计量，四象限及四象限任意组合无功电能计量，组合1、2无功电能计量。

（3）8费率（可配置），主副两套时段，时钟双备份，12个月历史记录（可配置）。

（4）失压，失流、全失流，电压合格率等8类历史数据记录（可配置），容量达到4M字节。

（5）记录失压、失流、全失流、电压合格率、清零、清需量、编程、校时、上电、过压、逆相序、开盖等多种事件。

（6）双备份数据存储，具有自检和纠错功能，具有内卡错、时钟错、电压逆相序、失压、过压、失流、电池欠压故障报警功能。

（7）具有防窃电开盖检测功能。

（8）2路标准RS485、1路吸附式红外通信接口，通道相互独立。

（9）停电后可通过按键唤醒显示，唤醒后，可以通过液晶显示抄表。

（10）AC/DC自适应工作电源供电。

（11）支持负荷曲线、事件记录文件服务功能。

5.4.3 主要技术参数

技术参数见表5-2。

表 5-2　　　　　　　　　　　　　技术参数

技术参数项目	项目内容
技术标准	GB/T 17215.303—2013，DL/T 614—2007，Q/GDW 1118—2013，GB/T 17215.322—2008，GB/T 17215.323—2008

续表

技术参数项目	项目内容
数据服务协议	IEC 61850-9-2/LE，IEC 61850-8-1，GMRP 等协议，RS485 接口支持 DL/T 645—2007
准确度等级	有功 0.2S 级、0.5S 级，无功 1 级
物理层接口类型	光接口：ST/SC（光波长 1310nm，100M）
整机功耗	＜ 10W；15VA
参比频率	50 ~ 60Hz
工作供电模式	双路冗余外接电源供电（可任接入一路或同时接入两路）
电源电压范围	（220V 交流 ± 20%），（110V 或 220V 直流 ± 20%）
测量制式	三相三线，三相四线
工作温度	–25 ~ +55℃
极限工作温度	–25 ~ +65℃
相对湿度	＜ 95%（无凝露）
外形尺寸	长 × 宽 × 厚：290mm × 170mm × 85mm
净重	约 2.4kg

5.5　数字化电能表具体实现方案三

DTAD 6268 新一代智能化电能表具有 2 路 100M 光纤以太网接口和 2 路 10M/100M 自适应电以太网接口；支持 IEC 61850-9-1/9-2 采样值传输协议，可根据现场工况，柔性判断并记录各种采样值输入接口异常工况；支持 IEC 61850-8-1 描述的 MMS 服务，为新一代智能化变电站计量设备开发的数据模型，无缝融入新一代智能化变电站；同时可灵活适应 SV、MMS、GOOSE 等协议的多种组网方式，不需要中间协议转换设备。其外观如图 5-31 所示。

该表具有优于 0.2S 级的四费率双向有功电能计量，优于 2.0 级的四象限无功电能计量功能，还可完成需量测量、实时显示、时钟、测量及监测、事件记录、负荷曲线等功能。

该表适用于新一代智能化变电站智能化计量、传统数字化计量等应用场合。

图 5-31　DTAD 6268 新一代智能电能表

5.5.1　工作原理

DTAD 6268 新一代智能电能表工作原理框图如图 5-32 所示，该表通过光纤以太网接口接收符合 IEC 61850-9-1、IEC 61850-9-2、IEC 61850-9-2LE 标准的采样值报文，然后经数据处理单元解析报文以获取电压、电流采样值并

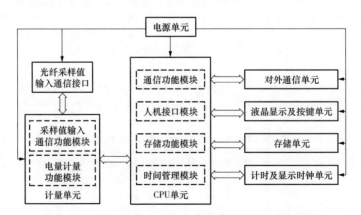

图 5-32　DTAD 6268 新一代智能电能表工作原理框图

进行处理，获得电量、功率、功率因数等电能计量相关数据。然后由主 CPU 管理单元完成分时计费和处理各种输入输出数据，通过串行接口将电能计算 CPU 的数据读出，并根据预先设定的时段完成各时段有、无功电能计量和最大需量计量功能，并将需要显示的各项数据，分别通过液晶、RS485 串口或 RJ45 以太网口进行通信传输。由于采用双核处理器结构，使得数据处理能力有了质的飞跃，从而提高了计量的准确度和装置的性能。

5.5.2 输入输出接口

DTAD 6268 新一代智能化电能表的物理接口如图 5-33、图 5-34 所示，该表具有双路 ST 型 100M 光纤以太网采样值输入接口，双路 100M/10M RJ45 以太网 MMS 通信接口，双路 RS485 串行通信接口，双路交直流自适应电源输入接口，以及各类脉冲输出端子等。

图 5-33　DTAD 6268 新一代智能电能表光纤采样值输入接口和 MMS 通信接口

SMV1—第一个采样数据输入通道；SMV2—第二个采样数据输入通道，不用于采样时，可用来进行 MMS 通信；MMS1—第一个 MMS 通信接口；MMS2—第二个 MMS 通信接口；接线端子—用来接入两路 RS485、宽范围双路交直流电源，接出脉冲输出

1	2	3	4	5	6	7	8	9	10	11	12	13	14	15	16	17	18	19	20	21	22
485A+	485A−	485A地	485B+	485B−	485B地	校验脉冲输入正	校验脉冲输入负	正向有功脉冲输出	反向有功脉冲输出	正向无功脉冲输出	反向无功脉冲输出	能量脉冲公共负端	时段投切脉冲输出	秒脉冲输出	时钟时段公共负端	备用	第二路电源正	第二路电源负	电表接地	第一路电源正	第一路电源负

图 5-34　DTAD 6268 新一代智能电能表端子

5.5.3 电能表技术指标

（1）电能计量功能：

1）具有双路 ST 型光纤通信接口，可接收符合 DL/T 860.91—2006、DL/T 860.92—2006、IEC 61850–9–2 LE 标准的采样数据报文，可根据现场工况柔性自动判断采样数据输入异常工况。

2）有功电能计量准确度 0.2S 级、无功电能计量准确度 2.0 级。

3）四费率总及三相正反向有功电能计量。

4）组合及四象限无功电能计量。

（2）需量测量：

1）双向最大需量、分时段最大需量测量。

2）最大需量清零。

3）需量周期和滑差时间可设置。

（3）测量功能：

1）电压、电流、频率、功率、功率因数测量。

2）越限监测功能。

（4）记录功能：

1）最近 12 个月正反向有功、四象限无功最大需量及发生时间。

2）最近 12 个月正反向有功电能、四象限无功等。

3）最近 12 次失压，全失压，失流，全失流，掉电等。

4）负荷曲线数据记录，容量达 8Mbyte。

5）最近 12 次清零，清需量，编程，校时，调表，设置初始底度，上电操作记录等。

6）最近 12 次开盖检测。

7）最近 20 次各类采样值输入异常工况事件。

（5）显示功能：

1）大屏幕图形液晶显示，显示内容可设置。

2）4 路电能脉冲、1 路时钟脉冲、1 路费率切换脉冲。

3）时钟电池欠压、电压逆相序、失压、过压、失流报警。

（6）通信功能：

1）具有双路 RJ45 以太网通信接口，10M/100M 自适应，支持 DL/T 860.81—2006 标准，加载新一代智能化变电站计量设备数据模型。

2）加载 VxWorks 操作系统和 TFFS 文件系统，电量、需量、测量、事件等电能表关键信息可保存为 .xml 格式的文档，可跨系统、跨平台进行信息交换。

3）2 路 RS485、1 路远红外通信接口，支持 DL/T 645—2007、DL/T 645—1997 通信协议。

6 数字化电能表的校准

针对传统模拟输入的电子式电能表的电能校准和检定，国家电力部门建立了严密的电测量值传递系统，最高标准由国家基准进行传递，无论是量值溯源和量值传递都非常完善成熟。

数字化电能表不存在模数转换部分，其前端输入信号是电子式互感器合并单元输出的 IEC 61850 标准数字信号，它将输入的交流采样数字信息变换为电能信息输出，所以，它并不是真正意义上的仪表，只是电能计算器。

数字信号经光纤以太网传输，不受电磁波干扰，经过校验的数据无附加误差，数字化电能表对互感器提供的数字化电压、电流信号进行计算处理，理论上在电量计算的过程中不产生误差，只可能产生误差为浮点数运算时有效位误差，为计算机系统固有误差，这种误差小于万分之一，可以忽略。但是，由于数字电能表厂家编写的程序并不十分完善，在程序算法上依然有可能引入一定误差。所以，数字化电能表的电能误差主要是电能算法误差，数字化电能表的误差检验实际上只能检验电能表使用的电能算法。

由于数字化电能表不同于传统的电能表，国家和行业已颁布的各类电能表设计、制造、采购、验收、使用和检定的相关标准和规范并不完全适用，需要国家重新制定国家标准和规范。所以，在不借用其他仪器情况下，其溯源无法和传统的电能表或国家电能基准做比对。

已经有不少的科研机构和校验仪厂家提出了溯源和校准方法，并研制出相关的校验设备，广泛应用于工程中。本章将介绍这些溯源和校准方法、校验设备，最后从数字计量系统的角度来分析数字化电能表的误差来源。

6.1 数字化电能表的溯源

数字化电能表属于计量产品，也是一种多功能电能表，可以测量各种电参数以及有功电能，只要数字化电能表有功电能计量满足准确性、溯源性、一致性和法制性就可以用来作为电能贸易结算。准确性是指测量结果与被测量真值的一致程度。由于实际上不存在完全准确无误的测量，一般认为高出两个等级的测量误差被认为是准确的。溯源性是技术基础，法制性是法律基础，所谓的溯源性是指任何一个测量结果或计量标准的量值，都能通过一条具有规定不确定度的连续比较链与计量基准联系起来，使所有的同种量值都可以按照这条比较链通过校准向测量的源头追溯，也就是溯源到同一计量基准（国家基准或国际基准），使准确性和一致性得到技术保证。国家法定计量检定机构及法定计量检定和溯源单位如图 6-1 所示。

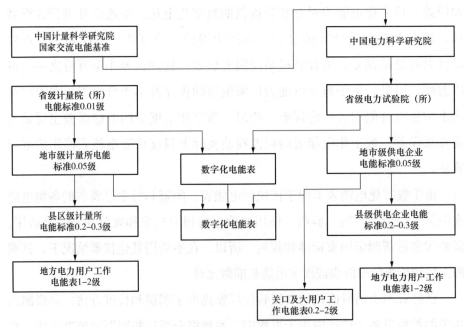

图 6-1 国家法定计量检定机构及法定计量检定和溯源单位

6.1.1　数字溯源法

虽然数字信号的溯源问题没有解决，但是我们可以根据电能表原理对数字化电能表进行校验，可按照 IEC 61850 标准要求，通过某个标准数字源输出标准的电流电压采样值给被检数字电能表，在接收到被检数字电能表输出的脉冲后与标准数字源计算出的电量进行比较，得到被检数字电能表的误差，这是标准源法的原理。将数字源的电流电压采样值同时输出给数字标准表和被检数字电能表，将两者输出的电能脉冲进行比较，得到被检数字电能表的误差，这是标准表法的原理。

数字溯源法可以是标准表法也可以是标准源法，在 GB/T 17215.303《电测量设备数字化电能表特殊要求》和国家电网公司企业标准《数字化电能表校验规范》（征求意见稿）中都介绍了这两种方法，下面分别介绍这两种方法。

1. 基于数字信号源和数字标准表法的数字溯源法

如图 6-2 所示，标准表法的数字式校验装置包含产生数字量的数字信号源、数字标准表和误差计算器。根据实际的要求，设定电压、电流信号的幅值和相位参数，可以得到表征电压和电流的波形函数

$$
\left.
\begin{cases}
u_a(t) = U_m \sin\left(2\pi f t + \varphi_{u_a}\right), & i_a(t) = i_m \sin\left(2\pi f t + \varphi_{i_a}\right) \\
u_b(t) = U_m \sin\left(2\pi f t + \varphi_{u_b}\right), & i_b(t) = i_m \sin\left(2\pi f t + \varphi_{i_b}\right) \\
u_c(t) = U_m \sin\left(2\pi f t + \varphi_{u_c}\right), & i_c(t) = i_m \sin\left(2\pi f t + \varphi_{i_c}\right)
\end{cases}
\right\}
\tag{6-1}
$$

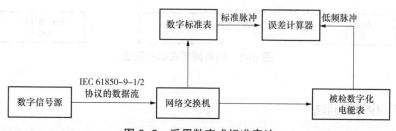

图 6-2　采用数字式标准表法

数字信号源根据一定的采样间隔在这些波形上计算采样值，然后按照 DL/T 860.91 或 DL/T 860.92 标准将采样值量化成整型值，并且组帧发送。包含采

样值的 DL/T 860.91 或 DL/T 860.92 数据帧分成两路发送，一路发送到被检数字化电能表，一路发送到数字标准表。被检数字化电能表和标准表把各自的脉冲输出送到误差计算器，通过误差计算器的结果来达到校验目的。

数字信号源可以是从模拟源通过 A/D 转换而来，也可以通过数字波形拟合而来，使用模拟源通过 A/D 转换更能反映被检表的实际算法性能，当数字标准表的误差等级为 0.05 级及以下时，数字标准表的精度可以通过模拟法量传下来，假如有国家或国际数字电能算法基准，则数字标准表可以作为该算法基准，或由该基准传递下来的低等级算法基准。

信号的波形畸变、频率波动、暂态过程对数字标准表的电能算法误差特性影响很大。所以，数字标准表的电能误差也只能在稳态下进行量值传递，而且随着信号波形的稳定度提高而逼近真值。

2. 基于标准数字功率源法的数字溯源法

如图 6-3 所示，标准源法的数字式校验装置和上一种很相像，只是缺少了数字标准电能表。按照设定的参数值，标准数字功率源计算采样值，并输出遵循 DL/T 860.91 或 DL/T 860.92 标准的采样值数据帧到被检数字化电能表；同时标准数字功率源按照设定的参数值计算理论功率值，根据理论功率值发送脉冲输出到误差计算器。误差计算器通过比较理论值和被检表的计算值来实现校验。

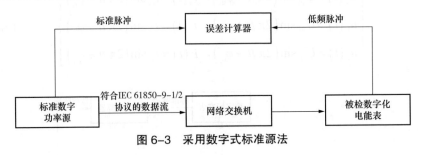

图 6-3　采用数字式标准源法

6.1.2　模拟溯源法

在 GB/T 17215.303《电测量设备数字化电能表特殊要求》中提到采用模拟式标准源及模拟式标准表法进行基本误差测试的方法，图 6-4 是该测试原理图。

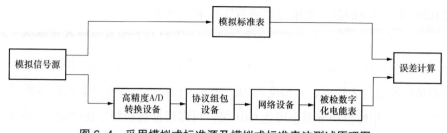

图6-4　采用模拟式标准源及模拟式标准表法测试原理图

　　模拟溯源法的核心思想是构建一个高精度模数（A/D）桥梁，加上被检数字化电能表就和传统的电子式电能表一模一样，只要满足高精度模数（A/D）的精度大于被检表精度的两个等级，就可以按照传统的电子式电能表的相关规程进行检定了。从算法的角度来说，就是把数字化电能表复杂的电能和电参数算法转换为简单的模数（A/D）转换后的瞬时值精度误差，复杂的电能和电参数算法的误差就是被检数字化电能表的误差。

　　模拟溯源法的校验装置如图6-5所示，模拟信号源将电压、电流信号同时输出给模拟标准表和A/D转换设备，模拟标准表输出电能脉冲给误差计算器，计算得到电能值；电流、电压信号经过高精度A/D转换设备、协议组包设备得到遵循DL/T 860.91或DL/T 860.92协议的采样值数据帧，数据帧输入被试电能表，被试电能表输出电能脉冲给误差计算器，由误差计算器计算被试电能表与模拟标准表的电能误差值。

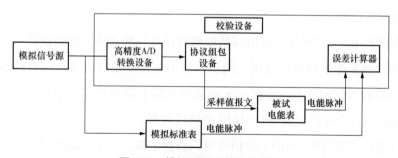

图6-5　模拟溯源法的校验装置

　　模拟溯源法溯源路径清晰，符合相关规程，被试电能表与模拟电能基准建立了联系，溯源到模拟电能基准之上。但是需要一个辅助的高精度的A/D转换器，由于A/D转换的精度要高于被检定对象两个等级，所以一般只能检定 0.05 级及以下的数字化电能表或数字标准电能表。

广东电网公司电力科学研究院和深圳市星龙科技有限公司联合开发的一套基于模拟溯源法的校验系统（见图 6-6），模拟溯源系统由三相模拟功率源、三相模拟标准电能表构成，其精度均为已知。三相模拟标准电能表最高基准可达 0.003 级，三相模拟功率源也可达 0.01 级，可以根据被检数字化电能表的精度，选择合适的三相模拟功率源和三相模拟标准电能表。被检设备可以为数字化电能表，也可以为数字化电能表校验装置或数字标准电能表。精密电压转换器、精密电流转换器和高精度模数设备共同构成模数转换，协议转换设备将模数转换后的数字信号转换成 IEC 61859-9-1/IEC 61859-9-2/IEC 61859-9-2LE 协议格式，模数转换的精度为已知，模数转换的精度检定可以是从三相模拟量输出到模数转换后的数据，也可以是三相模拟量输出到协议转换后的数据。

设被检数字化电能表的误差为 $E(\mathrm{dm})$，从模拟量到协议转换输出的误差为 $E(\mathrm{adiec})$，三相模拟标准电能表的误差为 $E(\mathrm{am})$，误差计算器的误差比较值为 $E(\mathrm{r})$，则

$$E(\mathrm{r}) + E(\mathrm{am}) = E(\mathrm{adiec}) + E(\mathrm{dm}) \qquad (6\text{-}2)$$

由于 $E(\mathrm{am})$ 和 $E(\mathrm{adiec})$ 均具有确定的精度，且精度高于被检表两个等级，其值可以忽略，令 $E(\mathrm{am}) = 0$，$E(\mathrm{adiec}) = 0$；则误差计算器的误差比较值 $E(\mathrm{r}) = E(\mathrm{dm})$ 即被检数字化电能表的误差。其中，$E(\mathrm{adiec})$ 为瞬时采样点误差，其他为电能误差。

在图 6-6 中，"同步六通道高精度模数设备"和"协议转换设备"无法从现有的计量基准里面直接选用。同步六通道高精度模数设备可以直接选用六个高精度的八位半数表，在同一采样脉冲控制下同步采样，用 NI Labview 对采样数据进行合并打包成 IEC 61850 的协议数据。

虽然该方案模数（A/D）的精度可以直接定级，但是也需要开发一套专用的系统才能实现其功能，该专用系统也需要经过计量院的检定；另外一种方法就是选用现有的专用设备，如深圳市星龙科技有限公司开发的 XL817 标准电子式互感器，集成了精密电压转换器、精密电流转换器和同步六通道高精度模数设备以及协议转换，只要对该装置进行检定即可。

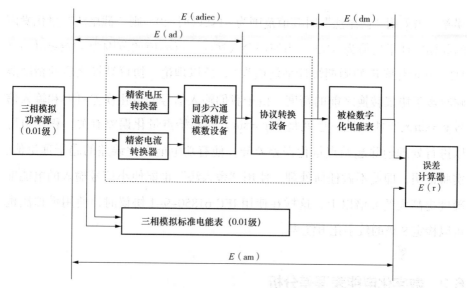

图 6-6　模拟溯源法原理框图

一般高精度 A/D 转换可以做到 16～32bit，并且可以通过切换量程来提高动态范围，其量化误差可以忽略。对于 IEC 61850-9-2 协议定义了电流传输值乘以 1mA 为一次电流、电压传输值乘以 10mV 为一次电压值。在变电站，一般最低线电压为 10kV 等级，其相电压为 $10/\sqrt{3}kV = 5.773kV$，量化误差在额定点约为 $10mV/\left(\sqrt{2}\times5.773kV\right)\approx1.22\times10^{-6}$，电压误差可以忽略。在变电站，一般电流额定值最小值为 100A，额定值量化误差为 $1mA/\left(\sqrt{2}\times100A\right)\approx0.7\times10^{-5}$ 可以忽略。在 1% 额定值时其量化误差为额定值的 100 倍，大约为 0.07%，能够满足 S 级数字化电能表在 1% 处的量化要求。

另外，在检定 IEC 61850-9-2 的数字化电能表，可以通过加大虚拟量程的方式提高规约转换造成的误差损失，对于 IEC 61850-9-2 协议只需要对 A/D 后的数据使用简单的截断就可以满足检定的要求；而对于 IEC 61850-9-1 规定了电压和电流的采样瞬时额定值为 11585（十进制数值），当在额定值时量化误差为 $1/\left(\sqrt{2}\times11585\right)\approx1/16384\approx0.006\%$，其误差可以忽略，当在 1% 额定点时，其误差约为 0.61%，采样四舍五入（舍入方式）时，其瞬时值量化误差约为 0.3%。实际上，由于电能是一个时间累积量，功率是周期信号的平均值，协议转换引起的量化误差对电能累积的影响要小得多，假设 $e(n)$ 表示量化误差，当采用"截尾法"时其值范围为 $-1 < e(n) < 0$，则"截尾法"量化噪声的周期统计平均值为 $-1/2$ ；当使用舍入法时，$e(n)$ 值的范围为 $-1/2 < e(n) < 1/2$，其量化噪声的周期统计平均值为 0，所以理论上协议转换之后的精度能够收敛于协议转换之前的精度，由于我们输入信号的量化误差 $e(n)$ 和输入信号 $y = \sin x_n$ 有相关性，也就是和 $y = \sin x_n$ 的起始点量化误差有关，程序也可以进行处理消除起始点量化误差差异，使有功电能量化误差的趋于理论值。实验证明，即使不做任何处理，使用"舍入法"也能使小信号输入的电能准确度提高大约 8 倍以上，这样在使用 IEC 61850–9–1 协议时，使用模拟法也可以检定 S 级的数字化电能表。

6.2　数字化电能表误差分析

6.2.1　非整周期采样误差分析

在电力系统运行中，只有在负荷功率总需求与系统的总供给相平衡的时候，系统频率才会保持为标准频率 50Hz 不变，但是，电力系统中的用电负荷并不会保持恒定，总是在发生变化，这样势必会导致电力系统中的有功功率出现不平衡现象，功率的波动使频率偏离标准频率，出现频率波动。传统的电量计算公式要求信号采样是整周期采样。整周期采样算法要求满足 $T = NT_s$，这就要求采样频率为信号频率的整数倍。一周的平均功率计算公式如下

$$P = \frac{1}{T}\int_0^T u(t)i(t)\mathrm{d}t \qquad （6-3）$$

如图 6–7 所示，当电力系统中出现频率波动，使信号频率不是标准频率 50Hz 时，根据上式算得的有功功率就不是一个周期的了，或大或小，产生电能计量误差。

为了定量、准确的求出非整周期采样引入的电能计量误差大小，应推导出非整周期采样电能计量的解析式，将由非整周期采样引起的电能计量误差分离出来，为电量计量误差的补偿提供依据。

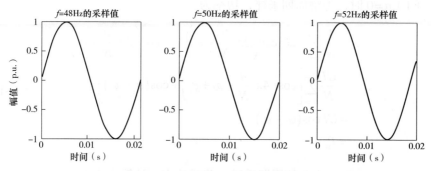

图 6-7 不同频率下的采样信号

设电网电压、电流信号分别为

$$u(t) = \sqrt{2}U\cos(2\pi ft + \varphi_u) \tag{6-4}$$

$$i(t) = \sqrt{2}I\cos(2\pi ft + \varphi_i) \tag{6-5}$$

其中，f 为信号频率；$T = 1/f$ 为信号周期；U 为电压有效值；I 为电流有效值；φ_u 为电压相位角；φ_i 为电流相位角。

数字化电能表采用固定的采样频率进行信号采样，设一个周期内采集 N 个采样点，那么信号的采样频率为 $f_s = Nf$，采样周期为采样频率的倒数，即，$T_s = 1/f_s$。则电压、电流信号的交流采样序列为

$$u(n) = \sqrt{2}U\cos(2\pi f'T_s n + \varphi_u) \tag{6-6}$$

$$i(n) = \sqrt{2}I\cos(2\pi f'T_s n + \varphi_i) \tag{6-7}$$

根据有功功率计算公式，得

$$P = \frac{1}{T}\int_0^T u(t)i(t)\mathrm{d}t = \frac{1}{N}\sum_{n=1}^{N} u(n)i(n) \tag{6-8}$$

设实事频率 f' 与标准频率 f 有 Δf 的偏差，即 $f' = f + \Delta f$，设相对偏差 $\alpha = \Delta f/f$，则根据式（6-5）~式（6-7）可得采样信号一个周期内的电量为

$$
\begin{aligned}
P &= \frac{1}{N}\sum_{n=0}^{N-1} u(n)i(n) \\
&= \frac{1}{N}\sum_{n=0}^{N-1} \sqrt{2}U\cos(2\pi f'T_s n + \varphi_u)\sqrt{2}I\cos(2\pi f'T_s n + \varphi_i) \\
&= \frac{1}{N}\sum_{n=0}^{N-1} \sqrt{2}U\cos\left(2\pi\frac{1+\alpha}{N}n + \varphi_u\right)\sqrt{2}I\cos\left(2\pi\frac{1+\alpha}{N}n + \varphi_i\right)
\end{aligned}
\tag{6-9}
$$

（1）$\alpha=0$ 时，为整周期采样，功率为

$$P = \frac{1}{N}\sum_{n=0}^{N-1}\sqrt{2}U\cos\left(2\pi\,\frac{n}{N}+\varphi_u\right)\sqrt{2}I\cos\left(2\pi\,\frac{n}{N}+\varphi_i\right)$$
$$= \frac{UI}{N}\sum_{n=0}^{N-1}\left[\cos\left(4\pi\,\frac{n}{N}+\varphi_u+\varphi_i\right)+\cos\left(\varphi_u-\varphi_i\right)\right] \qquad (6-10)$$
$$= UI\cos\left(\varphi_u-\varphi_i\right)$$
$$= P_0$$

（2）$\alpha \neq 0$ 时，为非整周期采样，此时功率的计算公式为

$$P = \frac{1}{N}\sum_{n=0}^{N-1}u(n)i(n)$$
$$= \frac{1}{N}\sum_{n=0}^{N-1}\sqrt{2}U\cos\left(2\pi f'T_s n+\varphi_u\right)\sqrt{2}I\cos\left(2\pi f'T_s n+\varphi_i\right)$$
$$= UI\cos\left(\varphi_u-\varphi_i\right)+\frac{UI}{N}\sum_{n=0}^{N-1}\cos\left(4\pi\,\frac{1+\alpha}{N}n+\varphi_u+\varphi_i\right)$$
$$= UI\cos\left(\varphi_u-\varphi_i\right)+\frac{UI}{N}\sum_{n=0}^{N-1}\text{Real}\left[e^{j\left(4\pi\frac{1+\alpha}{N}n+\varphi_u+\varphi_i\right)}\right] \qquad (6-11)$$
$$= P_0+\frac{UI}{N}\cos\left[2\pi\left(\alpha-\frac{1+\alpha}{N}\right)+\varphi_u+\varphi_i\right]\cdot\frac{\sin\left(2\alpha\pi\right)}{\sin\left(2\pi\dfrac{1+\alpha}{N}\right)}$$
$$= P_0+P_0'$$

其中
$$P_0 = UI\cos\left(\varphi_u-\varphi_i\right) \qquad (6-12)$$

$$P_0' = \frac{UI}{N}\cos\left[2\pi\left(\alpha-\frac{1+\alpha}{N}\right)+\varphi_u+\varphi_i\right]\cdot\frac{\sin\left(2\alpha\pi\right)}{\sin\left(2\pi\dfrac{1+\alpha}{N}\right)} \qquad (6-13)$$

P_0 是整周期采样有功功率表达式，P_0' 为因非整周期采样引入的有功功率计量误差。

非整周期采样时，根据式（6-10）～式（6-12）可得有功功率的相对误差为

$$e = \left|\frac{P-P_0}{P_0}\right|\times100\% = \left|\frac{P_0'}{P_0}\right|\times100\% \qquad (6-14)$$

由式（6-12）可以看出，有功功率误差与采样点数 N、采样起始角度 $\varphi_u+\varphi_i$ 和频率 f 有关。

1）采样点数 N，采样点数越大越好，但增加采样点数会相应地增加计算量，只要满足采样定理，使采样频率大于信号最高频率的 2 倍，就能完整保留原始信号的信息，IEC 1850-9-2 中规定的采样点数为 80 个 / 周波、96 个 / 周波、200 个 / 周波或 256 个 / 周波，这里采用 256/ 周波，对误差的影响极小，这里不用考虑采样点数对非整周期采样误差的影响。

2）采样起始角度，采样的起始角度会影响非整周期采样引入有功功率误差的大小，图 6-8 为频率 f=49.9Hz 时，采样起始角度与功率相对误差的关系图。

由图 6-8 可知，$\varphi_u+\varphi_i\approx94°$ 时非整周期采样误差几乎为零，但是，$\varphi_u+\varphi_i$ 的大小的选择需要考虑很多因素，不只是计量的问题，一般在 a 相电压的初始角度为零时开始采样，即 $\varphi_{au}=0$，一般情况下功率因数 $\cos\varphi=0.9$，电压相位超前于电流 $\arccos 0.9=25.84193276°$。

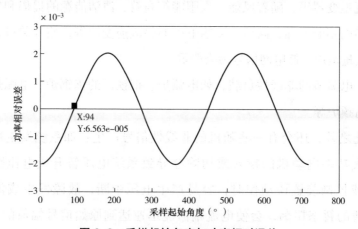

图 6-8　采样起始角度与功率相对误差

则

$$\begin{cases} \varphi_{au}=0 \\ \varphi_{ai}=-25.84° \end{cases} \xrightarrow{\varphi_u+\varphi_i=-25.84°}$$

$$\begin{cases} \varphi_{au}=-120° \\ \varphi_{ai}=-145.84° \end{cases} \xrightarrow{\varphi_u+\varphi_i=94.16°}$$

$$\begin{cases} \varphi_{au}=120° \\ \varphi_{ai}=94.16° \end{cases} \xrightarrow{\varphi_u+\varphi_i=-145.84°}$$

误差总是存在的，即便 a 相没有误差，b 相或者 c 相也会有误差存在，因此只改变 $\phi_u + \phi_i$ 的大小，不能解决问题，还要提出相应的方法来补偿由非整周期采样引起的电能计量误差。

3）频率。频率影响误差大小，若要根据解析式计算误差大小进而对其进行补偿的话就需要计算出实时频率。

6.2.2　电网中畸变信号误差分析

电力系统中非线性负荷大量存在，按照负荷性质基本上可分为以下三大类：

（1）由于受铁磁饱和的影响使负荷呈现非线性，如变压器、电抗器等。

（2）由于开关的频繁切换使电压电流信号呈现非线性，如直流输电系统中的整流逆变器等，随着风能、太阳能等高效、清洁能源的提倡和发展，电气化铁路的不断增加，高压直流输电中的整流逆变器等，使开关设备在电力系统中大量运用，使电网信号污染严重。

（3）电弧型的非线性负载，如电弧炉、钢铁厂的炼钢炉、电弧焊机、化工厂的高频炉等。

除此之外，还会有一些随机的非线性信号产生：如系统发生短路或大负荷、大功率电动机的投入或切除会导致系统电压暂升或电压跌落；设备失效或控制装置误动作时，容易产生电压中断；故障发生或消除后会出现短暂的暂态振荡，会使电流幅值能迅速达到原始信号幅值的 10～100 倍，然后又迅速衰减，这些非线性负荷的存在和电网运行中的各个状态转变会使信号不断地变化，不再是标准的正弦波，对电能的计量带来了新的挑战。

随着电力系统的发展，电网中的电压、电流信号日益复杂，有风能、太阳能和直流输电中的整流逆变装置产生的直流和各次谐波分量，也有化工厂的高频炉、电弧炉、电力机车等产生的间谐波，还有各种冲击性负荷所产生的脉冲信号，还有各种切机切负荷，或大电机大负荷并网等带来的随机波动信号等。基于此，将电压电流信号分解为

$$u(t) = u_0(t) + u_1(t) + \sum u_h(t) + \sum u_p(t) + u_c(t) \tag{6-15}$$

$$i(t) = i_0(t) + i_1(t) + \sum i_h(t) + \sum i_p(t) + i_c(t) \tag{6-16}$$

其中，$u_0(t)$、$i_0(t)$分别为直流电压、电流信号；$u_1(t)$、$i_1(t)$分别为基波电压、电流信号；$\sum u_h(t)$、$\sum i_h(t)$分别为谐波电压、电流信号；$\sum u_p(t)$、$\sum i_p(t)$分别为间谐波电压、电流信号；$u_c(t)$、$i_c(t)$为其他形式的信号。

将基波信号和其他信号分离开来，将其他信号合成为电压畸变分量$u_s(t)$，电流畸变分量$i_s(t)$，分别为

$$u_s(t) = u_0(t) + \sum u_h(t) + \sum u_p(t) + u_c(t) \tag{6-17}$$

$$i_s(t) = i_0(t) + \sum i_h(t) + \sum i_p(t) + i_c(t) \tag{6-18}$$

根据功率理论，功率为

$$
\begin{aligned}
P(t) &= \frac{1}{T}\int_0^T u(t)i(t) \\
&= \frac{1}{T}\int_0^T \left[u_1(t) + u_s(t)\right]\left[i_1(t) + i_s(t)\right] \\
&= \frac{1}{T}\int_0^T u_1(t)i_1(t) + u_1(t)i_s(t) + u_s(t)i_1(t) + u_s(t)i_s(t) \\
&= P_1(t) + P_{1s}(t) + P_{s1}(t) + P_{ss}(t)
\end{aligned}
\tag{6-19}
$$

其中，$P_1(t)$为基波功率，$P_{1s}(t)$为基波电压信号与负荷电流信号的畸变部分作用产生的功率，$P_{s1}(t)$是电压信号的畸变部分、基波电流信号作用产生的功率，$P_{ss}(t)$为电压电流信号的畸变部分作用产生的功率。

为了提高电能计量准确性，并对谐波的污染者做出相应的惩罚提供依据，提高电能的科学化管理，警示非线性负荷用户，督促其改进设备减少谐波污染，针对非线性负荷提出如下的收取电费的方案

$$F = CE_1 + CE_{1s} + CE_{s1} + KC\left|E_{ss}\right| \tag{6-20}$$

其中，C为1kWh电费；K为惩罚性收费系数。

6.2.3　电子式互感器合并单元量化误差分析

在数字化电能计量过程中，电子式互感器采集的电压、电流信号先通过A/D转换器转换为数字量，然后经合并单元将数字量报文输入电能表，这个

过程会产生量化误差。本节主要对量化误差进行分析计算。

电子式互感器合并单元数据传输具体过程为：用 Rogowski 线圈采集电流信号，通过取样电阻转换为电压信号，用电容分压获取电压信号；再经过信号调理电路对信号进行放大滤波；然后通过 A/D 转换电路将模拟量转换为数字量；转换后的数字信号送入 FPGA 进行数据处理、组帧后，通过光纤将数字量按照规定的协议发送至合并单元；合并单元按照 IEC 61850 协议规定的格式进行数据处理、组帧后发送至以太网。传输过程如图 6-9 所示。

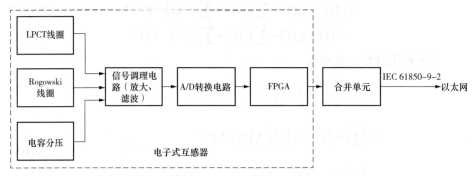

图 6-9　电子式互感器合并单元数据传输过程

（1）信号采集。将一次侧大电压、大电流信号通过 Rogowski 线圈、电容分压按一定变比转换为小信号输出。

（2）信号调理。先根据参数指定中规定的额定采样值进行信号放大处理，并且为了避免模拟信号的干扰，在放大后必须加入滤波环节。

（3）A/D 转换，将经过信号调理的模拟信号转换为数字信号。对于测量用互感器应能测量 2 倍的额定一次电流和一次电压，所以，将经过信号调理输出的 −5 ~ 5V 范围内的采样数据，A/D 转换器应能转换 −10 ~ 10V 范围内的数据。目前采用的 A/D 转换器一般为 16 位精度，可将 −10 ~ 10V 范围内的模拟量电压信号转换为 −32768 ~ 32767 的数值量，转换的传递函数为

$$V_0 = round\left(\frac{V_{\text{in}}}{10\text{V}} \times 32768\right) \tag{6-21}$$

其中，$round()$ 是将数据进行四舍五入处理，结果为整数；V_{in} 表示输入 A/D 转换器的电压值；V_0 为经过 A/D 转换后输出的电压值。

这样就将 –5～5V 的采样数据经过 A/D 转换转变为额定值为 11585 的数字量输出给合并单元。

经 A/D 转换后的数字信号送入 FPGA 进行数据处理、组帧后，通过光纤将数字量按照规定的协议发送至合并单元。

（4）合并单元中数据处理。各电压等级的互感器变比不同，采样的数据大小也不同，又由于各采集器个体上的不同，采样值会略有偏移，所以需要先将传输过来的数字量还原为互感器一次侧数据，转换公式如式（6–22）所示。

$$U_1 = round\left(\frac{10U_2}{0\text{x}FFFF} \times K \times \frac{1}{s} \right) \qquad （6\text{–}22）$$

其中，数字 10 代表互感器模拟量输出接口量程 –5～+5V，U_1 为 A/D 测量转换的数据，而 K 为线路额定电压与二次侧电压输出的比例系数，s 为比例因子，当表示电流值时，比例因子 $s_c=0.001$，当表示电压值时，比例因子 $s_v=0.01$。

IEC 61850–9–2LE 协议明确了采样瞬时值用整型数据表示，将原始电压、电流信号分别乘以比例因子，然后四舍五入取整得到。IEC 61850–9–2 采用 32 位数据传送，同时夹带 32 位品质信息，对于电压最低位代表 10mV，对于测量电流，最低位对应瞬时值 1mA。

经过分析可知，在整个数据处理过程中，A/D 转换和合并单元组帧过程中会产生量化误差，下面主要对这两部分的量化误差进行分析。

（1）A/D 转换量化误差分析。设待转换的电压电流信号值的动态范围为 2D（其中 D 为峰值），用 m 位的 A/D 转换器将模拟量转换为整数数字量，数字量的量化单位表示的模拟量 q 值为

$$q = \frac{2D}{2^m} = 2^{-(m-1)}D \qquad （6\text{–}23）$$

根据定义，信号的有功功率为

$$P = \frac{1}{N}\sum_{n=0}^{N-1} U(n)I(n) \qquad （6\text{–}24）$$

因为 A/D 转换过程中会产生一定的量化误差，所以信号的真值与 A/D 转化后的值会有一个很小的偏差，实际上经过 A/D 转化后的离散值为

$$\hat{U}(n) = U(n) + e_{un} \qquad (6-25)$$

$$\hat{I}(n) = I(n) + e_{in} \qquad (6-26)$$

其中，$\hat{U}(n)$、$\hat{I}(n)$ 分别为电压电流量化后的第 n 点的采样信号；$U(n)$、$I(n)$ 分别为原始电压、电流信号第 n 点的采样信号；e_{un}、e_{in} 分别为经 A/D 转换器进行信号处理后产生的电压、电流量化误差。

一般情况下认为量化误差 e 是在 $[-q/2, q/2]$ 范围内均匀分布，其概率密度函数如图 6-10 所示。

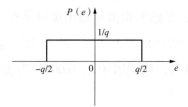

图 6-10 A/D 转换量化误差的概率密度函数分布

该随机变量的数学期望 $E(e)$ 和方差 $D(e)$ 分别为

$$E(e) = 0 \qquad (6-27)$$

$$D(e) = \frac{q^2}{12} \qquad (6-28)$$

考虑量化误差，有

$$\begin{aligned}
\hat{P} &= \frac{1}{N}\sum_{n=0}^{N-1}\hat{U}(n)\hat{I}(n) \\
&= \frac{1}{N}\sum_{n=0}^{N-1}\left[U(n)+e_{un}\right]\left[I(n)+e_{in}\right]
\end{aligned} \qquad (6-29)$$

由于 e_{un} 是随机变量，因此 $\hat{P}$ 也是随机变量，由方差的定义得

$$D(\hat{P}) = E(\hat{P}^2) - \left[E(\hat{P})\right]^2 \qquad (6-30)$$

经过简化后可以得到

$$D\left(\hat{P}\right)=\frac{1}{12N}\left[\left(U_{rms}^2+I_{rms}^2\right)q^2+\frac{1}{12}q^4\right] \tag{6-31}$$

这样

$$\sigma_{\hat{P}}=\frac{1}{\sqrt{12N}}\sqrt{\left(U_{rms}^2+I_{rms}^2\right)q^2+\frac{1}{12}q^4} \tag{6-32}$$

若以 $\pm3\sigma$ 的范围作为误差的带宽，那么由 A/D 转换量化误差产生的相对误差为

$$\delta_P=\frac{3\sigma_{\hat{P}}}{P}=\frac{3}{\sqrt{12N}\cos\phi}\sqrt{\frac{2q^2}{U_P^2}+\frac{2q^2}{I_P^2}+\frac{1}{3}\frac{q^4}{U_P^2\cdot I_P^2}} \tag{6-33}$$

其中，U_m 为信号的峰值，若信号的峰值为 A/D 转换器转换范围的 1/2，则式（6-32）可以进一步推导为

$$\delta_P\approx\frac{2^{-(m-1)}}{\cos\phi}=\sqrt{\frac{6}{N}} \tag{6-34}$$

由式（6-33）可知，由 A/D 转换器引起的量化误差与每周波采样点数和 A/D 转换器位数有关，在数字化电能计量系统中，每周波的采样点数一般为每周波 80、96、200、256 点，而 A/D 转换器，现在一般为 16 位，在这样的条件下，由 A/D 转换引起的量化误差很小可以忽略不计，有人认为需要提高 A/D 转换器的位数来减小量化误差值，但是这样势必会增加 A/D 转换时间、减少 A/D 转换效率，建议根据具体需要来选择 A/D 转换器的位数。

（2）合并单元组帧量化误差分析。IEC 61850-9-2LE 协议规定，当表示电流值时，比例因子 $s_c=0.001$，当表示电压值时，比例因子 $s_v=0.01$，那么，量化后电压误差值范围为 $-0.005<e_u<0.005$，量化后电流误差值范围为 $-0.0005<e_i<0.0005$，则合并单元中 $q_{2u}=0.01V$，$q_{2i}=0.001A$。

同样，认为量化误差 e 在 $[-q/2,q/2]$ 内均匀分布，则电压、电流量化误差概率密度函数分别如图 6-11、图 6-12 所示。

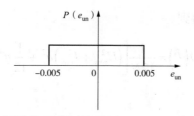

图 6-11 电压量化误差的概率密度函数

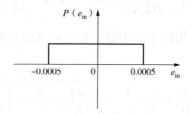

图 6-12　电流量化误差的概率密度函数

计算得电压、电流量化误差均值 $E(e_{un}) = E(e_{in}) = 0$，电压量化误差的方

差为 $\sigma_u = \dfrac{q_u^2}{12} = \dfrac{10^{-4}}{12}$，电流量化误差方差为 $\sigma_i = \dfrac{q_i^2}{12} = \dfrac{10^{-6}}{12}$。

令原始电压电流信号为

$$u(n) = \sqrt{2}U \sin\left(2\pi f T_s n + \phi\right) \tag{6-35}$$

$$i(n) = \sqrt{2}I \sin\left(2\pi f T_s n + \psi\right) \tag{6-36}$$

其中，ϕ 为电压初相角；ψ 为电流初相角。

则量化后电压电流值分别为

$$\hat{u}(n) = round\left(\frac{\sqrt{2}U \sin\left(2\pi f T_s n + \phi\right)}{s_v}\right) \cdot s_v \tag{6-37}$$

$$\hat{i}(n) = round\left(\frac{\sqrt{2}I \sin\left(2\pi f T_s n + \psi\right)}{s_v}\right) \cdot s_c \tag{6-38}$$

同理，有

$$\begin{aligned}
\hat{P} &= \frac{1}{N} \sum_{n=0}^{N-1} \hat{U}(n) \hat{I}(n) \\
&= \frac{1}{N} \sum_{n=0}^{N-1} \left[U(n) + e_{un}\right]\left[I(n) + e_{in}\right]
\end{aligned} \tag{6-39}$$

由于 e_{un} 是随机变量，所以 $\hat{P}$ 也是随机变量，方差可定义如式（6-40）所示。

$$D\left(\hat{P}\right) = E\left(\hat{P}^2\right) - \left[E\left(\hat{P}\right)\right]^2 \tag{6-40}$$

经过简化后可以得到方差及可接受范围如式（6-41）所示。

$$D\left(\hat{P}\right) = \frac{1}{12N}\left(U_{rms}^2 q_i^2 + I_{rms}^2 q_u^2 + \frac{1}{12}q_u^2 q_i^2\right)$$

$$\sigma_{\hat{P}} = \frac{1}{\sqrt{12N}}\sqrt{U_{rms}^2 q_i^2 + I_{rms}^2 q_u^2 + \frac{1}{12}q_u^2 q_i^2} \tag{6-41}$$

同样以 $\pm 3\sigma$ 的范围作为误差的带宽，则合并单元量化引起的相对误差为

$$\delta_P = \frac{3\sigma_{\hat{P}}}{P} = \frac{3}{\sqrt{12N}\cos\phi}\sqrt{\frac{2q_u^2}{U_P^2} + \frac{2q_i^2}{I_P^2} + \frac{1}{3}\frac{q_u^2 q_i^2}{U_P^2 I_P^2}}$$

$$\approx \frac{3}{\sqrt{12N}\cos\phi}\sqrt{\frac{2q_u^2}{U_P^2} + \frac{2q_i^2}{I_P^2}} \tag{6-42}$$

同样，采样点数越多，量化误差越小，但与 A/D 转换量化误差不同，合并单元组帧时电压电流误差范围分别为 $-0.005 < e_u < 0.005$，量化后电流误差值范围为 $-0.0005 < e_i < 0.0005$，是与电压电流额定值无关的固定范围，所以一次侧电压、电流越大，合并单元组帧引起的量化误差相对值就越小。

6.2.4 电能计量中丢帧误码延时分析

数字量采样值传输协议有 3 种：基于 FT3 通信的 IEC 60044-8、单向多路点对点串行通信链路上的采样值（IEC 61850-9-1）、映射到 ISO/IEC 8804-3 的采样值（IEC 61850-9-2）。其中，基于 FT3 通信的 IEC 60044-8 能够很好地实现数据同步，但不能实现不同厂家设备间的互操作，并且数据共享能力差；而 IEC 61850-9-1 的制定是为了妥协当时技术水平和兼容 IEC 60044-8，是一种过渡；IEC 61850-9-2 符合 IEC 61850 "自由配置、长期稳定" 的目标，支持全部的 ASCI 模型访问，支持采样值控制块（SVCB）控制服务，并且传输内容基于数据集（DATA-SET），报文长度不固定，可根据需要灵活配置。

IEC 61850《变电站通信网络和系统》，规范了变电站内智能电子设备之间的通信行为，是一个系统的标准体系，而不单是一个普通的通信协议，它对电力系统中的设备进行了统一的规范，使不同的设备之间实现无缝连接。

IEC 61850 的特点：① IEC 61850 的使用能够实现变电站中不同厂商生产的不同智能电子设备相互之间能够互操作，使他们之间能够交换信息，从而实现特定的功能；②建立系统的自由配置，IEC 61850 标准能够实现系统不同设备之间按功能进行自由分配，避免了按照设备本身分配会出现不同厂商设备之间不兼容的现象；③适合变电站长期发展的需要，保持电力系统长期运行稳定性，IEC 61850 具有面向未来的特性，它能够适应变电站智能化、网络化、设备自动化的发展要求。

基于这些优点，IEC 61850 标准在智能变电站建设中应用广泛。电能表计量系统遵循 IEC 61850 标准规定的数据组帧格式以及通信协议，以实现信息的数字化采集、网络化通信和标准化的信息共享。整个电能计量过程中采用电子互感器（ECT/EVT）实现数字化采集，在合并单元（MU）中按照 IEC 61850 标准规定的格式组帧，通过以太网通信网络实现数据共享。

智能变电站电能计量过程主要是由电子式电压、电流互感器（EVT/ECT）进行数值采样，合并单元按照 IEC 61850 标准规定的格式组帧，经过光纤传输系统、交换机（SWITCH）实现数据通信，最后由数字化电能表实现电能计量，其示意图如图 6-13 所示。

传统电能表采用电磁式互感器进行采样，采样值通过电力电缆直接传送到二次设备，这个过程中的传输延时固定并且延时时间极短。信号采集采用的是电子式互感器，电子式互感器对信号进行进一步地处理输出的是数字量采样值再由合并单元组帧，并由以太网交换机共享至过程总线，由于原始数据报文（SV）遵循 IEC 61850-9-2 的格式规定，帧格式配置灵活，可以根据需要自行配置每帧的数据个数，报文长度不固定，相应的传输延时不固定，IEC 61850-7-2 规定，SV 报文应在 3ms 内完成传输。采样值传输过程的时序分布如图 6-14 所示。

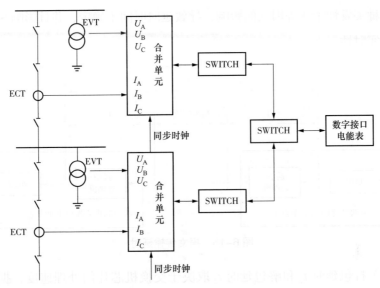

图 6-13 电能计量系统示意图

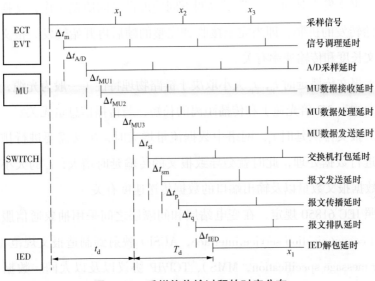

图 6-14 采样值传输过程的时序分布

t_d 为互感器与合并单元间的时延，由于互感器与合并单元相连，并且合并单元具有合理的采样延时补偿机制和时间同步机制，能够保证输出的各个电子式互感器之间信号的相差一致，这段延时很小；T_d 定义为报文的网络传输时延，即合并单元到智能电子设备之间的时延，它受通信网络中数据流量以及各种突发性干扰等因素的影响，导致延时时间不确定，并且影响 SV 报文传输的实时性。

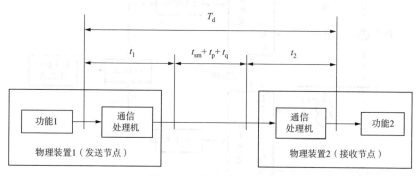

图 6-15　报文传输延时

（1）打包延时 t_1 和解包延时 t_2 取决于交换机芯片的处理速度，据了解，工业以太网交换机的报文处理延时很短，一般不超过 10μs。

（2）报文发送延时 t_{sm}，为了协调不同速度设备间协调工作，交换机一般采用存储转发的机制，即当完全接收到完整的帧后再开始转发。报文发送延时与报文长度和传输速率有关。

（3）报文传播延时 t_p，t_p 大小取决于链路物理特性（一般为光缆，光缆传输速度大约为 2/3 倍光速）和传播距离的长短，与传播信息量无关。

（4）报文排队延时 t_q，网络中数据流量增大时，报文需要进行排队等待交换机进行数据处理，此时就会导致报文的传输延时增大，t_q 的大小与队列前面的数据报文数量以及输出端口的数据传送速度有关。

按照 IEC 61850 规定，在变电站层和间隔层之间采用抽象通信服务接口（abstract communication service interface，ACSI）映射到制造报文规范（manufacturing message specification，MMS）、TCP/IP 协议以及以太网。数据单元在网络中以数据帧的形式传输，数据帧传输过程中，当受到外界干扰或发生网络拥塞时，或者在电网故障或系统规模扩大时，某一资源（如交换机缓冲区、电网带宽、IED 的处理能力）不能满足要求时，将出现报文延时到达，甚至报文丢失的现象，当时延超过数据帧的"可提留时间"，该数据帧也会被丢弃，发生丢帧现象。具体表现在以下几个方面。

（1）由于网络中存在大量多种类型信息源，难免会出现不同信息数据之间碰头或者重发的现象。

（2）网络中交换机采用存储转发机制，若数据帧到达的速度超过数据处理和转发的速度，传输的数据就会在缓冲区堆积，出现排队等待处理的现象，这时数据的传输延时就会增大，当数据大量堆积导致缓冲区溢出时，会丢失数据报文。

（3）信息传输中的丢帧误码时延还与接入网络的智能电子设备自身的信息处理能力有关。随着网络传输的高速化，易出现由智能电子设备的处理能力或者缓冲区容量不能满足要求而造成报文丢失现象。

除此之外，以下几种情况也会导致丢帧误码延时现象。

（1）在电力系统中会产生各种电磁干扰，例如电气设备的操作、负荷的投切、短路故障等引起的瞬变过程、雷电放电、各种设备的电磁波辐射、人体与物体的静电放电等，这些会对信号的传输和处理产生影响，导致数据帧中某些字节出错，甚至使数据帧丢失。

（2）当发送频率很高时，接收网卡会产生大量的硬件中断以响应数据接收，如果中断响应时间超过了数据发送周期，就会造成丢帧，发送频率越高，丢帧率越大。

（3）当交换机采用环形网络结构时，信息的广播有可能在网段内大量复制、传播报文，导致网络传输性能下降甚至不能正常工作，导致丢帧、误码或者延时。

（4）当交换机 VLAN 规划不合理或者组播地址过滤方式不当时，会导致其他 GOOSE 和 SV 组播报文对网口的冲击，也会导致丢帧、误码或者延时。

设电网电压、电流信号分别为

$$u(t) = \sqrt{2}U\cos(2\pi ft + \phi_{\mathrm{u}}) \tag{6-43}$$

$$i(t) = \sqrt{2}I\cos(2\pi ft + \phi_{\mathrm{i}}) \tag{6-44}$$

数字化电能表采用固定频率采样，设一周采样 N 点，则采样频率 $f_{\mathrm{s}} = Nf$，采样周期 $T_{\mathrm{s}} = 1/f_{\mathrm{s}}$。则被测电压、电流信号的交流采样序列为

$$u(n) = \sqrt{2}U\cos\left(2\pi\frac{n}{N} + \varphi_{u}\right) \tag{6-45}$$

$$i(n) = \sqrt{2}I\cos\left(2\pi\frac{n}{N} + \varphi_{i}\right) \tag{6-46}$$

根据电量计算公式，得

$$\begin{aligned}
E(n) &= u(n)i(n)T_{s} \\
&= \sqrt{2}U\cos\left(2\pi\frac{n}{N} + \varphi_{u}\right) \cdot \sqrt{2}I\cos\left(2\pi\frac{n}{N} + \varphi_{i}\right) \cdot T_{s} \\
&= UI \cdot T_{s} \cdot \left[\cos\left(4\pi\frac{n}{N} + \varphi_{u} + \varphi_{i}\right) + \cos\left(\varphi_{u} - \varphi_{i}\right)\right]
\end{aligned} \tag{6-47}$$

一周电量为

$$E_{0} = UI\cos\left(\varphi_{u} - \varphi_{i}\right)NT_{s} \tag{6-48}$$

每 h 个周期丢一帧的相对误差为

$$\begin{aligned}
e &= \frac{E(n)}{h \cdot E_{0}} \times 100\% \\
&= \frac{UI \cdot T_{s} \cdot \left[\cos\left(4\pi\dfrac{n}{N} + \varphi_{u} + \varphi_{i}\right) + \cos\left(\varphi_{u} - \varphi_{i}\right)\right]}{hUI\cos\left(\varphi_{u} - \varphi_{i}\right)NT_{s}} \\
&= \frac{1}{hN}\left[\frac{\cos\left(4\pi\dfrac{n}{N} + \varphi_{u} + \varphi_{i}\right)}{\cos\left(\varphi_{u} - \varphi_{i}\right)}\right]
\end{aligned} \tag{6-49}$$

也就是说，相对误差值与丢帧率、采样点数、功率因数有关。其中，$\cos\left(4\pi\dfrac{n}{N} + \varphi_{u} + \varphi_{i}\right)$ 取值范围为 [-1, 1]、频率为 2 倍基频的余弦波。功率因数 $\cos\left(\varphi_{u} - \varphi_{i}\right)$ 一般取 0.9，IEC 61850 规定测量用采样点数 $N=256$，则相对误差大小就由丢帧率决定，一周丢一帧数据时误差范围为 [-0.043%, 0.825%]，四周丢一帧数据时误差范围为 [-0.011%, 0.206%]。在工程实际中丢包率会限制在 10^{-7} 范围内，引起的相对误差在 $[1 \times 10^{-8}, 2 \times 10^{-7}]$ 范围内，在此条件下，由丢包、误码或者延时引起的有功功率相对误差可忽略不计。

在丢包、误码延时率较大时，可以采用插值算法计算丢帧误码延时引起的电能计量误差。具体的过程为。①设第 n 个数据丢包、误码或者延时；②因为电压电流数据是连续变化的，一般不会发生突变，则可以用相邻值来计算丢帧误码或者延时的值，计算第 $(n-1)$ 个数据和第 $(n+1)$ 个数据的电量 $E(n-1)$ 和 $E(n+1)$，用插值算法计算第 n 个帧数据的电量为 $E(n)=\dfrac{E(n-1)+E(n+1)}{2}$；当延时的帧数据到来时，用实际值替代插值算法值，若延时时间超过规定值，则丢弃不要。

6.3　数字化电能表的校准原理

在前文提到的三种溯源方法，即基于数字信号源和数字标准表法的数字溯源法、基于标准数字功率源法的数字溯源法和基于模拟式标准源及模拟式标准表法的模拟溯源法。下面将详细介绍这三种方法的实现和工作原理。

6.3.1　数字信号源和数字标准表法的实现和工作原理

图 6-16 和图 6-17 是一种基于数字信号源和数字标准表法的校验系统及检定原理框图由三相模拟功率源、数字标准电能表、高精度模数转换系统组成。该方法的数字信号源由三相模拟功率源经过模数转换系统转换而来。其工作原理是，数字信号源分别把数字信号送到数字标准电能表和被检数字化电能表，数字标准电能表通过自身的算法进行电能计量，被检数字化电能表通过自身的算法对输入的数字信号进行电能计量并输出相应的电能脉冲，数字标准电能表接收被检数字化电能表输出的电能脉冲计算电能，从而计算出被检数字化电能表的误差。

由于该校验系统的数字功率源使用模拟源转换而来，参比信号以及各种影响量比如频率、谐波、不平衡等均通过模拟源，并由模数转换系统转换为数字信号，这样可以较真实地反映模拟世界的扰动，同时也多了模拟量比对路径，避免出现纯软件错误。该方法的标准表使用数字标准表，在数字标准

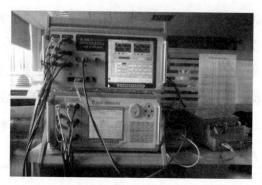

图 6-16　基于数字信号源和数字标准表法的校验系统

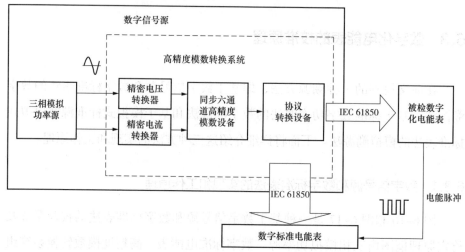

图 6-17　基于数字信号源和数字标准表法的校验系统检定原理框图

电能表的精度已知的情况下，能避免高精度模数转换的误差。业内技术人员一般将该方法归类为虚负荷检定。

　　该方法适合于对 0.2S 及以下等级的数字化电能表的实验室型式试验以及其他试验的误差检定。但该方法需要额外的三相模拟源和模数转换系统，加大了校验系统的成本。

6.3.2　标准数字功率源法的实现和工作原理

　　图 6-18 和图 6-19 是一种基于标准数字功率源法的校验系统及其原理框图，校验系统由数字功率源和误差计算器组成，数字功率源由数字波形拟合

产生离散的数字波形数据，经过协议转换设备产生符合 IEC 61850 协议格式的数字采样值报文。

标准数字源的核心为高精度波形拟合器，该波形拟合器把量化误差值 ±0.5LSB 作为调节量通过 PID 算法和准同步递归运算，可将交流电参数提高到 2/N（N 为采样点）数量级，可以直接用来检验校验数字化电能表基于标准表法的误差。

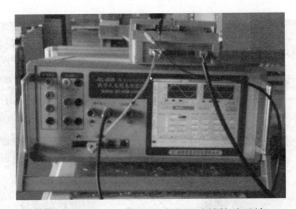

图 6-18   基于标准数字功率源法的校验系统

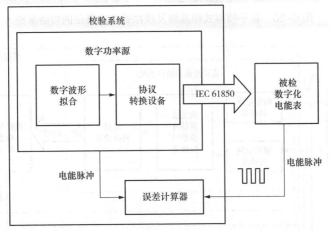

图 6-19   基于标准数字功率源法的校验系统检定原理框图

一般将该方法归类为虚拟检定。该方法无须模拟源和模数转换系统，接线简单，携带方便检定效率高、成本低，但难以反映真实的模拟世界的信号，适合于数字化电能表的出厂检验和现场调试等。

6.3.3 模拟式标准源及模拟式标准表法的实现和工作原理

图 6-20 和图 6-21 是一种基于模拟式标准源及模拟式标准表法的校验
系统及其原理框图，校验系统由三相模拟功率源、三相模拟标准电能表、
高精度模数转换系统组成，该方法增加一套高精度模数转换系统和被检数
字化电能表构成一个传统模拟输入的电子式电能表，可以使用三相模拟标

图 6-20　基于模拟式标准源及模拟式标准表法的校验系统

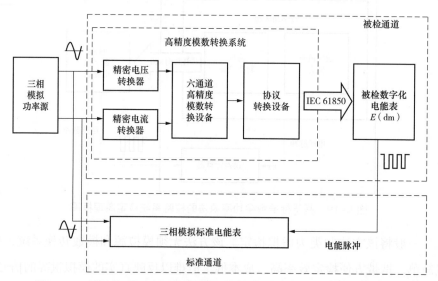

图 6-21　基于模拟式标准源及模拟式标准表法的校验系统检定原理框图

准电能表来对被检数字化电能表进行校验，三相模拟标准电能表和高精度模数转换系统可以通过法定计量系统进行溯源。业内技术人员一般将该方法归类为模拟法检定。

由于被检通道和三相模拟标准表（标准通道）只存在模拟量和电能脉冲的联系，所以对标准通道和被检通道内部的实现的原理可以不一样，只要最后误差符合要求即可。对于被检通道，IEC 61850、IEC 60044 等标准对其采样率、采样位数等均有规定，采样率是固定的并且不跟踪信号的频率，IEC 60044-8 和 IEC 61850-9-1 采样位数为 16bit；而三相模拟标准电能表对采样率、分辨率和算法没有限定，采样率可以足够高、A/D 位数可以足够多，可以使用同步采样跟踪信号频率等。

该方法优点是可以全面考核被检表在信号频率波动、非标准正弦波等情况下的精度，而且校验方法和传统电子式电能表一样，对启动、潜动、基本误差、影响量等可以按传统的检定规程进行，可以直接与模拟电能基准建立联系，便于量值传递，可用于传统校表台改造；缺点是检定设备昂贵、检定过程烦琐、对于被检数字化电能表将多引入高精度模数转换系统的误差和不确定度。

该方法适合于实验室对 0.05 级的数字式标准电能表进行型式试验和量值传递，也可以用于低等级的数字化电能表的型式试验。

6.3.4 实负荷检定原理

图 6-22 和图 6-23 是实负荷校验原理框图及现场，实负荷检定的原理与虚负荷的原理相同，只是模数转换系统变成现场真实的电子式互感器和合并单元的数字输出，同时检定点只能由现场的工作负荷决定而无法人为改变。

该方法可实现电能表不停运在线误差检定，但也有很多限制。有别于传统电能表的实负荷检定使用测试线夹和钳表实现模拟信号串并联，数字信号的并联只能通过冗余网络端口实现。当现场有备用网络端口时，现场校验变得非常简单，只需要把备用网络端口接入数字标准电能表，同时通过光电采集器采集被检数字化电能表的脉冲输出就可以完成检定；当现场没有备用光纤时候，假如网络交换机有备用端口，也可以通过备用端口 VLAN 配置或 GMRP 协议完成现场校验，该方法要求数字标准电能表能支持 VLAN 过滤或 GMRP 协议。如果在智能变电站设计时没有预留任何冗余的网络端口，则实负荷校验将难以实施。

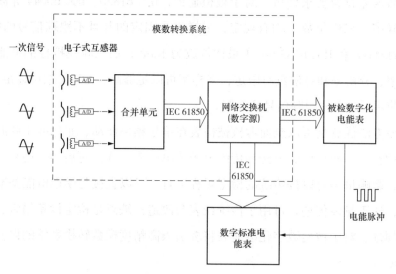

图 6-22　实负荷校验原理框图

图 6-23　实负荷校验现场

在上述四种检定模式中，模拟法可以直接与模拟电能基准建立联系，便于量值传递；实负荷检定更接近于现场运行情况，更能体现出数字化电能表的误差；虚负荷检定更接近于传统电能表校验方式，比较适合电能表实验室检定；虚拟检定是比较理想化的校验方式，无须模拟功率源，直接采用数字功率源，是最简单的方法。

6.4 数字化电能表的校准项目和校准方法

在 GB/T 17215.303《电测量设备数字化电能表特殊要求》附录 B 中详细列出了试验项目清单，包括外观检查、绝缘性能试验、功能符合性试验、准确度要求试验、电气要求试验、通信试验、电磁兼容试验、气候影响试验、机械试验、可靠性验证试验。数字化电能表校准项目表如表 6-1 所示。

表 6-1 数字化电能表校准项目表

序号	试验项目	
1	外观检查：外观、标志、附件	
2	绝缘性能试验	
3	功能符合性试验	
4	准确度要求试验	基本误差
5		起动试验
6		潜动试验
7		基本影响量试验
8		采样频率影响试验
9		采样值数据丢失影响试验
10		仪表常数试验
11		费率寄存器示值组合误差
12		需量示值误差
13		日计时误差
14		环境温度对时钟误差的影响

续表

序号	试验项目
15	电气要求试验
16	通信试验
17	电磁兼容试验
18	气候影响试验
19	机械试验
20	可靠性验证试验

下面介绍基本误差测试，采样频率影响，采样值数据丢失影响和数字采样值输入协议符合性的测试方法。

6.4.1 基本误差测试

1. 基本误差要求

针对准确度等级为 1 级和 2 级的数字化电能表，误差极限如表 6-2 所示。

表 6-2　　　　　　准确度等级为 1 级和 2 级的数字化电能表误差极限

电流值		功率因数	各等级仪表百分数误差极限	
直接接入仪表	经互感器仪表		1	2
$0.05I_b \leq I < 0.1I_b$	$0.02I_n \leq I < 0.05I_n$	1	± 1.5	± 2.5
$0.1I_b \leq I \leq I_{max}$	$0.05I_n \leq I \leq I_{max}$	1	± 1.0	± 2.0
$0.1I_b \leq I < 0.2I_b$	$0.05I_n \leq I < 0.1I_n$	0.5（感性） 0.8（容性）	± 1.5 ± 1.5	± 2.5 —
$0.2I_b \leq I \leq I_{max}$	$0.1I_n \leq I \leq I_{max}$	0.5（感性） 0.8（容性）	± 1.0 ± 1.0	± 2.0 —
当用户特殊要求时		0.25（感性） 0.5（容性）	± 3.5 ± 2.5	— —
$0.2I_b \leq I \leq I_b$	$0.1I_n \leq I \leq I_n$			
$0.1I_b \leq I \leq I_{max}$	$0.05I_n \leq I \leq I_{max}$	1	± 2.0	± 3.0
$0.2I_b \leq I \leq I_{max}$	$0.1I_n \leq I \leq I_{max}$	0.5（感性）	± 2.0	± 3.0

针对准确度等级为 0.2S 级和 0.5S 级的数字化电能表，误差极限如表 6-3 所示。

表 6-3　　准确度等级为 0.2S 级和 0.5S 级的数字化电能表误差极限

电流值	功率因数	各等级仪表百分数误差极限	
		0.2S	0.5S
$0.01I_n \leq I < 0.05I_n$	1	± 0.4	± 1.0
$0.05I_n \leq I \leq I_{max}$	1	± 0.2	± 0.5
$0.02I_n \leq I < 0.1I_n$	0.5L 0.8C	± 0.5 ± 0.5	± 1.0 ± 1.0
$0.1I_n \leq I \leq I_{max}$	0.5L 0.8C	± 0.3 ± 0.3	± 0.6 ± 0.6
用户特殊要求时： $0.1I_n \leq I \leq I_{max}$	0.25L 0.5C	± 0.5 ± 0.5	± 1.0 ± 1.0
$0.05I_n \leq I \leq I_{max}$	1	± 0.3	± 0.6
$0.1I_n \leq I \leq I_{max}$	0.5L	± 0.4	± 1.0

针对准确度等级为 2 级和 3 级的数字化电能表，误差极限如表 6-4 所示。

表 6-4　　准确度等级为 2 级和 3 级的数字化电能表误差极限

电流值		$\sin\phi$ （感性或容性）	各等级仪表百分数误差极限	
直接接入仪表	经互感器仪表		2	3
$0.05I_b \leq I < 0.1I_b$	$0.02I_n \leq I < 0.05I_n$	1	± 2.5	± 4.0
$0.1I_b \leq I \leq I_{max}$	$0.05I_n \leq I \leq I_{max}$	1	± 2.0	± 3.0
$0.1I_b \leq I < 0.2I_b$	$0.05I_n \leq I < 0.1I_n$	0.5	± 2.5	± 4.0
$0.2I_b \leq I \leq I_{max}$	$0.1I_n \leq I \leq I_{max}$	0.5	± 2.0	± 3.0
$0.2I_b \leq I \leq I_{max}$	$0.1I_n \leq I \leq I_{max}$	0.25	± 2.5	± 4.0
$0.1I_b \leq I \leq I_{max}$	$0.05I_n \leq I \leq I_{max}$	1	± 3.0	± 4.0
$0.2I_b \leq I \leq I_{max}$	$0.1I_n \leq I \leq I_{max}$	0.5	± 3.0	± 4.0

2. 测试方法和误差计算

根据 GB/T 17215.303《电测量设备数字化电能表特殊要求》，数字化电能表基本误差测试方法有数字式信号源及数字化标准表法、标准数字功率源法和模拟式标准源及模拟式标准表法三种，下面介绍这三种测试方法。

（1）采用数字式信号源及数字化标准表法进行测试，如图 6-24 所示。

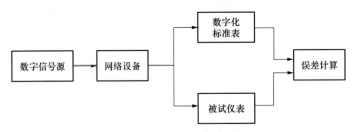

图 6-24　采用数字式信号源及数字化标准表法测试原理图

数字信号源输出遵循 IEC 61850-9-2 协议的采样值数据帧，并且该数据帧所代表的电压、电流信号的幅值和相位可以根据实际的要求设置，依据数字式标准表得到电能值 W_N，从被检电能得到电能测量值 W_X；按下式计算被检电能表误差。电能表相对误差计算公式为

$$\gamma \equiv \frac{W_X - W_N}{W_N} \times 100\%$$

式中：γ 为相对误差；W_X 为被试仪表所记录的电能；W_N 为实际消耗的电能。

（2）采用标准数字功率源法进行测试，如图 6-25 所示。

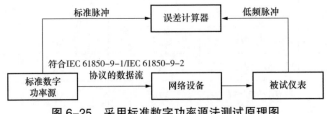

图 6-25　采用标准数字功率源法测试原理图

数字信号源输出遵循 IEC 61850-9-2 协议的采样值数据帧，并且该数据帧所代表的电压、电流信号的幅值和相位可以根据实际的要求设置，依据配置的参数得到理论电能值 W_N，从被检电能得到电能测量值 W_X；按下式计算

被检电能表误差。电能表相对误差计算公式为

$$\gamma \equiv \frac{W_{\mathrm{X}} - W_{\mathrm{N}}}{W_{\mathrm{N}}} \times 100\%$$

式中：γ 为相对误差；W_{X} 为被试仪表所记录的电能；W_{N} 为理论电能值。

（3）采用模拟式标准源及模拟式标准表法进行测试，如图 6-26 所示。

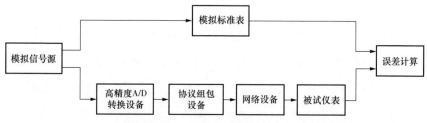

图 6-26　采用模拟式标准源及模拟式标准表法测试原理图

模拟信号源输出测试所需的电压、电流信号；模拟标准表测量电流、电压信号，计算得到电能值 W_{N}；电流、电压信号经过高精度 A/D 转换设备、协议组包设备得到遵循 IEC 61850-9-2 协议的采样值数据帧，协议帧经过网络设备输入被试电能表，被试电能表计算得到电能值 W_{X}。电能表相对误差计算公式为

$$\gamma = \frac{W_{\mathrm{X}} - W_{\mathrm{N}}}{W_{\mathrm{N}}} \times 100\%$$

式中：γ 为相对误差；W_{X} 为被试仪表所记录的电能；W_{N} 为实际消耗的电能。

6.4.2　采样频率影响试验

1. 要求

仪表输入采样频率不低于 4kHz 的采样值报文，仪表的误差应满足 6.4.1 的要求。

2. 测试方法

向被试仪表输入不同采样频率的采样值报文（采样频率包括 4、4.8、9.6、10、12.8kHz），被试仪表的电能量误差应满足 6.4.1 的要求。

6.4.3　采样值数据丢失影响试验

1. 要求

在参比电压、参比电流、参比频率、$\cos\phi=1.0$ 时，当采样值报文的丢失率不超过 0.01% 时，仪表的计量准确度符合相应的准确度等级要求。

2. 测试方法

在参比电压、参比电流、参比频率、$\cos\phi=1.0$ 时，仪表的输入采样值报文以 0.01% 的概率丢失采样值，被试仪表的电能量误差应满足 3.1.1 的要求。

在做随机丢帧试验检定时，被试样品输入为额定电压额定电流时，在功率因数为 1.0、0.5L 的负载点进行测试，输入报文以 0.01% 的概率丢失采样值，被试样品的误差不应超过相应误差等级的极限。

另外，也可以设置固定丢帧测试（固定时间丢帧，时间可自己设定），被试样品输入为额定电压额定电流时，在功率因数为 1.0、0.5L 的负载点进行测试，输入报文以固定时间丢失采样值，被试样品的误差不应超过相应误差等级的极限。

6.4.4　数字采样值输入协议符合性试验

将符合 IEC 61850-9-2 协议标准的采样值数据包输入被试仪表，仪表能正确解析协议包中有关计量的数据项并且能正确计量，如若出现无法解析的数据帧时，仪表应该有相应的指示与报警。

6.5　校准设备

与传统电能表不同，数字化电能表接收到的不再是模拟信号，而是内含模拟量采样值的以太网数据包。由互感器、信号调理电路以及 A/D 转换电路组成的预处理电路集成到电子式互感器或合并单元中，电能表专注于信号的处理。由于采样环节与计算环节分开，电子式互感器或合并单元和数字化电能表在运行中都有可能存在误差，而传统电能表误差主要产生于电能表本身，传统的电能表检定设备并不能适应现在的数字化电能表。

国内生产数字化电能表校验仪的厂家主要有威胜公司、深圳星龙科技、东方威思顿、国电南京自动化股份有限公司等。

威胜公司的数字化电能表校验仪的功能模块相对独立，开发了多种装置，包括模拟功率源、数字功率源、数字标准表、数字校验仪等，通过不同装置配合，可以实现虚拟检定、虚负荷、实负荷检定模式。

深圳星龙科技的数字化电能表校验仪采用独立研发的高精度 AD 采集技术，采用一体化设计方案，集成度高，上层应用软件采用 LibView 虚拟仪器来实现，支持模拟法、虚拟检定、虚负荷、实负荷检定模式。校验仪通过了中国计量科学研究院的校准，整体准确度达到 0.05 级，标准数字功率源的功率稳定度优于 0.02%。在广东省内已建的和国内大部分省市的工程中得到了良好应用，可以对国内全部型号数字电能表进行检测。为了同时检定多个表，也研发出来了数字化电能表校验台，可以很方便扩充表计的数量。

国电南京自动化股份有限公司的数字化电能表校验仪实现了 8 表位独立校验，也支持虚拟检定、虚负荷、实负荷检定模式，整体精度优于 0.05 级，采用便携式机箱设计。

东方威思顿的数字化电能表校验仪支持虚拟检定、虚负荷、实负荷检定模式，具备 2 个独立复用光 ST 口和电能脉冲输入口，可同时校验 2 个表计。

下面详细介绍各厂家的数字化电能表校验装置的原理和使用。

6.5.1　星龙科技数字化电能表校验仪 XL808

1. 原理框图

XL808 数字电能表校验仪由精密信号转换系统、多通道同步 24bit A/D 转换、数字波形拟合单元、协议转换单元、数字源以及数字标准电能表和三相模拟标准电能表构成（见图 6-27）。装置本身具备高精度的 A/D 转换，可以通过数字源输出，并由第三方计量检定机构对 A/D 信号精度进行检定，也可以使用内部自带的三相模拟标准表采用标准源法对仪器自身进行精度校对。

校验仪内部集成了模拟法、虚负荷法、虚拟法、实负荷法所需的模块以及人机界面，可以通过对仪器的工作模式的设定切换以上不同的检定方法，适用于检定 0.2S 以及以下等级的数字化电能表的实验室和现场检定。

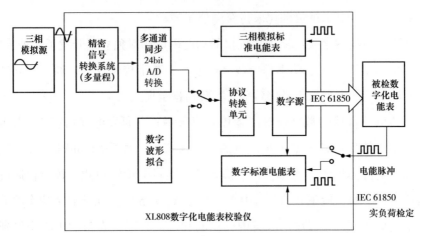

图 6-27　XL808 数字化电能表校验仪原理框图

2. 主要特点

（1）虚拟检定时，支持特殊配置，用于测试双 MU 输入的数字化电能表，包括：①支持单端口双 MU 模式（电压 MU 和电流 MU 数据帧分开）；②支持双端口双 MU 模式（电压 MU 和电流 MU 分别用不同的光口传输）；③支持超过 22 个通道的 MU 配置（最大支持 40 个通道）。

（2）支持 VLAN/APPID/MAC 过滤、以及 GRMP 协议实现实负荷检定。

（3）参数配置方面，支持配置文件解析，可以对 scd、cid 配置文件解析功能，实现通道号、APPID、MAC、SVID 等参数自动配置；同时也支持用户自行参数设置，如显示变比、去抖时间、VLAN 配置、FT3 配置、模拟量等配置。

（4）实现自动检定，提供检定方案编辑功能，可编辑保存多套检定方案，检定方案支持基本电能误差、不平衡负荷电能误差、标准偏差。

（5）数据库管理和自动报表，使用数据库保存被检表计数据，并根据模板导出测试数据报表。

3. 典型应用界面

（1）虚负荷检定（或虚拟检定）界面。虚负荷检定（或虚拟检定）时，校验仪根据检定点发送 SMV 报文给数字式电能表，对数字式电能表进行误差检定（见图 6-28）。

图 6-28   XL808 数字化电能表校验仪

虚拟检定：通过软件拟合，无须外接功率源，方便快捷。

虚负荷检定：通过实时对模拟量输入进行 A/D 采样，并打包成 SMV 报文给数字式电能表，能够更直接地反应模拟世界的实际变化，但需要外接功率源（见图 6-29）。

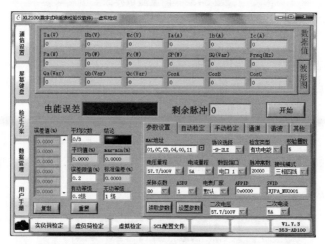

图 6-29   数字化电能表校验仪虚负荷检定主界面

数据值：显示当前的检定数据，包括电压、电流、有功功率、无功功率等（见图 6-30）。

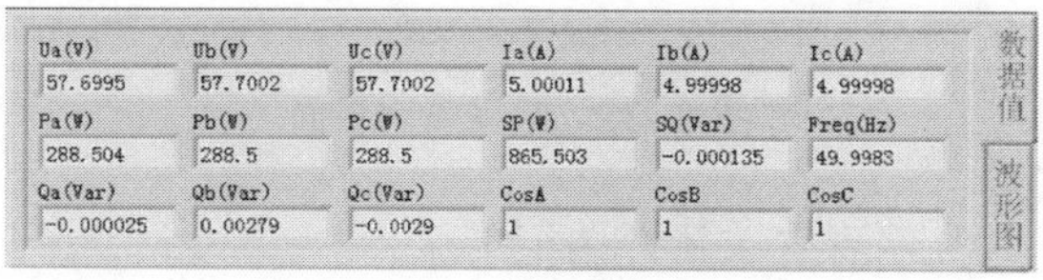

Ua(V)	Ub(V)	Uc(V)	Ia(A)	Ib(A)	Ic(A)
57.6995	57.7002	57.7002	5.00011	4.99998	4.99998
Pa(W)	Pb(W)	Pc(W)	SP(W)	SQ(Var)	Freq(Hz)
288.504	288.5	288.5	865.503	-0.000135	49.9983
Qa(Var)	Qb(Var)	Qc(Var)	CosA	CosB	CosC
-0.000025	0.00279	-0.0029	1	1	1

图 6-30   有效值显示界面

波形图：显示三相电压电流的波形（见图 6-31）。

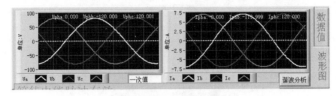

图 6-31　波形显示界面

谐波分析：切换到谐波分析界面，分析当前各次谐波含量（见图 6-32）。

图 6-32　谐波显示界面

电能误差：点击"开始"后，实时计算显示被检数字电能表的检定误差数据。

剩余脉冲：显示剩余的检定圈数。

开始：点击，开始误差检定。

误差值（％）：保存历史误差数据。

检定点（％）：当前的检定点值，根据 A 相电流及当前量程计算。

复制：将历史误差数据复制到剪贴板，每个数据一行，方便粘贴到 Execl 表格等（见图 6-33）。

图 6-33　数据复制界面

重置：将历史误差清空重新开始记录。

（2）实负荷检定（见图 6-34）。实负荷检定用于在变电站现场实现不停电检表。此时校验仪与数字式电能表同时接收合并单元或网络交换机发出的符合 IEC 61850 协议的数据帧。校验仪作为标准数字电能表对被检数字式电能表进行电能误差检定。

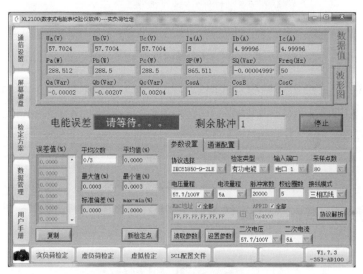

图 6-34　实负荷检定主界面

　　数据值：显示当前的检定数据，包括电压、电流、有功功率、无功功率等（见图 6-35 ）。

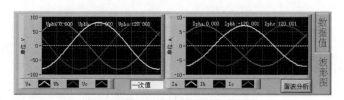

图 6-35　实负荷有效值显示界面

　　波形图：显示三相电压电流的波形（见图 6-36 ）。

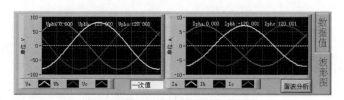

图 6-36　实负荷波形显示界面

223

谐波分析：切换到谐波分析界面，分析当前各次谐波含量（见图 6-37）。

图 6-37　实负荷谐波显示界面

电能误差：点击开始后，实时计算显示被检数字电能表的检定误差数据
（见图 6-38 和图 6-39）。

图 6-38　实负荷误差显示界面

剩余脉冲：显示剩余的检定圈数。

开始：点击开始误差检定。

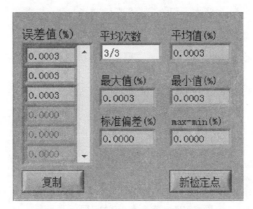

图 6-39　实负荷历史误差显示界面

误差值（%）：保存历史误差数据。

检定点（%）：当前的检定点值，根据 A 相电流及当前量程计算。

复制：将历史误差数据复制到剪贴板，每个数据一行，方便粘贴到 Execl
表格等。

新检定点：一个新的检定点开始后，点击新检定点，校验仪将重新开始
检定误差。

6.5.2 星龙科技数字化电能表校验台 XL-80××

国内生产数字化电能表校验台的厂家不多，下面介绍深圳市星龙科技有限公司的 XL-80×× 系列（×× 代表被检表位数量，有 8 表位、16 表位、32 表位等）数字化电能表校验台的原理和使用。

1. 原理框图

数字化电能表校验台用于对数字化电能表的批量检定，其核心部件为数字化电能表校验仪、同时配置高稳定度的三相标准功率源和高性能的交换机。数字化电能表校验仪可以工作在模拟法检定、虚负荷检定、虚拟检定模式，但不能工作在实负荷模式，数字标准源由 XL-808 数字化电能表校验仪产生并通过交换机分发给各个被检定的电能表，XL-808 数字化电能表校验仪不再

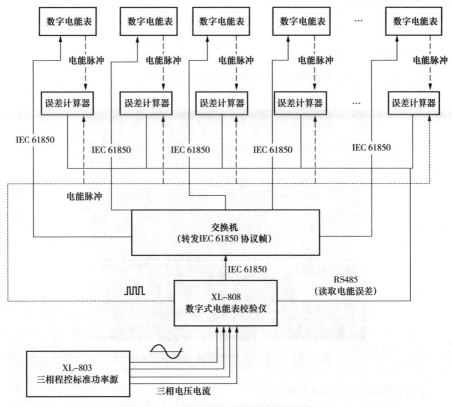

图 6-40　数字化电能表校验台原理框图

检测电能表脉冲输入，而是输出标准电能脉冲，每个表位的电能误差由独立的误差计算器单独计算、校表台软件通过 RS485 轮流查询各个误差计算器值，完成电能表误差检定。

2. 主要功能

（1）能够按照模拟法校验、虚负荷校验、虚拟校验方式对多个表位的数字化电能表进行批量基本误差检定。

（2）能够按检定规程要求对多个表位数字化电能表批量进行潜动、启动、基本误差、标准偏差、24h 变差等检定项目实行全自动检定。

（3）可以对电压影响、频率影响、谐波影响、逆相序影响、电压不平衡影响、采样频率影响、采样值数据丢失影响等影响量引起的改变量试验。

（4）计时误差测试。

（5）需量示值误差测试。

（6）检定方案管理、数字库管理和报表管理。

3. 典型应用界面

XL-8016 数字化电能表校验台如图 6-41 所示。

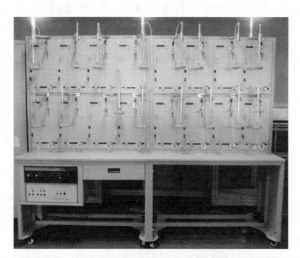

图 6-41　XL-8016 数字化电能表校验台

主界面显示如图 6-42 所示。

图 6-42 数字化电能表校验台主界面

主界面左侧框显示当前输出的实时电参数值，使用一次值显示。如图 6-43所示，当前为输出 220kV、1000A 时的显示值。

	标准值			标准值
Ua(V)	127017.1000		Ic(V)	999.9997
Ub(V)	127017.1000		Freq(Hz)	50.0000
Uc(V)	127017.1000		Cos(A)	1.0000
Ia(V)	999.9997		Cos(B)	1.0000
Ib(V)	1000.0000		Cos(C)	1.0000
Ic(V)	999.9997		Pa(W)	127017000.000
Freq(Hz)	50.0000		Pb(W)	127017200.000
Cos(A)	1.0000		Pc(W)	127017100.000
Cos(B)	1.0000		Qa(Var)	7.8643
Cos(C)	1.0000		Qb(Var)	-10.4858
Pa(W)	127017000.000		Qc(Var)	-10.4858
Pb(W)	127017200.000		SP(W)	381051300.000
Pc(W)	127017100.000		SQ(Var)	-13.1072
Qa(Var)	7.8643		SS(VA)	381051200.000
Qb(Var)	-10.4858			

图 6-43 数字化电能表校验台电参数显示主界面

"开始"：点击后，软件将循环回读当前输出的有效值，循环读取每个表

227

位当前的误差计算状态，如果误差状态有效则开始读取电能误差。

在检定过程中，应始终保存在开始状态，否则数据无法实时的更新。

"清空"：清空右边的各个表位计算的电能误差。

主界面的右侧框图显示每个表位的误差，如图 6-44 所示。

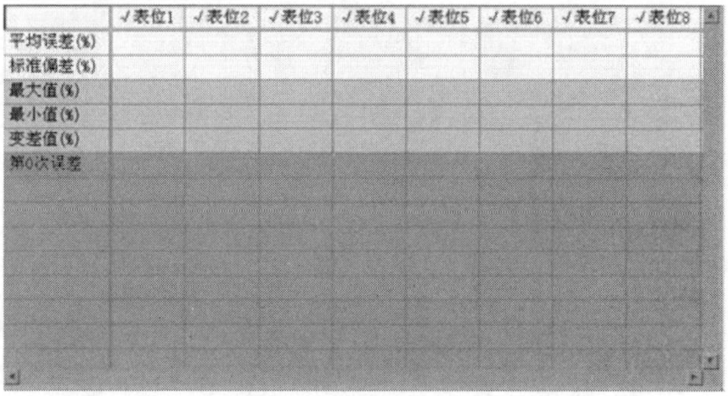

图 6-44　数字化电能表校验台表位误差主界面

当某个表位没有挂表时，请点击该表位，将 √表位1 变为 ×表位1 ，此时不检查该表位误差检测状态。如图 6-45 所示，只读取表位 1、表位 3、表位 5 的电能误差，其他表位不读取电能误差。

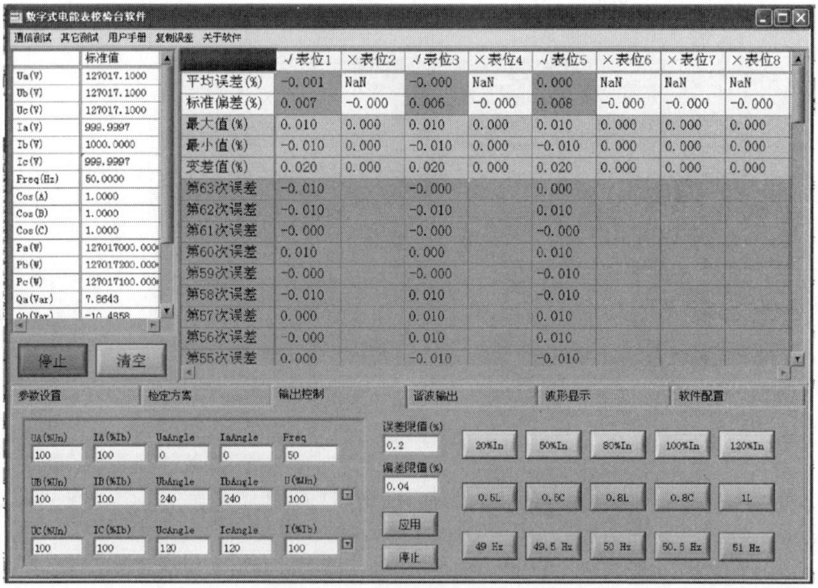

图 6-45　数字化电能表校验台表动态显示主界面

在自动检定过程中，软件需要根据挂表状态控制检定流程，所以在进行自动检定过程中，必需根据实际的挂表情况设置好挂表状态，否则软件会一直等待每个表位的误差次数检定结束，导致检定流程无法正常的进行下去。

进度条：当检定点改变时，等待一定时间后使误差计算器重新开始计算电能误差，等待时间以进度条显示为准，当进度条走完时重新开始电能误差计算。

检定方案编辑主界面如图 6-46 所示。

初始状态下已编辑好 JJG 596—1999 中的四套方案 0.2 级、0.5 级、1 级、2 级。

图 6-46　数字化电能表检定方案编辑主界面

可对已有的方案进行修改、删除、另存为，或者新建检定方案（见图 6-47）。

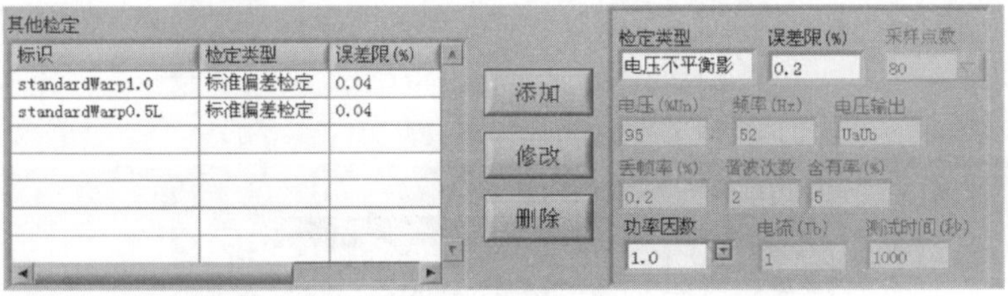

图 6-47　数字化电能表校验台其他方案编辑界面

可以编辑其他检定信息，包括电压影响、频率影响、谐波影响、逆相序影响、电压不平衡影响、采样点影响、丢帧影响、标准偏差检定、启动测试、潜动测试等。

方案编辑：在基本误差方案中选择需要编辑的点，如图 6-48 所示。

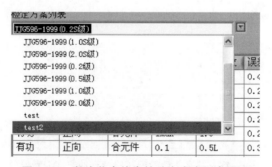

图 6-48　数字化电能表校验台检定点编辑界面

右边的编辑框显示出该点的具体信息，可编辑该框的内容，后点击"修改"进行修改。

添加：在当前位置插入一个新的检定点。

删除：删除当前选定的检定点。

上移：当前检定点上移一个位置。

下移：当前检定点下移一个位置。

清空：清空该方案。

修改方案：当方案编辑后如果要进行保存，应点击修改方案进行保存，否则修改无效。

删除方案：将当前方案删除。

方案另存为：将方案另存为另一个方案 test2。可从检定方案列表中选择 test2 进行编辑编译完成后点击修改方案进行保存。

图 6-49　数字化电能表校验台方案列表界面

6.5.3 国电南京自动化股份有限公司数字化电能表校验仪 NDMC100

1. 原理框图（见图 6-50）

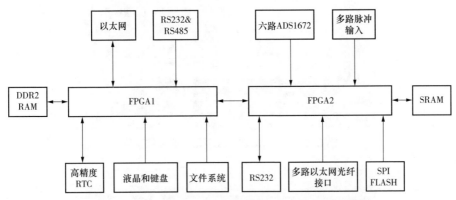

图 6-50 数字化电能表校验仪 NDMC100 的原理框图

NDMC100 数字化电能表校验仪（装置）采用双 FPGA 实现，采用前后台系统模式，将实时性高的任务与逻辑复杂的任务区分处理，FPGA 作为主控单元，各模块独立并行控制，实现 8 路数字化电能表独立检定；模块采用硬件逻辑实现，采样间隔均匀，测量精度高；脉冲测量模块实现多路并行测量，比传统查询方式精度更高，实现实时性要求高的任务；采用 FPGA 内部全局时钟及手工布线优化技术，确保时间抖动性低于 100ns，报文发送间隔一致性好，数字功率输出稳定度高；0.05 级模拟量采集模块，可直接接入传统电能表校验台的功率源，便于对传统电能表校验台进行数字化改造。

2. 主要特点

（1）支持 3 光口同时输出数据，支持 3/2 接线模式进行模拟。

（2）支持编辑检定方案，支持自定义检定方案，支持按照检定方案全自动检定。

（3）采用 SQL 数据库存储检索检定结果，支持检定结果导出。

3. 典型应用界面（见图 6-51~图 6-53）

图 6-51　NDMC100 数字化电能表校验仪

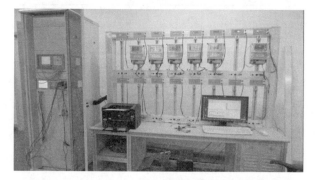

图 6-52　NDMC100 数字化电能表校验仪现场校验

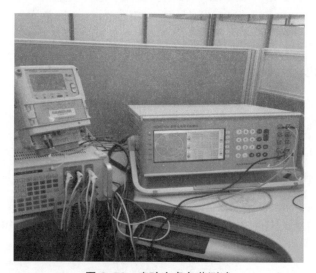

图 6-53　实验室虚负荷测试

6.5.4 威胜集团数字化电能表现场校验仪

1. 原理框图

该数字化电能表检定装置由 MCU 控制单元、协议转换模块单元、脉冲单元、供电电源单元、人机交互单元等模块组成，该装置功能模块构架灵活，能通过软件配置实现数字信号接入式标准表，数字信号发送式信号源，数字化电能表检定装置等功能（具体的功能依相应的型号为准）。其原理框图如图 6-54 所示。

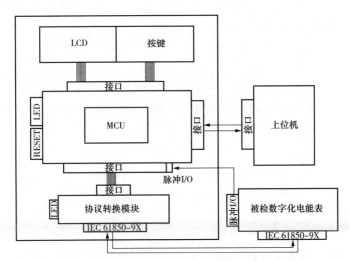

图 6-54　数字化电能表现场校验仪的原理框图

2. 主要功能和特点

校验仪的主要功能和特点如表 6-5 所示。

表 6-5　　　　　　　　　　校验仪主要功能和特点

项目	技术要求
MAC 地址	源 MAC 和目的 MAC 都可以自由设置
VLAN 标识	不填充和自由设置填充
APPID	可以自由设置
电网接线制式	三相四线三相三线
输出电压范围	57.7V ~ 750kV

续表

项目	技术要求	
输出电流范围	1.5 ~ 10000A	
支持协议	IEC 61850-9-1　IEC 61850-9-2/9-2LE	
信号精度	有功	0.05%
	无功	0.1%
IEC 61850-9-2LE 协议	最大通道数目	32
	输入信号采样率	2 ~ 25.6k
	ASDU 数目	1 ~ 数据包上限
	SVID 长度	1 ~ 34
	合并单元信号类型	1MU/2MU/3MU
IEC 61850-9-1 协议	输入信号采样率	2 ~ 25.6k
	ASDU 数目	1 ~ 数据包上限
	合并单元类型	1MU
	LDName/SW_1/SW_2/SMPFreq/Ver	可以自由设置

3. 设备接线和负荷校验方式

检验接线图如图 6-55 所示。

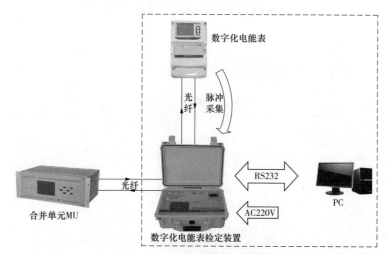

图 6-55　校验设备的校验接线图

校验方式有虚负荷校验方式和实负荷校验方式。

虚负荷校验方式：如虚框所示，数字化电能表检定装置通过光纤发送 IEC 61850-9-X 信号，给数字化电能表加量，表计实时返回电能脉冲，与检定装置内标准表标准脉冲进行比较校验。检定装置可通过人机界面按键或 PC 上位机软件控制。

实负荷校验方式：数字化电能表检定装置接入前端合并单元 MU 现场信号，检定装置将现场信号分成 2 路，一路给检定装置内标准表，一路给数字化电能表，表计实时返回电能脉冲，与检定装置内标准表标准脉冲进行比较校验。检定装置可通过人机界面按键或 PC 上位机软件控制。

6.5.5　校验案例

典型的数字化电能表的校验过程，一般可按照以下步骤进行：

（1）按照预选定的检定模式（"虚拟检定""虚负荷检定"和"实负荷检定"）的检定原理图和被检电能表的型号，连接被检电能表和校验仪的接线。

（2）运行校验仪上位机软件；选择检定模式，一般有"虚拟检定""虚负荷检定"和"实负荷检定"三种模式。

（3）根据被检电能表的参数和校验仪的接线，设置参数。

（4）如果选择的是"虚拟检定"或"虚负荷检定"模式，还需要选择工作方式，完成不同工作方式下的配置后才能开始检定；如果是"实负荷检定"，完成参数设置和通道配置之后，即可开始检定。

下面以星龙科技的数字化电能表校验仪 XL-808 为例，分别介绍基于 IEC 61850-9-1 和 IEC 61850-9-2 的数字化电能表的校准过程。

1. 案例一

被检表名称及型号：威胜 DTSD341 三相四线电子式多功能电能表；

检定模式：虚负荷检定或虚拟检定；

采样值协议：IEC 61850-9-1。

（1）接线图。

1）有功电能测试。正向有功电能测试接线原理如图 6-56 所示（注：校验仪光口左边为 TX，右边为 RX）。

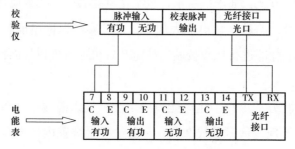

图 6-56　正向有功电能测试接线原理图

反向有功电能测试接线原理如图 6-57 所示。

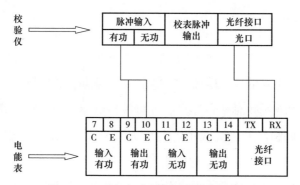

图 6-57　反向有功电能测试接线原理图

2）无功电能测试。正向无功电能测试接线原理如图 6-58 所示。

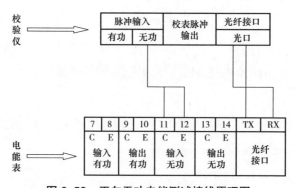

图 6-58　正向无功电能测试接线原理图

反向无功电能测试接线原理如图 6-59 所示。

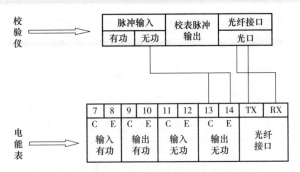

图 6-59　反向无功电能测试接线原理图

（2）运行 XL2100 数字式电能表校验仪软件。在校验仪上，软件是开机时自动启动的。如果在通用计算机上运行，需要设置好计算机与校验仪之间通信的串口（com 口），否则，会出现打开串口失败的提示。

在计算机上查看 com 口：在"我的电脑"上—点击鼠标右键—选择"设备管理器"—在打开的界面上双击"端口"即可查看，然后打开软件的左侧"通信设置"菜单项，出现如图 6-60 所示的界面，在"校验仪串口"里选择对应的 com 口，点击"连接"即可。要验证跟校验仪通信是否成功，可在通信设置的通信测试界面点击"版本"或者"读取参数"，看左边的白框中是否出现主板软件版本号或者参数。

图 6-60　通信串口设置

（3）选定检定模式。

（4）设置参数，参数设置界面如图 6-61 所示。

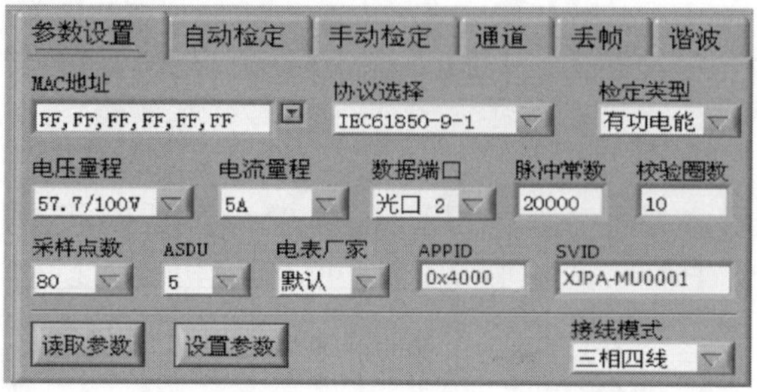

图 6-61　虚拟检定和虚负荷检定模式下的参数设置界面

在"参数设置"界面设置好"MAC 地址""APPID"和"SVID"这三项数字
表的通信参数（测试有些厂家的表必须要设置），不同厂家这三项参数是不同的，
测试前请咨询厂家技术人员并做设置。例如，威胜表出厂时 MAC 地址默认为
"01，0C，CD，04，00，11"，APPID 为 "0x4000"，SVID 为 "XJPA_MU0001"，
务必注意参数字母的大小写和符号输入的规范，否则可能导致无法通信，出现
"校验仪无法连接被检数字电能表"的提示。

"协议选择""检定类型""数据端口""脉冲常数"这些参数，需要对应
被检数字电能表的技术参数、铭牌和校验仪连接的接口，确保无误。

"采样点数"默认为 80，"ASDU"默认为 1，常见配置都是如此，若有不
一致的情况，需找相关厂家技术人员咨询相关参数配置。

点击"设置参数"，即可完成上面的参数设置。

注：无功电能测试时，"有功电能"变为"无功电能"。

（5）选择工作方式。

在"虚负荷检定"和"虚拟检定"模式下，当完成参数设置后，需要选
择工作方式，一般有："手动检定"和"自动检定"两种方式。

若选择"手动检定"的话，需要在"手动检定"选项里面设定好相应的
输出电流电压的参数，并点击"应用"，再点击"开始"，即可开始检定（见
图 6-62）。

如果选择"自动检定"，需选择事先编辑好的检定方案（可以使用软件初
始化界面的左侧"检定方案"菜单项，打开检定方案的编辑），点击"自动检
定"，即可开始检定（见图 6-63）。

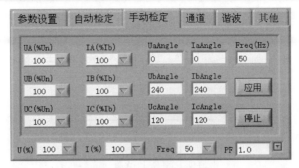

图 6-62　手动检定界面

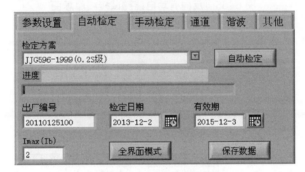

图 6-63　自动检定界面

2. 案例二

被检表名称及型号：威胜 DSSD331 三相三线电子式多功能电能表；

检定模式：虚负荷检定或虚拟检定；

采样值协议：IEC 61850-9-2。

（1）接线图。

1）有功电能测试。正向有功电能测试接线原理图如图 6-64 所示。

注：校验仪光口左边为 TX，右边为 RX。

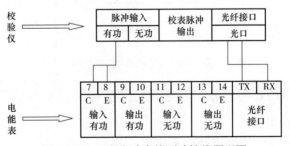

图 6-64　正向有功电能测试接线原理图

反向有功电能测试接线原理图如图 6-65 所示。

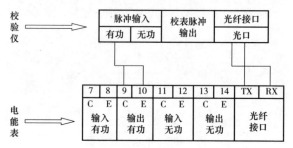

图 6-65　反向有功电能测试接线原理图

2）无功电能测试。正向无功电能测试接线原理图如图 6-66 所示。

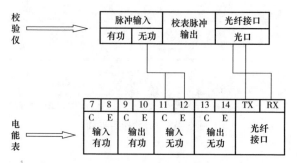

图 6-66　正向无功电能测试接线原理图

反向无功电能测试接线原理图如图 6-67 所示。

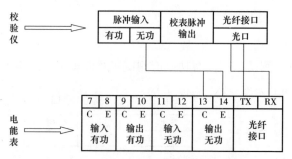

图 6-67　反向无功电能测试接线原理图

（2）运行 XL2100 数字式电能表校验仪软件。

（3）选定检定模式。

（4）设置参数，参数设置界面如图 6-68 所示。

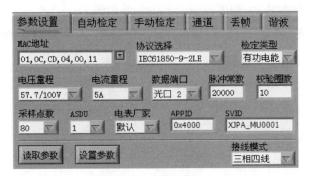

图 6-68 参数设置

通道配置如图 6-69 所示。

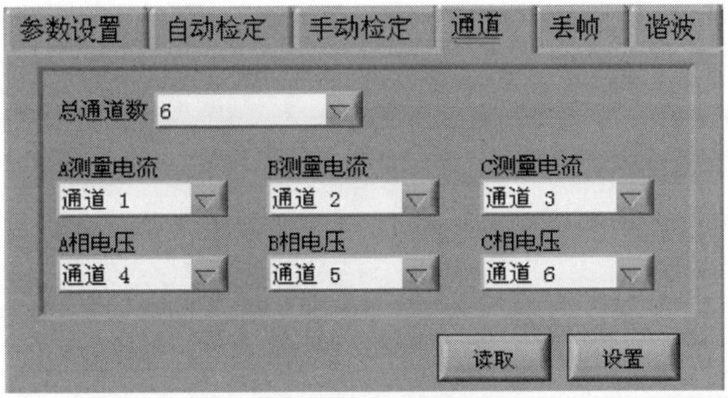

图 6-69 通道配置

在"参数设置"界面设置好"MAC 地址""APPID"和"SVID"这三项数字表的通信参数（测试有些厂家的表必须要设置），不同厂家这三项参数是不同的，测试前请咨询厂家技术人员并做设置。

"协议选择""检定类型""数据端口""脉冲常数"这些参数，需要对应被检数字电能表的技术参数、铭牌和校验仪连接的接口，确保无误。

配置"通道"选项，按当前被检数字电能表的各相电压电流的通道配置来对应设置，"总通道数"默认为 6，威胜电能表按默认总通道数 6 即可，而其他有些厂家的表总通道数有 8 个、22 个或者其他情况，需要跟表厂家技术人员确认。

"采样点数"默认为 80，"ASDU"默认为 1，常见配置都是如此，若有不一致的情况，需找相关厂家技术人员咨询相关参数配置。

点击"设置参数",即可完成上面的参数设置。

注:无功电能测试时,"有功电能"改为"无功电能"。

(5)选择工作方式。

如果选择"自动检定",需选择事先编辑好的检定方案(可以使用软件初始化界面的左侧"检定方案"菜单项,打开检定方案的编辑),点击"自动检定",即可开始检定。

若选择手动检定的话,需要在"手动检定"选项里面设定好相应的输出电流电压的参数,并点击"应用",再点击"开始",即可开始检定。

7　智能变电站中数字计量系统的设计及调试

智能变电站主要采用电子式互感器，采样信息通过合并单元以网络方式接入变电站自动化系统，从而实现变电站安全控制功能和计量功能。相对于传统变电站，智能变电站中数字计量系统技术在模拟量采集方式上有了巨大变化，站内采样实现全数字化，电子式互感器输出的信息是继电保护、测量、计量等设备的公共数字信息，通过网络实现数据的传输，为智能变电站内电能计量提供了准确、可靠的数据来源，并将智能变电站内电能采集与管理融入了 IEC 61850 标准体系，为实现整个智能变电站高度集成化奠定基础。

7.1　智能变电站数字计量系统

在计量系统中，一次侧的电压、电流信息通过数字传输网络传送给电能计量装置，计量装置接收采样值，实现计量。计量后数据经调度数据网通道向调度端电能量计量系统主站传送。根据采样值、计量值组网方式的不同，又有多种实现计量方案。采样值的传输有多种组网方式。

第一种采用"点对点"传输方式，合并单元输出采样值直接由光纤传送给电能表进行计量。该组网方案简单，数据传输稳定，但由于采用直接连接，常具有设备接口多，可扩展性不强等缺点。组网示意图如图 7–1 所示。

第二种采用网络连接方式，合并单元输出报文到交换机，然后通过网络传输到计量设备。为了控制网络内部的数据流量和数据安全，常采用虚拟局域网技术和动态分组技术实现数据传输的控制，如图 7–2 所示。

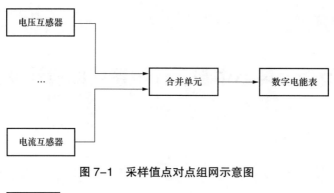

图 7-1　采样值点对点组网示意图

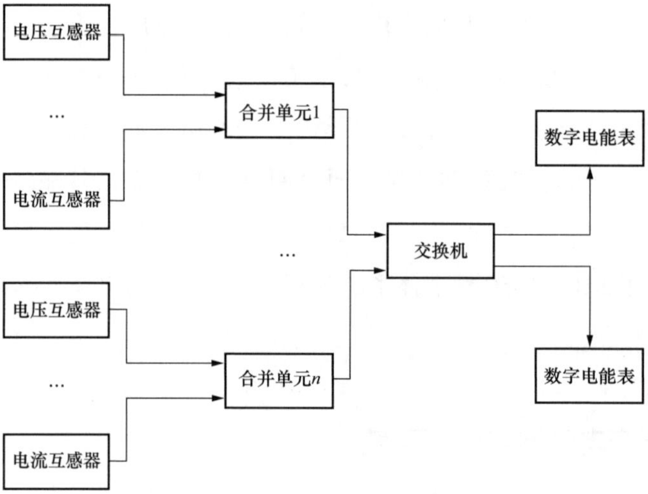

图 7-2　采样值组网示意图

　　电能量的采集主要有 RS485 串口方式以 DL/T 645 规约或者以以太网方式以 IEC 61850-8-1 协议通过站控层 MMS 网络向电能量远方终端传输。电能表电能量采集采用 RS485 接口、RS485 总线进行组网的电能量采集系统，电能表具有 RS485 接口，通过 RS485 总线连接到电能量采集终端，电能量采集终端采集电能计量设备数据，并以 IEC 60870-5-102 规约经调度数据网通道向调度端电能量计量系统主站传送，如图 7-3 所示。

　　采用 RS485 组网的电能量采集系统具有通信规约简单、成本低的特点，但由于 RS485 总线是半双工通信，以电能量采集终端为主设备进行电能量采集，电能表不能主动上报数据，当有异常事件发生时，不能够及时通知后台设备。

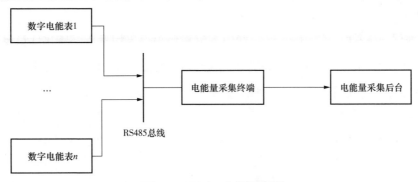

图 7-3 RS485 组网示意图

以太网方式以 IEC 61850-8-1 协议通过站控层 MMS 网络向电能量远方终端传输的系统，具有数据吞吐量大，电能计量装置信息能够适时传输，特别是计量发生异常时，能够快速通知后台，减少计量错误，如图 7-4 所示。

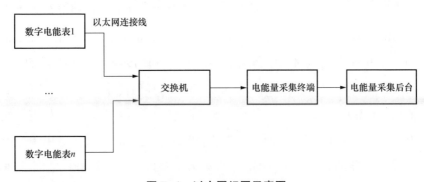

图 7-4 以太网组网示意图

电能计量设备既可以采用单独的数字输入电能表，也可以采用将保护测控一体化装置中安装电能量计量插件实现电能计量。采用数字输入电能表具有设备独立，检验方便，便于管理，也适应现在的计量设备运行管理规程，容易与现有的计量法规对接。然而这两种方案都增加了智能电能表，未能充分利用智能变电站设备层的信息化、集约化优势。采用保护测控一体化装置中安装电能量计量插件实现电能计量的方式，能够节省空间，减少建设成本，集成利用采样信息，但由于电费结算牵涉到不同利益主体经济利益，需要保证溯源的一致性，校验和现场检验的标准化，以及财务合法性现阶段尚很难实现。

随着数字计量的发展，这一些内部电量监控点采用集成一体化计量设备，对一些贸易结算点采用独立的电能表进行计量既能很好的节省空间和投资，又能与现有法规相吻合，实现平稳过渡。

7.2　采样值组网设计

在数字变电站中，电子式互感器的各项电流、电压传感器均配置有数据采集器，采集器将一次采集的光信号或模拟量小信号就地转换成数字量信号，通过光纤接入合并器；合并器将接收的各项采集器数据进行数据同步综合处理，最后以数字量信号通过光纤输出给间隔层的保护、测控、计量等设备。

对采样值传输，IEC 61850 标准的第 9 部分对采样值传输规定有 2 种模式：① IEC 61850-9-1，特定通信服务映射（specific communication service mapping，SCSM）——单向多路点对点串行通信链路的采样值传输；② IEC 61850-9-2，特定通信服务映射——基于 ISO/IEC 8802-3 的采样值传输。IEC 61850-9-1 对采样值到 ISO/IEC 8802-3 的特定通信服务映射规定得很具体，它规定了建立在与 IEC 60044-8 相一致的单向多路点对点连接之上的映射，适用于变电站内电子式互感器的合并单元（MU）与测量、保护、控制等 IED 之间的通信；IEC 61850-9-2 标准定义了采样值到 ISO/IEC 8802-3 的 SCSM，指定将采样值映射到双向总线型的串行链接之上，又称为基于过程总线（process bus）的 SCSM，不仅适用于变电站内 MU 与 IED 之间的通信，还适用于 IED 与 IED 之间的通信。

IEC 61850-9-1 与 IEC 61850-9-2 的区别主要体现在对象模型分配、服务接口和映射、配置管理和报文组织等方面。相比较而言，IEC 61850-9-2 更加灵活，适应性也更强，在程序处理难度和软硬件资源开销方面也远大于 IEC 61850-9-1。

7.2.1 IEC 61850-9-1 采样值点到点传输方案

IEC 61850-9-1 是 IEC 为了适应数字化采样值传输方案在建设初期，为了兼容传统的 IEC 60044 互感器数据传输标准制定的临时标准。该模式建立在与 IEC 60044-8 标准相一致的单向多路点对点串行通信链接之上的 SCSM，适用于变电站内电子式互感器的合并单元（MU）与测量、保护、控制等 IED 之间的通信。因为该模式只提供报文传输一种服务并没有通过网络与其他间隔共享网络带宽，所以不用担心数据流量对于其他间隔设备传输的影响，而只需要考虑传送介质的带宽和接受方 CPU 处理数据的能力。

通过 IEC 61850-9-1 方案实现采样值的传输，传输延时基本固定，数据通道固定为 12 路，帧格式固定而且不允许改变，映射方法也相对简单、固定，正常情况下不存在以太网数据传输中的数据冲突、排队以及流量控制等问题，但对抽象通信服务接口（abstract communication service interface，ACSI）模型的支持不够完备，比较适合于测量表计的数字化采样值接口方式；为融合 IEC 61850-9-2 标准，IEC 61850-9-1 仍引入数据传输优先级 / 虚拟局域网等概念。另外，IEC 61850-9-1 限定 ACSI 只支持采用多播 / 广播方式的单方向采样值映射，通过多路光纤点对点对接即可实现 MU 与 IED 之间采样值的传输。图 7-5 给出了该模式的工程应用配置示意图。

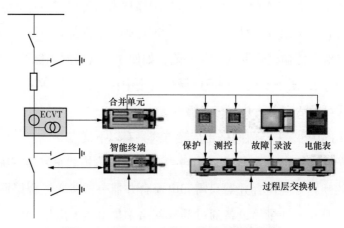

图 7-5 IEC 61850-9-1 传输方案的应用

前期投运的大多数数字化工程都采用了图 7-5 所示的技术方案，典型项目如 110 kV 洛阳金谷园工程及更早期的 110 kV 云南翠峰工程。就工程的实际意义上而言，IEC 61850-9-1 只是个过渡性的协议，为了使电子式电压互感器（TV）、电子式电流互感器（TA）得到更快速的推广和应用而提出的；电子式互感器虽然取代了传统互感器，光缆取代了电缆，但一个装置仍需要一个采集点，并没有实现信息共享，一次设备的优势也没有得到充分的发挥。在系统结构上并没有实现网络化和真正意义上的数字化。

7.2.2　IEC 61850-9-2 采样值网络化传输方案

IEC 61850-9-2 满足由以太网进行数据传输要求且支持基于模型的灵活数据映射。与 IEC 61850-9-1 相比，IEC 61850-9-2 的传送数据内容和数目均可配置，更加灵活，数据共享更方便，能灵活满足各种变电站的需求。随着网络管理功能交换机技术的迅速发展及其成本的降低，采样值网络传输模式是目前技术发展的趋势并已经在中得到应用。

IEC 61850-9-2 采样值网络化传输方式实现了从电子互感器经合并器输出的采样值以网络方式传输到间隔层设备，即合并单元的数字化采样值输出接入过程层网络，保护、测控、计量等设备不再与合并单元直接相连，而是通过网络获取采样值，这样就达到了采样值数据的信息共享。通过交换机本身的优先级技术、虚拟网（VLAN）技术、组播技术等可以有效地防止采样值传输流量对过程层网络通信性能的影响。更重要的方面在于网络传输模式有效地解决了点对点传输模式下的一些缺陷，如便于实现跨间隔保护（母线保护、变压器保护等），便于实现全站或区域性的集中保护；可灵活配置数据集的内容，帧格式可灵活定义，并支持单播方式。

IEC 61850-9-2 采样值网络化传输方式具有以下优点。

（1）光纤连线简洁。IEC 61850-9-2 网络化传输模式很好地解决了电压并列和接入的问题。电压合并器只需和电流合并器一样接入过程层网络，各间隔的保护、测控、计量等设备通过共享网络采集电流、电压，同时通过装置自身采集的刀闸位置来判断电压并列。这样减少了电压合并器至每个间隔电流合并器的光纤连线，网络构架更加清晰简洁。

（2）便于实现跨间隔保护。对于需要多个间隔采样值的保护如主变压器、母差保护等，由于各间隔采样值均接入了过程层网络，采样值的获取将非常的方便，只要保护设备与各间隔合并器处于同一个虚拟局域网络内，各间隔的采样值都是共享的，任何设备都可以从网络获取自己想要的信息值。对于高电压等级和多间隔母线的情况，采样值网络化传输的这种优点将更加突出。

（3）安装方式灵活。采用 IEC 61850-9-2 网络传输方式，合并器可以下发至就地端子箱安装，只需一根光纤就可方便地将此间隔的合并器接入主控室的过程层网络。同时方便了就地采集器至合并器的光纤连接。

IEC 61850-9-2 的 ACSI 通信服务支持报文传输、控制块值读 / 设置和数据值读等三种服务。

IEC 61850-9-2 方案更加符合所倡导的全站信息数字化网络传输的发展方向，体现了"信息传输网络化"的特征，图 7-6 给出了该模式的工程应用配置示意图。

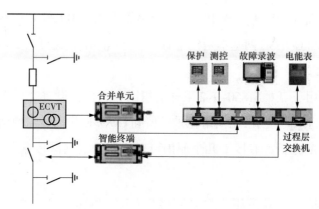

图 7-6　IEC 61850-9-2 传输方案的应用

考虑到 IEC 61850-9-2 配置定义过于灵活，为了便于工程应用，国际上推出了 IEC 61850-9-2 LE 版本，其实是一个工程定制版的 IEC 61850-9-2。国内各种工程应用所采用的网络化采样值方式基本都是 IEC 61850-9-2 LE。新版的 IEC 61850 标准体系中已经明确表示准备废除 IEC 61850-9-1 的点到点采样值方式，只采用 IEC 61850-9-2 方式。这也从技术标准上引导了过程层采样值传输方式的技术选择。目前数字化工程都采用了图 7-6 所示的技术方案，典型项目如 110 kV 绍兴大闸工程、500 kV 长春南智能变电站工程等。

用于 IEC 61850-9-2 采样值传输时，需配置 ISO/IEC 8802-3 多点传送的目标地址，应采用唯一的 ISO/IEC 8802-3 源地址，标准中给出了多点传送地址赋值范围推荐值（见表 7-1）。

表 7-1　　　　　　　　多点传输地址建议的取值范围

服务	开始地址（16 进制）	结束地址（16 进制）
GOOSE	01-0C-CD-01-00-00	01-0C-CD-01-01-FF
GSSE	01-0C-CD-02-00-00	01-0C-CD-02-01-FF
SMV（采样）	01-0C-CD-04-00-00	01-0C-CD-04-01-FF

7.2.3　IEC61850-9-2 采样值及 GOOSE 共网传输方案

由于部分地区对于电子式互感器及整个数据传输环节的技术成熟度理解差异较大，现阶段很多工程中，过程层尽管采用了 IEC 61850-9-2 采样值组网方式，但和 GOOSE 网基本是独立的两个物理网络，这可能更多是从运行管理角度去考虑的。

如果采用了 IEC 61850-9-2 采样值组网方式，就没有必要在物理上单独设立 GOOSE 网，应当采用网络化采样值和 GOOSE 共网传输的组网方式。从技术经济角度分析，有以下几个原因可以说明物理共网传输方式是可行的，也是必要的。

（1）GOOSE 信息采用了特有的发布 / 订阅机制，有完善的超时重传机制，GOOSE 数据量和占用网络带宽的比例都是比较小的，GOOSE 信息可以和 SMV 采样值物理上共享 / 复用过程层高速工业以太网（甚至是在不久的将来进入千兆网后，实现全站网络合一），共网传输后的通信性能和单独组网方式，无论 SMV 采样值和 GOOSE 信息都不会有明显差别。

（2）过程层传输的信息除了 SMV 采样值和 GOOSE 信息外，还有少量辅助信息，如对时信息（SNTP/PTP1588），网络设备管理信息等，这些信息采用各自独立的物理通道后，技术实现和运行维护都不方便。

（3）采用共网传输方案后，可以在保证性能的前提下，省掉大量的网络通信设备，如工业交换机，这对于降低投资成本，加快推广应用具有重要意义。

（4）采用共网传输方案后，网络化保护及控制功能、电压切换/TV 并列等辅助功能实现起来更加便捷。

（5）网络通信技术的飞速发展也揭示着千兆及更高速率的网络通信速率、更低成本的应用方案即将到来，多种信息共网综合传输是大势所趋。

当然，需要注意的是，由于间隔层数字化设备硬件资源相对紧张，部分厂家现场运行设备甚至出现箱体温度过高的问题，采用 SMV 和 GOOSE 共网传输后，对这些设备的 CPU 芯片选型、软硬件设计也提出了更高的要求。图 7-7 给出了网络化 SMV 采样值和 GOOSE 信息共网传输的结构示意图。山西及河南电网建设或规划中的大多数数字化工程都采用了图 7-7 所示的技术方案，典型项目如 110 kV 晋中范村工程、110 kV 郑州吴河工程、220 kV 郑州陈庄工程等。

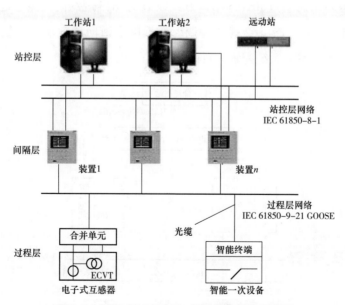

图 7-7　SMV 及 GOOSE 共网传输结构示意图

7.3　电能采集及上传

　　智能变电站均采用电子式互感器，信息通过合并单元以网络方式接入变电站自动化系统，从而实现变电站实时信息的采集和安全控制功能。相对传统变电站一次设备的配置，电子式电压、电流互感器装置不具有多个按专业划分的二次绕组，其配置的电子式互感器二次绕组一般不超过三个。因此电子式互感器输出的信息是继电保护、测量、计量等设备的公共信息。根据智能变电站的设备情况，为获得电能量信息，电能计量装置应具有数字通信功能。具体实现可采用以下三个方案。

　　1. 方案一

　　在智能变电站每个安装单位独立配置智能电能表，电能表以 IEC 61850-9-2 协议通过过程层 SV 网接收合并单元输出的信号，并从中解析出电压、电流采样值、采样频率等信息，通过高性能 DSP 计算出电网参数和电量数据。当作为关口计量点时，智能电能表分别接入过程层 SV 双网；当作为考核核算计量点时，智能电能表以负荷均分的原则接入过程层 SV 单网。智能电表所计算出来的电量信息通过 RS485 串口方式以 DL/T 645 规约向电能量远方终端传输，并以 IEC 60870-5-102 规约经调度数据网通道向调度端电能量计量系统主站传送。本方案的系统配置详见图 7-8。

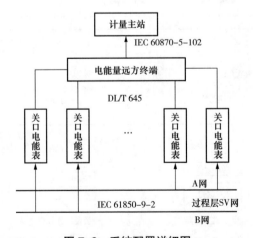

图 7-8　系统配置详细图

2. 方案二

本方案与方案一类似，只是智能电能表上的电量数据通过以太网口接入站控层 MMS 网，在站控层以太网上设置独立的电能量远方终端，该装置以 IEC 61850-8-1 协议通过站控层 MMS 网络获得各间隔智能电能表信息，并以 IEC 60870-5-102 规约经调度数据网通道向调度端电能量计量系统主站传送。当作为关口计量点时，智能电能表分别接入站控层 MMS 双网；当作为考核核算计量点时，智能电表以负荷均分的原则接入站控层 MMS 单网。本方案的系统配置见图 7-9。

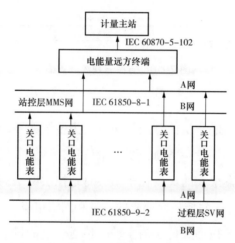

图 7-9　方案二系统配置图

3. 方案三

取消单独的电能量计量表计，在过程层的保护测控一体化装置中安装电能量计量插件。保护测控一体化装置以 IEC 61850-9-2 协议通过过程层 SV 网获取合并单元上传的信息，经计量插件解析出电压、电流采样值和采样频率等信息。保护测控一体化装置上的信息通过以太网口接入站控层 MMS 双网。

在站控层 MMS 网上设置一台电能量计量装置，该装置与传统的电能量远方终端不同，同时具备电能量数据的计算处理和信息传送的功能。电能量计量装置以 IEC 61850-8-1 协议通过站控层 MMS 网获取各间隔保护测控一体化装置上传的采样值信息，并加以计算，得出所需的电能量信息，并以

IEC 60870-5-102 规约经调度数据网通道向调度端电能量计量系统主站传送。
本方案的系统配置见图 7-10。

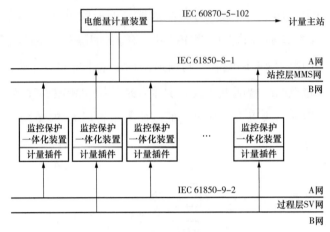

图 7-10　方案三系统配置图

4. 方案比较

　　方案一所采用的电能量信息的传送方式为传统的被动式，当计量主站系统需要电量信息时，下发一条命令要电量信息，然后采集器才会传送电量信息给主站端。本方案最大的优点在于不会对站控层网络的信息流量造成任何影响，并且大大节省了站控层交换机的数量和网络接口。

　　方案二改传统的被动式传送为主动式传送。电能量远方终端每隔一定的时间采用网络方式主动向计量主站系统发送电能量信息。但此种方式在智能电能表数量多的情况下会对站控层网络带来数据流量拥塞的危险。为了避免电能量信息对站控层网络流量的影响，可将间隔的时间适当的设置长一些（例如一个小时传送一次）。此外，方案 2 对于电能量信息的采集、传送的速度大大加快。方案一采集一块电能表的信息需要十几分钟，而方案二中网络的方式只需要几十秒钟，速度大大加快。同时，方案二可使智能变电站内设备组网更加方便。但此种方案对站控层交换机的数量和规格均有较高要求。

　　方案一、方案二与传统变电站的电能量计量系统方案的设计理念大致相同，均配置智能电能表以适应电子式电流、电压互感器的输出要求。同时配置电能量远方终端以实现与智能电表的连接和电能量信息的采集。方案简单易行，对每个智能电能表均可单独校验，便于管理，也适应现在的计量设备运行管理规程。然而这两种方案都增加了智能电能表，未能充分利用智能变电站设备层的信息化、集约化优势。

方案三可以更好地实现智能变电站系统分层、集中处理的理念，并且简化设计。但由于计量装置具有特殊性，与电网营销和运行考核密切相关，关系到供用电各方的经济利益和电网运行的经济指标。按照计量法规的要求，电能表的选用应有鉴定证书，执行许可证制度。而且采用在保护测控装置内设计量插件的方式，其校验和现场检验的标准，以及财务合法性现阶段尚很难实现。

根据以上分析，现阶段的枢纽智能变电站推荐采用方案二，在投资较小的终端变可采用方案一。待智能变电站相关检测标准、溯源规程制订完善，并获得国家计量部门认可后，可采用方案三。

7.4 现场调试方法

如何使一个从生产部发过来的只有一二级引导的"裸"装置运行起来呢？简单地说，通过以下步骤，就能让整个系统运行起来（见图 7-11）。

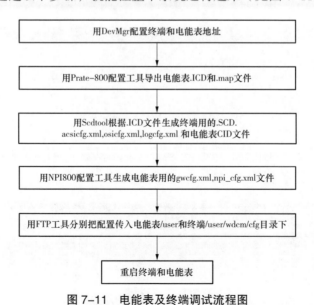

图 7-11 电能表及终端调试流程图

7.4.1 IED 装置配置

整个计量系统需要 10 个配置文件。电能表需要 4 个配置文件：.CID、.map 和 gwcfg.xml、npi_cfg.xml，终端需要 6 个配置文件：scl.SCD、scl.map、rcbcfg. xml、acsicfg.xml、logcfg.xml、osicfg.xml。调试人员需根据现场具体需求，配置 IED 装置功能以及不同 IED 装置的通信连接。

1. 配置终端和电表 IP 地址

将测试电脑和需调试的电表通过网线连接，确认其物理连接正常，即不会出现如图 7-12 所示图标。确认连接无误后利用 DevMgr 软件如图 7-13 所示，获取装置所有端口的 IP 地址。

图 7-12　物理连接失败　　　　　　　图 7-13　DevMgr 软件

DevMgr 为免安装软件，双击如图 7-13 所示图标，将会出现如图 7-14 所示画面。

图 7-14　DevMgr 软件开始界面

双击图 7-15 黑圈所示图标，将会自动搜索连接装置的所有 IP 及 MAC 地址，并显示在程序下方的空格处。

图 7-15　搜索连接装置 IP

为了满足工程需求，一般需要对装置的 IP 地址进行设置，单击黑圈所圈的图标如图 7-16 所示，可以修改装置的 IP 地址、子网掩码、网关等信息，确认无误后点击"确认"即可。

图 7-16　修改所连装置的 IP

授权修改装置地址信息，点击"授权"，如图 7-17 所示。

图 7-17 授权修改装置 IP

2. ping 指令

现场调试主要是对 IED 装置进行调取，即上传和下载工作，首先需要保证笔记本和 IED 装置通信正常，如果无法连接到装置，则需要 ping 一下，ping 指令是判断设备通信正常与否的常用方法。能够 ping 通，说明和装置的物理连接是正常的，主要是装置功能的问题；如果 ping 不通，则需要检查网络路由的线路是不是有问题，ping 指令是现场检查问题最常用的方法，在没有介绍具体配置之前简单介绍一下 ping 指令的过程。

修改测试电脑的 TCP/IP 属性，本地连接右键属性→Internet 协议→修改 IP 地址、子网掩码（见图 7-18）。此时必须要保证测试主机和连接装置在同一个网段，默认网关和首选 DNS 服务器可以不设置。

图 7-18　修改测试主机网络设置

开始→运行在弹出对话框中，输入"ping 10.100.100.102"，按 Enter 键确认（见图 7-19）。

图 7-19　ping 窗口

如果通信成功，则显示如图 7-20（a）所示，否则显示图 7-20（b）所示。

（a） （b）

图 7-20 ping 指令设备连接界面

（a）ping 指令设备连接正常；（b）ping 指令设备连接不通

3. Prate-800C 配置工具从电表导出 .ICD、.map 文件

ICD 文件是所有配置文件的基础，它包含了此 IED 装置所有的模型和数据集信息，它是用 Prate-800C 根据 VLD 程序自动导出来生成的。

双击如图 7-21 所示图标。

打开软件后如图 7-22 所示，单击"通信设置"按钮，在通信设置对话框中，设置装置地址设为 1。采用 UDP 连接，装置 IP 设为所连接装置对应端口的 IP 地址，点击"确定"按钮。

图 7-21 Prate-800C 配置工具

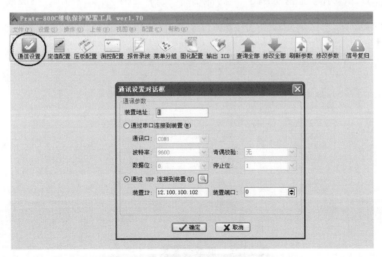

图 7-22 设置连接装置通信参数

正确设置通信地址后，Prate-800C 会自动提取装置版本信息：接口、网关等程序 CRC，如图 7-23 所示。

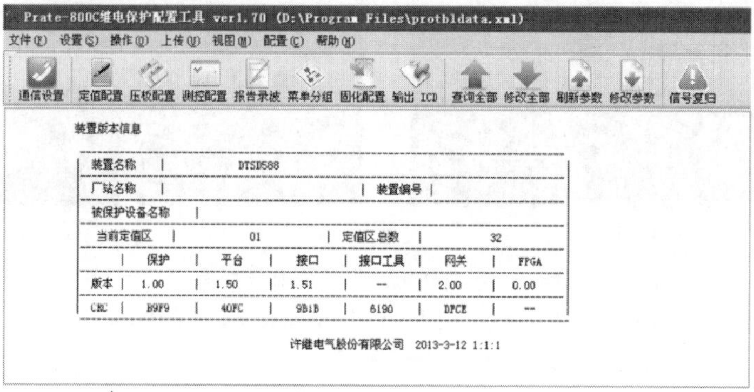

图 7-23　装置版本信息

点击"查看全部"调取装置的模型如图 7-24（a）所示，系统会自动调取装置模型的所有信息如图 7-24（b）所示。

点击"输出 ICD"按钮，将导出装置的 ICD 文件如图 7-25 所示。选择文件保存的位置及设置 ICD 文件名后，系统将会自动输出 ICD 文件。导出成功后，能够看到在该目录下增加了 4 个文件，其中扩展名是 .map 和 . ICD 的文件对本系统有用，当 CID 做好后，把 CID 和 map 一起放到装置 user 目录下，装置的 61850 功能就能使用了（其他 2 个文件没用）。如果导出不成功，请检查 VLD 程序，一般都是缺少字段或者字段书写错误造成的。

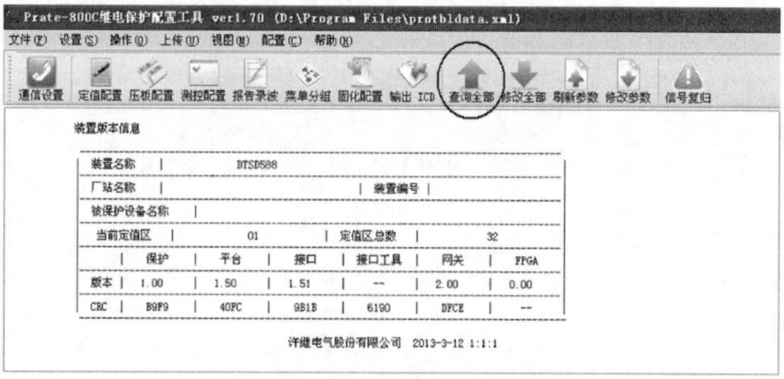

（a）

图 7-24　调取装置模型（一）

（a）调取装置模型界面

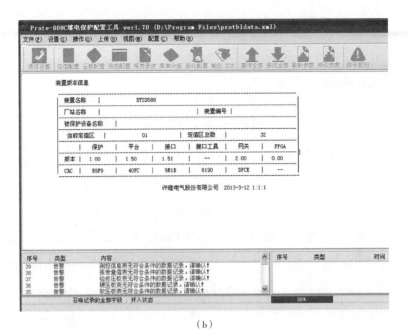

（b）

图 7-24　调取装置模型（二）

（b）装置模型的所有信息

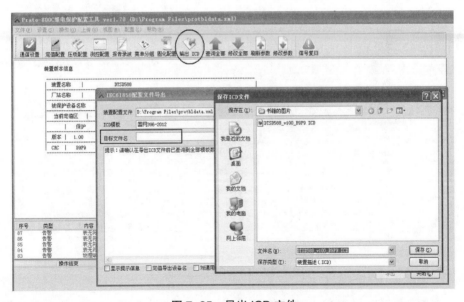

图 7-25　导出 ICD 文件

查看 ICD 文件所在目录，确认其是否导出成功（见图 7-26）。

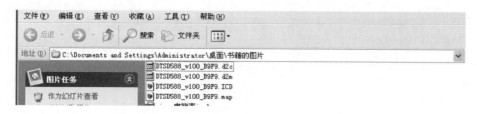

图 7-26　查看导出文件

至此已成功导出 ICD 文件，将其提交给系统集成商，集成商将站内所有 IED 装置汇总后，利用工具制成全站 SCD 文件，并导出每个 IED 装置的 CID 文件，将每个装置所对应的 CID 上传到装置后，方可实现全站的通信。

4. 配置电能表 SNTP 对时文件 gwcfg.xml

变电站中对时的方法一般有三种：GPS、IEEE 1588、NTP/SNTP。如果装置直接利用 GPS 对时则需要单独拉线通过光纤或者电对时，安装麻烦；IEEE 1588 对时对交换机等硬件要求较高，无疑会增加成本；NTP/SNTP 的网络应用较成熟，对时精度可达 T1 等级（1ms），满足变电站要求。

双击如图 7-27 所示图标。选择装置的型号如图 7-28 所示，本工具会自动使用模版创建默认配置。

图 7-27 NP1800 软件程序图标

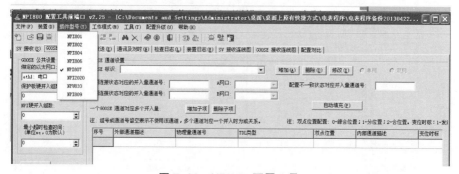

图 7-28　NPI800 配置工具

通信及对时设置单击"通信及对时"标签如图 7-29 所示。把 SNTP 和 1588 对时都配置好，虽然一个变电站不可能同时使用两种对时方式，甚至这两种都不用，而是使用 B 码，但是为了避免工程中设置对时方式的时候出现不必要的麻烦，这两种对时方式应该全部配齐（可以使用默认值）。单击"增加"按钮，就会增加一个对时服务配置，网口按实际网口选择，对时服务器 IP 填写终端的 IP。两种对时都只支持双网或者单网，不支持三网。值得指出的是 1588 对时的"装置延时请求周期"和"主钟同步报文周期"，这两个参数 n 表示 2^n 秒，因此填"1"就表示 2s，填"2"表示 4s，一般填"1"即可。

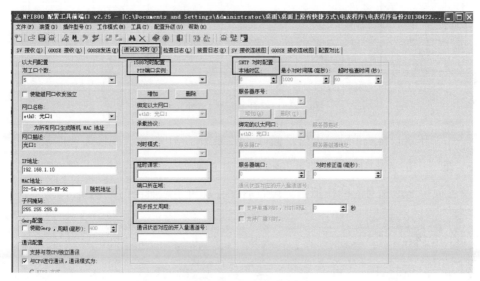

图 7-29　对时命令设置

5. 电能表 SV 接收文件配置

采样值通信是采用发布和订阅的方式，将从互感器采集的电流、电压等模拟量信号通过模数转换和电光转换以串行通信方式（FT3）送到合并器，再由合并器以串行通信方式（IEC 61850-9-1）分送到各个保护测控电能量采集装置，此后由各个装置通过网络送到监控系统和调度远动系统。

电能表采用 npi.cfg.xml 解析各 SV 模拟信号所对应的值。内部默认有九个通道，通道 0、1、2 分别对应 A、B、C 三相电压；通道 3、4、5 对应通道 A、B、C 三相保护电流；通道 6、7、8 对应通道 A、B、C 三相测量电流。

利用工具依然是 NPI800 配置工具。NPI800 配置工具文件→打开→选择文件 npi.cfg.xml，如图 7-30 所示。

图 7-30　打开 npi.cfg.xml 文件

　　打开 npi.cfg.xml 后，点击"修改"后如图 7-31 所示。现场需要修改的是 SV 配置中的 AppID，Mac 地址，SVID，通道数，SV 采用点数（一般不变）以及各模拟通道锁对应的模拟量，设置后保存即可生成所需的配置文件。

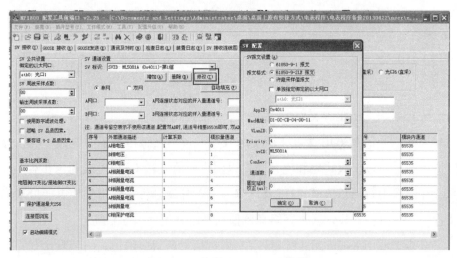

图 7-31　打开 npi.cfg.xml 文件

　　举例说明：如果现场合并单元参数为 AppID：0x4000，SVID：ML5001B，MAC：01-0C-CD-04-00-11；通道数 22；通道所传输的信号类型：1、2、3 为 A、B、C 三相电压；11、12、13 为测量电流；合并单元 TV＝220000V/100V，

TA=1000A/1.5A，因为电能表使用的是二次值，其电压电流的系数应为 TV、TA 的倒数。具体的配置图如图 7-32 所示。

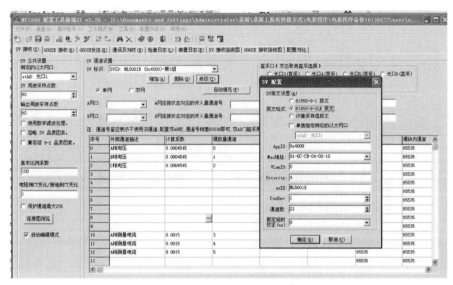

图 7-32 npi.cfg 举例配置图

6. 终端 SCD 文件制作

SCD 是由系统集成商来完成，它是集成商通过导入各种型号的 ICD 生成，而 CID 又由 SCD 导出而成。型号和程序完全相同的装置使用同一个 ICD 导入，导入后 IED 名称不能相同。

点击"设备管理"，在右面的窗口的右上角单击"添加 IED"按钮，如图 7-33 所示。

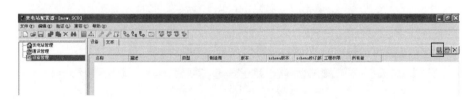

图 7-33 添加 IED 装置

进入"导入 IED"界面后，集成商将预先各厂商提交的 ICD，放在 D:\SASysTool\icdset 目录下，系统将会自动显示各 ICD 文件。在"导入 IED"对话框左面窗口找到装置和测控计量单元的 ICD 文件，单击"添加"，修改右面窗口的"IED 名称"（一般用 DM1，DM2，…）后单击"导入"按钮，把这个装置导入。重复上述步骤把全站所有电能表（同型号且同版本装置使用同一个 ICD）和测控计量单元全部导入。在"导入 IED"对话框左面窗口找到 Ihmi.icd，单击"添加"，修改右面窗口的"IED 名称"为 JK1（监控 1 的意思），根据和装置通信的监控的数量添加足够的 JKn，如图 7-34 所示。

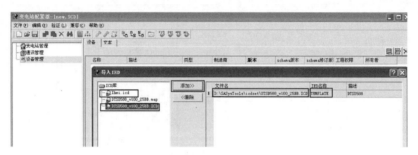

图 7-34　导入监控和计量装置 ICD

添加后通信设备如图 7-35 所示。

图 7-35　设备中增加 DM1 和两个监控

点击"通信管理"添加 A、B 双网如图 7-36 所示。

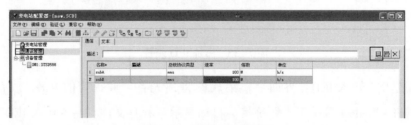

图 7-36　添加 A、B 双网

分别单击"subA"和"subB"把所有监控、电能表和测量单元 IP 都分别加到双网上，电表和测量单元 IP 是由变电站设计部门分配。

按标准规定，每个报告的客户端数量都是 12 个，周期、触发选项、传输可选项等其他配置使用默认值，如图 7-37 所示。

图 7-37　客户端报告控制块设置

生成 SCD 文件，当设备全部添加及通信管理设置完毕之后，单击文件"保存"按钮，然后点击"验证"，"LN 模板清理"如图 7-38 所示。

图 7-38　模板清理

在弹出的"清理"对话框中，依次单击"清理""合并""清理无效的实例化""清理错误的数据集成员"后关闭对话框如图 7-39 所示，这样做出的 SCD 是比较"干净"的 SCD。单击"保存"按钮，把 SCD 文件保存到的工程目录中。

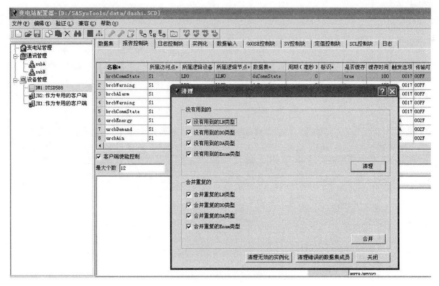

图 7-39　生成 SCD 文件

7. 装置 CID 文件及终端配置文件

导出装置 CID 文件利用 scdtool，"设备管理"下右击的某个装置，选择"导出装置 CID"，就可以把该装置的 CID 导出（见图 7-40）。

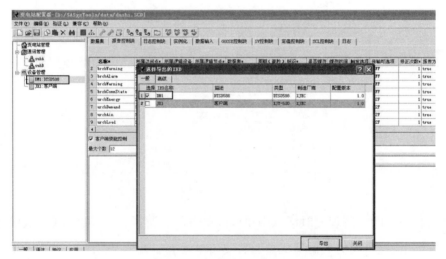

图 7-40　导出某个装置 CID

也可以用"文件"菜单下面的"导出 CID..."，将设备管理中所有 IED 设备的 CID 导出，如图 7-41 所示。

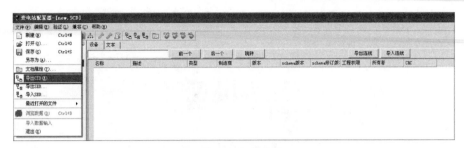

图 7-41　导出所有装置 CID

导出 CID 文件会自动保存 D: \SASysTool\icdset，如图 7-42 所示。

图 7-42　导出装置 CID

配置终端通信参数点击"兼容"，选择"通信配置"把 Max_Mms_Pdu_ Length 需要根据 LLN0 的 DO 数量进行修改，一般用默认值即可满足要求，Max_ Calling_Connectiong 改为装置实际数量或者多几个 ×2（因为双网）如图 7-43（a） 所示，其他参数不变，程序将自动生成 osicfg.xml 文件，如图 7-43（b）所示。

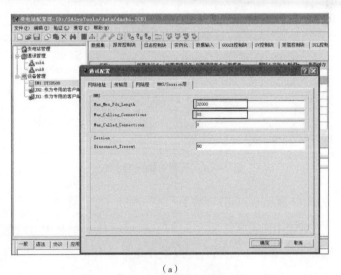

（a）

图 7-43　配置终端通信参数（一）

（a）终端通信参数配置界面

（b）

图 7-43　配置终端通信参数（二）

（b）自动生成 osicfg.xml 文件

　　配置终端报告参数：单击"兼容"菜单的"报告配置"，在对话框右面窗口空白处右击，在右键菜单上选择更新列表，把所有装置的报告全部列举出来，单击"确定"按钮，生成 rcbcfg.xml 文件，如图 7-44 所示。

图 7-44　配置终端报告参数

　　配置终端文件报告：单击"兼容"菜单的"文件配置"，在对话框中把最大服务器个数改为电表和计量单元的总数或者比总数多几个余量，如果装置的 LLN0 里面 DO 非常多，那么可以把 Tdl 最大长度改大一些，其他参数不变，单击添加所有按钮，把所有装置都加上，然后单击"确定"按钮，生成 acsicfg.xml 文件，如图 7-45 所示。

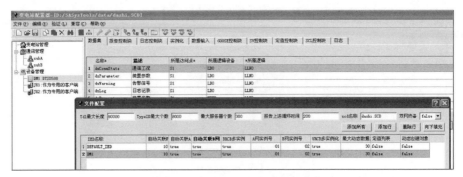

图 7-45 配置终端文件报告参数

整个计量系统需要 10 个配置文件。电能表需要 4 个配置文件：.CID、
.map 和 gwcfg.xml、npi_cfg.xml，终端需要 6 个配置文件：scl.SCD、scl.map、
rcbcfg.xml、acsicfg.xml、logcfg.xml、osicfg.xml。调试人员需根据现场具体需求，
配置 IED 装置功能以及不同 IED 装置的通信连接。

8. 简单程序上传

对于一个只有一二级引导，没有任何应用程序的装置，初次烧程序比
较复杂：连好装置（包括终端和装置）和测试计算机的网线和 RS485 调
试线，打开并设置好超级终端（57600，8-N-1，无流控），按住键盘上面
的 "A" 键，然后打开装置电源，过 10s 后装置进入 tftp 下载程序状态。用
Prate-800C 保护配置工具的 tftp 上传目标程序方式，把以下程序传到装置
bin 目录下：

- 网关程序（NPU808Gws.elf）

- 接口程序（NPU808HMI.elf）

- 应用程序（NPU808Pro.elf）

- 驱动程序（NPU808Drv.elf）

- 平台程序（NPU808Plat.elf）

- 启动配置程序（boot.cfg）

对于调试人员一般情况装置已经有程序，也就是能够正常运行，那么就
用 FTP 把新程序传到 bin 目录下替换即可（需要用户名和密码），装置的配置
传到 user 目录下（见图 7-46）。

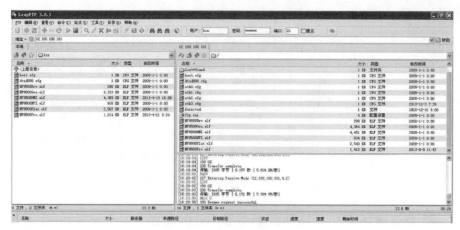

图 7-46　FTP 更换电能表程序

7.4.2　IEC 60870-5-102 调试

　　DL/T 719—2000 电力系统电能累计量传输规约，仅仅规定了电能量传输的一个框架，不同地区一般会在 IEC102 的基础之上对规约进行扩充，这样就形成了不同的省份运行不同的 102 规约，比如河南 102、河北 102、重庆 102 等。有些公司因为自己不但可以做终端也可以做主站，不同的公司又有自己的 102 规约，比如许继 102、威盛 102、科立 102 等。在一个地区首次供货的时候一般要对上行 102 进行调试。

　　1. 上行 102 调试一般方法

　　（1）调试前准备工作：熟悉供货地主站通信的 102 规约，如果可以事先从前置机上拿到现场运行终端与主站通信报文，则可以在公司进行模拟现场测试，这样会使现场调试工作量大为减少。

　　（2）调试时间：一般是供货前 2 周左右，太晚可能会影响工程进度。

　　（3）调试手段：调试阶段主要是通过终端内置 Modem 与主站通信，也可以将终端直接接到电力公司服务器（一般的电力公司为了安全不让接入），通过以太网调试。

　　2. 上行 102 帧结构

　　在规约传输的过程中数据采用低字节在前高字节在后的传输方式，包含 3

种基本的数据帧，实现基本的功能和用途。

（1）单字节帧。E5 使用方法：主站正常询问，向电能采集终端发送请求 2 级用户数据请求帧，终端无 2 级用户的数据，有无 1 级用户数据，即以 E5 帧作为否定确认的响应帧，通知主站。另外，主站向采集终端发送读数据命令，终端以 E5 帧作为肯定确认应答。

（2）固定帧长。固定帧长格式结构如表 7-2 所示，固定帧长格式用于主站向子站询问数据报文，或子站向主站回答的确认报文。

表 7-2　　　　　　　　　　固定帧长格式结构

10H
控制域
地址域
地址域
校验和
16H

（3）可变帧长。可变帧长格式结构如表 7-3 所示，用于主站向子站传输数据，或子站向主站传输数据。

表 7-3　　　　　　　　　　可变帧长格式结构

68H
帧长
帧长
68H
控制域
地址
地址
链路用户数据
校验和
16H

链路用户数据部分帧结构如表 7-4 所示。

表 7-4　　　　　　　　链路用户数据帧结构

类型标识
可变结构限定词
传送原因
设备地址低字节
设备地址高字节
记录地址
信息体地址
信息元素集
信息体时标

可变帧的帧长为用户数据字节数校验和：所有用户数据字节的模 256 的算术和。

3. 河北 102 规约举例

102 规约在召测数据时一般要经过两个步骤：①初始化链路；②召测不同类型计量点的数据。河北 102 规约将站内信息点分为 3 类：1 类信息点为统调电厂上网关口及 500kV 对端、网间联络线、500kV 变电站主变压器三侧，抄读数据周期为 5min，采集量见表 7-5。2 类信息点为非统调电厂上网关口及 220kV 及以下对端、趸售、专线用户等结算计量点；3 类信息点省公司供电关口、地市供电关口、主变压器三侧、线路供电考核、电容、站用变压器、母联、旁路、电抗、线路高压并联电抗器，2、3 类计量点抄读周期为 15min，采集量见表 7-6。

主站会定时轮抄各站点变电站终端中所有计量点的数据。同时终端还要具备接受主站对时、上报事件、电表透传等功能，以上功能在现场应用较少这里就不做介绍，仅对其召测 1、2、3 类计量点数据做简单的报文解析。

表 7-5　　　　　　　　　　1 类信息采集量

正向有功电能
反向有功电能
正向无功电能
反向无功电能

表 7-6　　　　　　　　　2 类和 3 类信息采集量

正向有功总
正向有功尖
正向有功峰
正向有功平
正向有功谷
反向有功总
反向有功尖
反向有功峰
反向有功平
反向有功谷
第一象限无功
第二象限无功
第三象限无功
第四象限无功
正向有功最大需量及发生时间
有功功率总
A 相电流
B 相电流
C 相电流
A 相电压
B 相电压
C 相电压

（1）初始化链路。

主站发送固定帧长请求链路状态：终端地址为 51。

主站：10 49 33 00 7C 16。

终端确认：10 0B 33 00 3E 16。

复位链路：

主站：10 40 33 00 73 16。

终端确认：10 20 33 00 53 16。

请求链路状态：

主站：10 49 33 00 7C 16。

终端确认：10 0B 33 00 3E 16。

（2）请求 1 类计量点数据。

主站请求数据：主站请求终端 5 个测量点的 1 类信息点数据共有 20 个信息体，召测数据类型为电能累计量，起始时间为 2014/04/23 15:15:00，结束时间 2014/04/24 14:45:00。

主站下发帧：68 15 15 68 73 33 00 78 01 06 33 00 0B 01 14 2D 0E 97 04 0E 2D 0E B8 04 0E 61 16（帧解析见表 7–7）。

表 7–7　　　　　　　　　　请求下发帧解析

68	帧头
15 15	帧长
68	
73	控制域
33 00	终端地址：51
78	数据类型：电能累计量
01	
06	传送原因：
33 00	终端地址：51
0B	信息体地址：召测 1 类信息点数据

续表

0114	主站召测信息体个数：1~20
2D 0E 97 04 0E	主站召测的起始时间：2014/04/23 15:15:00
2D 0E B8 04 0E	主站召测的结束时间：2014/04/24 14:45:00
61	校验码
16	帧尾

终端回复确认单字节帧表示终端中有数据可以上报：E5。

召测数据镜像确认：

主站召测数据帧：10 5A 33 00 8D 16。

终端回复主站只有 3 个的 1 类信息点数据共 12 个信息体，且数据起始时间为 2014/04/23 15:15:00，结束时间 2014/04/24 14:45:00。

终端回复帧：68 15 15 68 28 33 00 78 01 07 33 00 0B 01 0C 0F 0F 17 04 2D 0E 18 04 0E D2 16（帧解析见表 7-8）。

表 7-8　　　　　　　　　　　召测终端回复帧解析

68	帧头
15 15	帧长
68	
28	控制域
33 00	终端地址：51
78	数据类型：电能累计量
01	
07	传送原因：激活确认
33 00	终端地址：51
0B	信息体地址：11 召测 1 类信息点数据
01 0C	主站召测信息体个数：1~12
0F 0F 17 04 0E	终端中有效数据起始时间 2014/04/23 15：15：00

2D 0E 18 04 0E	终端中有效数据起始时间 2014/04/24 14：45：00
D2	校验码
16	帧尾

主站召测终端第一个时间点 1 类计量点的数据：

主站：10 7A 33 00 AD 16。

终端回复：68 62 62 68 28 33 00 02 0C 05 33 00 0B 01 00 00 00 00 00 88 02 00 00 00 00 00 89 03 00 00 00 00 00 8A 04 00 00 00 00 00 8B 05 00 00 00 00 00 8C 06 00 00 00 00 00 8D 07 00 00 00 00 00 8E 08 00 00 00 00 00 8F 09 00 00 00 00 00 90 0A 00 00 00 00 00 91 0B 00 00 00 00 00 92 0C 00 00 00 00 00 93 0F 0F 17 04 0E E3 16（帧解析见表 7-9）。

表 7-9　　　　　　　　第一时间点召测回复帧解析

68	帧头
62 62	帧长
68	
28	控制域
33 00	终端地址：51
02	
0C	信息体个数：12
05	传输原因
33 00	终端地址：51
0B	数据记录地址：回复 1 类计量点数据
01 00 00 00 00 00 88	信息体 1 第 1 个计量点正向有功电能示值
02 00 00 00 00 00 89	信息体 2 第 1 个计量点反向有功电能示值
03 00 00 00 00 00 8A	信息体 3 第 1 个计量点正向无功电能示值
04 00 00 00 00 00 8B	信息体 4 第 1 个计量点反向无功电能示值

05 00 00 00 00 00 8C	信息体 5 第 2 个计量点正向有功电能示值
06 00 00 00 00 00 8D	信息体 6 第 2 个计量点反向有功电能示值
07 00 00 00 00 00 8E	信息体 7 第 2 个计量点正向无功电能示值
08 00 00 00 00 00 8F	信息体 8 第 2 个计量点反向无功电能示值
09 00 00 00 00 00 90	信息体 9 第 3 个计量点正向有功电能示值
0A 00 00 00 00 00 91	信息体 10 第 3 个计量点反向有功电能示值
0B 00 00 00 00 00 92	信息体 11 第 3 个计量点正向无功电能示值
0C 00 00 00 00 00 93	信息体 12 第 3 个计量点反向无功电能示值
0F 0F 17 04 0E	终端中数据存储的时间 2014/04/23 15:15:00
E3	校验码
16	帧尾

当终端回复一个时间点的数据之后，主站会召测下一个时间点的数据，以此类推直至将主站下发时间段的数据全部召测完毕。

（3）请求 2、3 类计量点数据。

主站请求终端 10 个测量点的 2 类信息点数据共有 220 个信息体，召测数据类型为电能累计量，起始时间为 2014/04/24 14:15:00，结束时间 2014/04/24 14:30:00。

主站请求帧内容为：68 15 15 68 73 33 00 78 01 06 33 00 0C 01 DC 0F 0E B8 04 0E 1E 0E B8 04 0E 1E 16，内容解析见表 7–10。

表 7–10　　　　　　　　　　主站请求帧内容解析

68	帧头
15 15	帧长
73	控制域
33 00	终端地址
78	数据类型：电能累计量

续表

01	可变结构限定词
06	传输原因：激活
33 00	终端地址
0C	记录地址：回复2、3类计量点数据
01 DC	主站召测信息体个数：1～220
0F 0E B8 04 0E	终端中有效数据起始时间 2014/04/24 14:15:00
1E 0E B8 04 0E	终端中有效数据起始时间 2014/04/24 14:30:00
1E	校验和
16	帧尾

终端有数据回复：E5 确认。

召测数据镜像确认。

主站召测数据：10 5A 33 00 8D 16。

终端回复帧内容为：68 15 15 68 28 33 00 78 01 07 33 00 0C 01 42 0F 0E 18 04 0E 1E 0E 18 04 0E FA 16，帧解析见表7-11。

表7-11　　回复主站召测终端回复帧解析

68	帧头
15 15	帧长
28	控制域
33 00	终端地址：51
78	数据类型：电能累计量
01	可变结构限定词
07	传输原因：激活确认
33 00	终端地址：51
0C	记录地址：回复2、3类计量点数据
01 42	信息体数量：1～66，三个计量点数据

续表

0F 0E 18 04 0E	终端中有效数据起始时间 2014/04/24 14：15：00
1E 0E 18 04 0E	终端中有效数据起始时间 2014/04/24 14：30：00
FA	校验和
16	帧尾

主站召测第一个时间点的数据：

主站请求帧：10 7A 33 00 AD 16。

终端回复帧：68 EE EE 68 28 33 00 02 20 05 33 00 0C 01 00 00 00 00 00 89 02 00 00 00 00 00 8A 03 00 00 00 00 00 8B 04 00 00 00 00 00 8C 05 00 00 00 00 00 8D 06 00 00 00 00 00 8E 07 00 00 00 00 00 8F 08 00 00 00 00 00 90 09 00 00 00 00 00 91 0A 00 00 00 00 00 92 0B 00 00 00 00 00 93 0C 00 00 00 00 00 94 0D 00 00 00 00 00 95 0E 00 00 00 00 00 96 0F 00 00 00 00 00 97 10 00 00 00 00 00 98 11 00 00 00 00 00 99 12 00 00 00 00 00 9A 13 00 00 00 00 00 9B 14 E9 00 00 00 00 85 15 00 00 00 00 00 9D 16 00 00 00 00 00 9E 17 00 00 00 00 00 9F 18 00 00 00 00 00 A0 19 00 00 00 00 00 A1 1A 00 00 00 00 00 A2 1B 00 00 00 00 00 A3 1C 00 00 00 00 00 A4 1D 00 00 00 00 00 A5 1E 00 00 00 00 00 A6 1F 00 00 00 00 00 A7 20 00 00 00 00 00 A8 0F 0E 18 04 0E FA 16，帧解析见表 7–12。

表 7–12   第一时间点终端回复帧解析

68	帧头
EE EE	帧长
68	
33 00	终端地址：51
02	数据类型
05	传输原因：被请求
33 00	终端地址：51
0C	记录地址

01 00 00 00 00 00 89	信息体 1 第 1 个计量点正向有功总
02 00 00 00 00 00 8A	信息体 2 第 1 个计量点正向有功尖
03 00 00 00 00 00 8B	信息体 3 第 1 个计量点正向有功峰
04 00 00 00 00 00 8C	信息体 4 第 1 个计量点正向有功平
05 00 00 00 00 00 8D	信息体 5 第 1 个计量点正向有功谷
06 00 00 00 00 00 8E	信息体 6 第 1 个计量点反向有功总
07 00 00 00 00 00 8F	信息体 7 第 1 个计量点反向有功尖
08 00 00 00 00 00 90	信息体 8 第 1 个计量点反向有功峰
09 00 00 00 00 00 91	信息体 9 第 1 个计量点反向有功平
0A 00 00 00 00 00 92	信息体 10 第 1 个计量点反向有功谷
0B 00 00 00 00 00 93	信息体 11 第 1 个计量点第一象限无功
0C 00 00 00 00 00 94	信息体 12 第 1 个计量点第二象限无功
0D 00 00 00 00 00 95	信息体 13 第 1 个计量点第三象限无功
0E 00 00 00 00 00 96	信息体 14 第 1 个计量点第四象限无功
0F 00 00 00 00 00 97	信息体 15 第 1 个计量点有功功率总
10 00 00 00 00 00 98	信息体 16 第 1 个计量点正向有功最大需量及发生时间
11 00 00 00 00 00 99	信息体 17 第 1 个计量点 A 相电流
12 00 00 00 00 00 9A	信息体 18 第 1 个计量点 B 相电流
13 00 00 00 00 00 9B	信息体 19 第 1 个计量点 C 相电流
14 E9 00 00 00 00 85	信息体 20 第 1 个计量点 A 相电压
15 00 00 00 00 00 9D	信息体 21 第 1 个计量点 B 相电压
16 00 00 00 00 00 9E	信息体 22 第 1 个计量点 C 相电压
17 00 00 00 00 00 9F	信息体 23 第 2 个计量点正向有功总
18 00 00 00 00 00 A0	信息体 24 第 2 个计量点正向有功尖
19 00 00 00 00 00 A1	信息体 25 第 2 个计量点正向有功峰
1A 00 00 00 00 00 A2	信息体 26 第 2 个计量点正向有功平

续表

1B 00 00 00 00 00 A3	信息体 27 第 2 个计量点正向有功谷
1C 00 00 00 00 00 A4	信息体 28 第 2 个计量点反向有功总
1D 00 00 00 00 00 A5	信息体 29 第 2 个计量点反向有功尖
1E 00 00 00 00 00 A6	信息体 30 第 2 个计量点反向有功峰
1F 00 00 00 00 00 A7	信息体 31 第 2 个计量点反向有功平
20 00 00 00 00 00 A8	信息体 32 第 2 个计量点反向有功谷
0F 0E 18 04 0E	终端中数据存储的时间 2014/04/24 14:15:00
FA	校验码
16	帧尾

因为帧长限制一帧最多可以回复 32 个信息体的数据，对于有三个计量点的终端一个时间点要回复 66 个信息体，此时需要 3 帧数据才能传输完毕。

现场调试时，一定要将装置中的数据和下挂表液晶上的数据相比较，以免上报的数据出错。

一般装置不但要上地调还要上省调确保两个主站都要事先调试。

7.4.3 调试所需软硬件清单

1. 软件清单

（1）scdtool v2.47（把 ICD 文件做成 CID）。

（2）IEC 61850 仿真主站（测试装置 61850 的 MMS 和文件服务功能）。

（3）NPI 测试工具（作为 SNTP 对时服务器或者 GOOSE 发送工具）。

（4）装置调试分析器 v2.8.6.1（查看装置内部变量）。

（5）Ethereal v1.1.0（抓 MMS 或者 GOOSE 包）。

（6）串口超级终端（挽救装置程序崩溃）。

（7）UltraEdit v14.0 以上（编辑配置文件、查看 log 等）。

（8）DevMgr v1.80（召唤装置）。

（9）Prate-800C v1.60 调试配置工具（导出 ICD、map 文件，上传下载程

序和配置文件）。

（10）集中式保护和非集中式保护所用的 Prate-800C 不同。

（11）网关 NPI 配置工具 v1.00（配置 gwcfg.xml）。

2. 硬件清单

（1）带 100M/1000M 双以太网卡的测试计算机一台，操作系统 WinXP。

（2）RJ45 交叉网络线二根（装置与测试计算机直接连接）。

（3）RJ45 直通网络线四根（装置与测试计算机通过集线器连接）。

（4）RS232 标准 D 型头及适当长度的通信软线（console 调试）。

（5）电源线及插头一个。

7.5 调试问题及处理

在电能表安装完毕后，通常需要进行站内调试，以保证电能表配置正确和工作正常。在站内调试时，通常会发现采样值参数配置错误，硬件损坏等错误。下面就针对调试过程中可能如何发现的问题和处理方案做介绍。

数字计量采用光纤进行传输，在一个数据报内传输多路采样值，数据传输不能直观地观察，需要借助光纤检测设备、数据接收软件、逻辑分析仪等设备进行问题排查。在调试过程中，首先同构光纤检测设备验证光纤传输正常，然后通过接收传输数据，分析合并单元输出数据帧配置与电能表参数配置是否相匹配，确定电能表参数配置一致。

7.5.1 传输光纤检测

在电能表运行过程中，光纤作为采样值传输通道，对采样值的可靠传输具有关键作用。在变电站施工或日常维护过程中，常发现光纤由于受外力物理挤压或过度弯折造成光纤断裂；光纤配线盘或熔接盘（splicetra）连接处制作水平低劣或结合次数过多造成光纤衰减严重；传输功率不足；灰尘、指纹、擦伤、湿度等因素损伤了连接器等故障。

针对光纤故障排除，有一种非常简单有效的故障排除方法，首先将光纤两端断开，然后把一只激光指点器对准光纤一段，看另一端是否有光线出来。如果没有激光指点器，一个明亮的手电筒也可以。如果没有光线通过线缆，那么这条光纤就的确被损坏了，需要把它换掉。如果光线可以通过线缆，也并不一定能够说明线缆可以工作正常。这只能表明线缆内部的光纤并没有完全断裂。需要进利用光纤诊断工具进一步进行诊断。

常用信号衰减检测工具进行光纤信号衰减程度进行测量。把一个光发生器接到一个功率表上。设置希望通过光发生器进行测试的信号 dBm 范围以及波长。然后将光发生器接到功率表上，功率表将对信号进行检测，并给出信号衰减情况的报告。但通常而言，在测量未知线缆前，你需要使用一根已经确定可以工作正常的线缆作为参考，来建立一条测量基准线。如果未知的线缆是没有问题的，那么它的信号丢失的测量数据应当同参考线缆的测量值相近。

对于污损测试常用光纤显微镜进行诊断。光纤受到的污染来自灰尘、擦伤、光纤连接器端的环氧树脂等。光纤显微镜是一种特殊的显微镜，专为观察光纤而设计。在使用光纤显微镜时尽量使用高放大倍率。通常而言，光纤显微镜的放大倍率范围从 100 倍到 400 倍。放大倍率越高，你就可以看到更多的光纤细节。利用光纤显微镜软件可以方便快速地排除故障，避免主观因素影响。如一家名为 PriorScientific 的公司已经生产出了一种光纤显微镜软件。这种光纤显微镜可以在对光纤进行检查时将所有的主观因素排除在外。软件会在显微镜所提供的图像上查找特定的细节，然后根据图像对光纤进行评价。

7.5.2　采样值报文配置问题处理

在调试过程中，当发现不能够正确计量时，首先要确认是否接收到正确的报文。因采样值常用光纤进行传输，而调试软件多是运行在个人计算机上，个人计算机网络接口多为 RJ45 电接口，因此需要将光信号转换为电信号进行接收。将光信号转换为电信号装置为光纤接收器，单接口光纤接收器外形如图7-47 所示，具有一个光纤以太网接入口和一个 RJ45 电以太网接口。当需要通过电脑检测采样值报文时，首先将采样值光纤接入光纤收发器光纤口，同时电以太网接口与电脑相连接，然后启动监控软件就可对采样值进行接收分析。

为了使计算机能够正确地接收报文，首先要保证光纤收发器工作正常。光纤收发器有 6 个 IED 指示灯，它们显示了收发器的工作状态，根据 IED 显示，就能判断出收发器是否工作正常和可能有什么问题，从而能帮助找出故障。它们的作用分别如下所述。

PWR ：灯亮表示 DC5V 电源工作正常；

FX 100 ：灯亮表示光纤传输速率为 100Mbps ；

FX Link/Act ：灯长亮表示光纤链路连接正确；灯闪亮表示光纤中有数据在传输；

FDX ：灯亮表示光纤以全双工方式传输数据；

TX 100 ：灯亮表示双绞线传输速率为 100Mbps ；灯不亮表示双绞线传输速率为 10Mbps ；

TX Link/Act ：灯长亮表示双绞线链路连接确；灯闪亮表示双绞线中有数据在传输。

图 7–47　单接口光纤接收器

1. 通过指示灯可以确认的故障

（1）Power 灯不亮：电源故障。

（2）LOS 灯亮必有以下故障：

1）从机房到用户端的光缆已经断了；

2）SC 尾纤与光纤收发器的插槽没有插好或者已经断开。

（3）Link 灯不亮可能有如下情况：

1）检查光纤线路是否断路；

2）检查光纤线路是否损耗过大，超过设备接收范围；

3）检查光纤接口是否连接正确，本地的 TX 与远方的 RX 连接，远方的 TX 与本地的 RX 连接；

4）检查光纤连接器是否完好插入设备接口，跳线类型是否与设备接口匹配，设备类型是否与光纤匹配，设备传输长度是否与距离匹配。

（4）电路 Link 灯不亮故障可能有如下情况：

1）检查网线是否断路；

2）检查连接类型是否匹配：网卡与路由器等设备使用交叉线，交换机，集线器等设备使用直通线；

3）检查设备传输速率是否匹配。

（5）网络丢包严重可能故障如下：

1）收发器的电端口与网络设备接口，或两端设备接口的双工模式不匹配；

2）双绞线与 RJ45 头有问题，进行检测；

3）光纤连接问题，跳线是否对准设备接口，尾纤与跳线及耦合器类型是否匹配等。

（6）光纤收发器连接后两端不能通信：

1）光纤接反了，TX 和 RX 所接光纤对调；

2）RJ45 接口与外接设备连接不正确（注意直通与绞接）。

光纤接口（陶瓷插芯）不匹配，此故障主要体现在 100M 带光电互控功能的收发器上，如 APC 插芯的尾纤接到 PC 插芯的收发器上将不能正常通信，但接非光电互控收发器没有影响。

2. 其他故障类型

（1）时通时断现象：

1）可能为光路衰减太大，此时可用光功率计测量接收端的光功率，如果在接收灵敏度范围附近，1~2dB 范围之内可基本判断为光路故障；

2）可能为与收发器连接的交换机故障，此时把交换机换成 PC，即两台收发器直接与 PC 连接，两端对 ping，如未出现时通时断现象可基本判断为交换机故障；

3）可能为收发器故障，此时可把收发器两端接 PC（不要通过交换机），两端对 ping 没问题后，从一端向另一端传送一个较大文件（100M）以上，观察它的速度，如速度很慢（200M 以下的文件传送 15min 以上），可基本判断为收发器故障。

（2）通信一段时间后死机，即不能通信，重启后恢复正常。此现象一般由交换机引起，交换机会对所有接收到的数据进行 CRC 错误检测和长度校验，检查出有错误的包将丢弃，正确的包将转发出去。但这个过程中有些有错误的包在 CRC 错误检测和长度校验中都检测不出来，这样的包在转发过程中将不会被发送出去，也不会被丢弃，它们将会堆积在动态缓存（buffer）中，永远无法发送出去，等到 buffer 中堆积满了，就会造成交换机死机的现象。因为此时重起收发器或重起交换机都可以使通信恢复正常，所以用户通常都会认为是收发器的问题。

（3）收发器测试方法如果发现收发器连接有问题，请按以下方法进行测试，以便找出故障原因。

1）近端测试：两端电脑对 ping，如可以 ping 通的话证明光纤收发器没有问题。如近端测试都不能通信则可判断为光纤收发器故障。

2）远端测试：两端电脑对 ping，如 ping 不通则必须检查光路连接是否正常及光纤收发器的发射和接收功率是否在允许的范围内。如能 ping 通则证明光路连接正常。即可判断故障问题出在交换机上。

3）远端测试判断故障点：先把一端接交换机，两端对 ping，如无故障则可判断为另一台交换机故障。

7.5.3　采样值监控软件

当光纤收发器工作正常后，启动网络数据接收软件，进行采样值数据包进行接收。常用的数据接收软件为 Ethereal。Ethereal 是一个开放源码的网络分析系统，是具有图形用户接口（GUI）的网络嗅探器，操作界面友好。Ethereal 和其他的图形化嗅探器使用基本类似的界面，整个窗口被分成三个部分：最上面为数据包列表，用来显示截获的每个数据包的总结性信息；中间为协议树，用来显示选定的数据包所属的协议信息；最下边是以十六进制形式表示的数据包内容，用来显示数据包在物理层上传输时的最终形式。

使用 Ethereal 可以很方便地对截获的数据包进行分析，如分析数据包的源地址、目的地址、所属协议等。

在图 7-47 最上边的数据包列表中，显示了被截获的数据包的基本信息。从图中可以看出，当前选中数据包的源地址、目的地址。中间是协议树，通过协议树可以得到被截获的数据包的更多信息，如主机的 MAC 地址（Ethernet II）、APPID、SVID、采样序号等。通过扩展协议树中的相应节点，可以得到该数据包中携带的更详尽的信息。最下边是以十六进制显示的数据包的具体内容，这是被截获的数据包在物理媒体上传输时的最终形式，当在协议树中选中某行时，与其对应的十六进制代码同样会被选中，这样就可以很方便地对各种协议的数据包进行分析。

通过接收软件分析，可以得到发送报文的特征字 APPID，SVID 等配置，通过与配置文件核对，确定配置是否正确，如不一致，进一步确认原因，是仿真发送采样值标识错误，还是电能表配置错误（见图 7-48）。

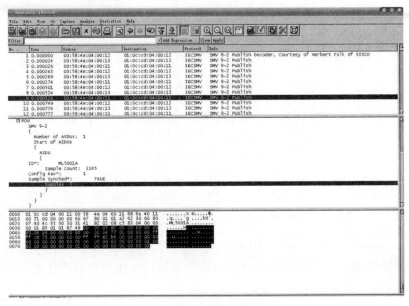

图 7-48 采样值分析

1. 通道调试

在采样值报文中，通常包含多个通道采样值，如保护采样值、计量采样值等。电能表正确计量需要正确配置电压、电流对应的通道。如图7-49所示，要选择正确地采样值通道与电能表计算的通道相对应。当通道对应错误时，通常会产生电压、电流不平衡，逆相序等错误。

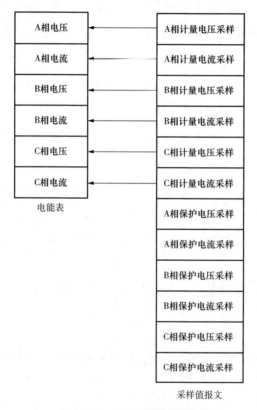

图 7-49 采样值通道映射

2. 系数调试

在 IEC 61850-9-2LE 规约中一次测电压电流的离散系数分别为 0.01 和 0.001，即电压的最小单位为 0.01V，电流的最小单位为 0.001A。而电能表的计量多采用虚拟二次测的方法进行计量，即通过电压、电流变比将一次侧采样值换算成二次测值进行计量。如一次侧额定为 1000A 时，对应电能表的额定电流 5A 进行计量。当变比系数配置错误时，造成计量值偏大或者偏小。

8 数字化电能表在智能变电站中的工程应用

8.1 智能变电站数字计量系统配置及设计方案

智能变电站均采用 DL/T 860 通信服务协议，分为站控层、间隔层、过程层，过程层采用电子式互感器等具有数字化接口的智能一次设备，以网络通信平台为基础，实现了变电站监测信号、控制命令、保护跳闸命令的数字化采集、传输、处理和数据共享，可实现网络化二次功能、程序化操作、智能化等功能。

站控层由主机、操作员站、远动通信装置和其他各种功能站构成，提供站内运行的人机联系界面，实现管理控制间隔层、过程层设备等功能，形成全站监控、管理中心，并与远方监控/调度中心通信。间隔层由保护、测控、计量、录波等若干个二次子系统组成，在站控层及网络失效的情况下，仍能独立完成间隔层设备的就地监控功能。过程层由互感器、合并单元、智能终端等构成，完成与一次设备相关的功能，包括实时运行电气量的采集、设备运行状态的监测、控制命令的执行等。

电能计量系统作为智能变电站的重要组成部分，在模拟量采集方式上发生了巨大变化，相比于传统变电站内的电能表，其表计的采样传感器一般采用高功率输出的电流互感器和电压互感器，而智能变电站内模拟量采样实现全数字化后通过光纤线路传输，且一次侧的传感器采用了低功率输出的电子式互感器，它具有频率响应宽、无饱和现象、抗电磁干扰性能佳、准确度高、无二次开路或短路危险、便于向数字化、微机化发展等优点，为智能变电站内电能计量系统提供了准确可靠的数据来源，系统的电磁兼容性能得到了很大的提升；同时也将智能变电站内电能采集与管理融入了 IEC 61850 标准体系，为整个智能变电站的高度集成奠定了基础。

智能变电站数字式电能计量系统主要包括一次侧的传感器（遵循 IEC 0044-7 标准的电子式电流互感器以及遵循 IEC 0044-8 标准的电子式电压互感器）、合并单元，数字式电能表，电能量远方终端、全站的采样同步时钟 GPS 同步信号等设备。电子式互感器将采样数据汇总到合并单元后，经点对点或以太网方式发送至间隔层的数字式计量设备。计量系统的交流输入信号由经电缆输入的传统电压/电流互感器采集的模拟信号转变为经通信电缆或光纤输入的数字信号。

计量系统应能准确地计算电能量，计算数据精确、完整、可靠、及时、保密，满足电能量信息的唯一性和可信度要求，具备分时段电能量自动采集、处理、传输、存储等功能，由电能量计量表计、电能量远方终端（或传送装置）、信息通道以及主站端计算机组成，应依据电网的规模、地理分布、产权划分、经营机构设置等因素设置计量系统。

8.1.1　计量系统技术原则

（1）电子式电流电压互感器，二次输出为小电压信号，无须二次转换，可方便的与数字化电能表接口，实现计量功能，且消除了传统电磁式电流互感器二次开路、电压互感器二次短路给电力系统设备和人身安全带来的故障隐患。

在未来的在 220kV 及以上的电压等级中，智能变电站中采用光学电流互感器是电力输送工业中电流计量技术发展的必然趋势，光学电流互感器，通过法拉利偏振角测量电流值，是业界公认的最具发展前途的新型电流互感器，是电磁式电流互感器最终替代品。

然而，就现阶段智能变电站发展情况，电子式互感器在实际运行中并不是特别稳定，在高电压等级变电站运行经验尚需积累。故有些变电站仍使用常规互感器，采用常规互感器时宜配置合并单元，合并单元宜下放布置在智能控制柜内。计量用互感器的选择、配置及精度要求应符合 DL/T 448 规定。

（2）要求采用具有同步采样技术的合并单元，合并单元应能提供输 IEC 61850-9 协议的接口及输出 IE 60044-8 的 FT3 协议的接口，能同时满足保护、测控、录波、计量设备使用。

合并单元配置原则：220kV 及以上电压等级各间隔合并单元宜冗余配置，110kV 及以下电压等级各间隔合并单元宜单套配置；双重化配置的保护的回路 TA 绕组配置 2 个 5TPE 保护级和 2 个 0.2S 测量（计量）级，布置于断路器和线路侧刀闸之间。

电压互感器配置合并单元时，配置 2 个保护线圈（3P 级）和 2 个测量（计量 0.2 级）线圈，取消开口三角线圈。10kV 采用开关柜时，10kV 母线 TV 不再配置合并单元。

同一间隔内的电流互感器和电压互感器宜合用一个合并单元。

（3）采样 VLAN 进行组网连接。

（4）采用具有 IEC 61850-9-2 接口的数字式电能表，主要技术参数为：

1）准确度等级：满足有功 0.2S 级（无功 1.0）和 0.5S 级（无功 2.0）。

2）电能表的电量输入采用数字输入接口模式。电能表和合并单元间的通信协议遵循 DL/T 860.92，数字输入接口在物理和链路层上采用高速光纤以太网，采样速率接收能力应不低于 4000 点 /s，采样光纤类型为多模，光纤接口类型为 IEC 874-10 标准的 SC 或 ST 接口。数据传输格式严格遵循 DL/T 860.92 标准。

3）测量制式：三相三线，三相四线装置。

4）通信接口：数字化电能表需提供至少 1 个以太网口、2 组独立的 485 通信串口和 1 路远红外通信接口。以太网口可与站控层进行 MMS 通信，支持标准的 DL/T 860.92 通信协议。2 组独立的 485 通信串口和 1 路远红外通信接口满足和电能计量系统采集终端装置的通信功能及本地通信功能，支持 DL/T 645—2007 多功能电能表通信规约。串行码输出应有可靠的防干扰措施。

（5）采集终端具有电能量数据的采集、处理、存储、远方传送功能。采集终端设备应具有网络通信功能，远方终端通信规约应支持网调和省调电能计量系统现行的通信规约。

8.1.2 电能量远方终端配置

电能量远方终端能够完成对变电站、发电厂等重要关口电能量数据的自动采集、远传、存储和预处理，以支持电力市场的运营、电费结算、辅助服务费用结算和经济补偿计算。各种智能一次设备，尤其是电子式电压互感器、电流互感器的应用，促进了以数字式电压、电流输入的智能电能表 / 计量插件和网络方式采集 / 处理电能量信息的电能量远方终端成为智能变电站中电能计量的核心装置。

电能量远方终端应采用具有 DL/T 645–1997 协议转 IEC 61850 协议设备，站内多块电能表可以共用一个电能量远方终端，实现规约转换或电量采集。电能量远方终端的通信接口 RS485（电能表通信接口）不少于 6 个，网络接口 RJ45（主站通信接口）不少于 2 个。RS422/485/232（主站通信接口）不少于 2 个。计量系统需配置具有电话拨号 / 专线传输和网络传输功能的电能量远方终端 2 台，分别用于向网调、省调传输信息。

8.1.3　关口计量点设置原则

关口电能量计量点指发电企业、电网经营企业及用电企业之间进行电能结算的计量点（简称关口计量点）。应根据《电能量计量系统设计技术规程》的原则和智能变电站的实际出线情况设置关口计量点，包括：发电企业上网线路的出线侧；跨国、跨大区、跨省以及电网经营企业间联络线和输电线电源侧；直流输电线路交流电源侧；发电厂的起动 / 备用变压器高压侧和变电站站用电引入线高压侧；省级电网经营企业与其供电企业的供电关口，即降压变电站主变压器的高、中、低压侧；厂站主接线为双母线带旁路接线方式时，旁路断路器处应设置关口计量点；按发电机确定产权的发电厂，关口计量点可设置在发电机－变压器高压侧；电网中：联络线、输电线路一侧确定为关口计量点时，另一侧可设关口计量的备用点。

8.1.4　电能计量装置的配置

关口计量点宜配置计量表计为有功 0.5 级（无功 2.0 级）准确度等级的双方向高精度电能量计量表计，重要的关口计量点亦可配置有功 0.2 级（无功 1.0 级）准确度等级的双方向高精度电能量计量表计。

当电能量计量表计准确度等级选为有功 0.2 级（无功 1.0 级）时，电压互感器准确度等级应选为 0.2 级，电流互感器准确度等级应选为 0.2S 级。

当电能量计量表计准确度等级选为有功 0.5 级（无功 2.0 级）时，电压互感器准确度等级应选为 0.2 级，电流互感器准确度等级应选为 0.2S 级。

变电站站用电关口计量点的电能量表计可配置有功 1.0 级（无功 2.0 级）准确度等级的电能量计量表计。电压互感器准确度等级应选为 0.5 级，电流互感器准确度等级应选为 0.5S 级。

当线路两侧均设置为电能量计量点时，宜选用相同的电能量计量表计。重要关口计量点的电能量计量表计可采用双表配置。发电厂的上网关口计量点，依据需要可配置相同的两块表计：按主 / 副方式运行。

同一个关口计量点的电能量信息需向多个计量系统主站传送时，应杜绝计量表计重复设置，以确保计量信息的唯一性。

依据"电测量及电能计量装置设计技术规程"，当电能量计量点与关口计量点同为一点时电能量计量表计应合二为一。当现场电能量计量表不能满足电能量计量系统的要求时，应单独装设电能量计量表，并设置专用的电能量关口计量装置屏体。

8.1.5　三种计量系统设计方案

相对传统变电站一次设备的配置，电子式电压、电流互感器装置不具有多个按专业划分的二次绕组，其配置的电子式互感器二次绕组一般不超过 3 个，所以输出的信息是继电保护、测量、计量等设备的公共信息。为获得电能量信息，电能计量装置应具有数字通信功能，以下列举了三种智能变电计量系统设计方案。

1. 方案一：智能电能表与电能量远方终端单独组网

在智能变电站每个安装单位独立配置智能电能表。电能表以 IEC 61850-9-2 协议通过过程 SV 网接收合并单元输出的信号，并从中解析出电压电流采样值和采样频率等信息，通过高性能 DSP 计算出电网参数和电量数据。当作为关口计量点时，智能电能表分别接入过程层 SV 双网；当作为考核核算计量点时，智能电能表以负荷均分的原则接入过程层 SV 单网。

　　智能电能表计算出来的电量信息通过 BS485 串口方式以 DL/T 645 规约向电能量远方终端传输，并以 IEC 60870-5-102 规约经调度数据网通道向调度端电能量计量系统主站传送。方案一的系统配置如图 8-1 所示。

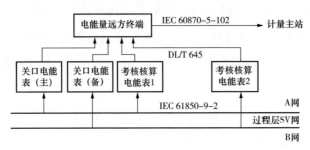

图 8-1　方案一系统配置

　　该方案采用的电能量信息的被动传送方式，最大优点在于不会对站控层网络的信息流量造成任何影响，并且大大节省了站控层交换机的数量和网络接口。此方案简单易行，便于管理，但智能电能表数量较大，未能充分利用智能变电站设备层的信息化、集约化优势。一般可用于投资较小的终端变电站。

　　2. 方案二：智能电能表通过站控层 MMS 网向电能量远方终端传输电量信息

　　方案二与方案一类似，只是智能电能表上的电量数据通过以太网口接入站控层 MMS 网，在站控层以太网上设置独立的电能量远方终端，该装置 IEC 61850-8-1 协议通过站控层 MMS 网络获得间隔智能电能表信息，并以 IEC 60870-5-102 规约经调度数据网通道向调度端电能量计量系统主站传送。当作为关口计量点时，智能电能表分别接入站控层 MMS 双网；当作为考核核算计量点时，智能电能表以负荷均分的原则接入站控层 MMS 单网。方案的系统配置如图 8-2 所示。

　　该方案改传统的被动传送为主动传送，电能量远方终端每隔一定时间采用网络方式主动向计量主站系统发送电能量信息，但此方式在智能电能表多的情况下会对站控层网络带来数据流量拥塞的危险。方案二中的网络方式使采集信息速度大大加快，使智能变电站内设备组网更加方便，但此方案对站控层交换机的数量和规格均有较高要求。现阶段枢纽变电站一般采用此设计方案。

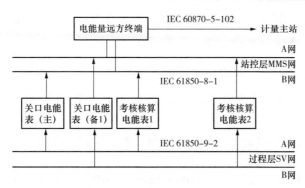

图 8-2　方案二系统配置

3. 方案三：采用计量插件

取消单独的电能表计量表计，在过程层的保护测控一体化装置中安装电能表计量插件。保护测控一体化装置以 IEC 61850-9-2 协议通过过程层 SV 网络获取合并单元上传的信息，经计量插件解析出电压、电流采样值和采样频率等信息。保护测控一体化装置上的信息通过以太网接入站控层 MMS 双网。

在站控层 MMS 网上设置 1 台电能量计量装置，该装置与传统的电能量远方终端不同，同时具备电能量数据的计算处理和信息传送功能。电能量计量装置以 IEC 61850-8-1 协议通过站控层 MMS 网获取各间隔保护测控一体化装置上传的采样值信息，并加以计算，得出所需的电能量信息，并以 IEC 60870-5-102 规约经调度数据网通道向调度端电能量计量系统主站传送。方案的系统配置如图 8-3 所示。

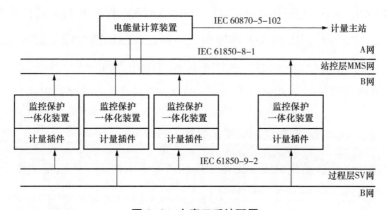

图 8-3　方案三系统配置

此方案可以更好地实现智能变电站系统分层、集中处理的理念，并且设计简化，但是采用过程层的保护测控一体化装置中安装电能量计量插件，其校验、现场检验标准以及财务合法性现阶段较难实现。待智能变电站相关检测标准，溯源规程制定完善并获得认可后，可得到普遍应用。

8.1.6　不同电压等级智能变电站电能量计量系统配置介绍

（1）500kV 电压等级。根据国家电网公司通用设计要求，500kV 贸易结算用的电能计量点，原则上设置在购、售电设施产权分界处，当产权分界处不适宜安装时应由购、售电双方协商；其次，电网经营企业之间需购销电量计量，应装设电能表；330kV 及以上交换电量考核，应装设电能表；电网经营企业内部用于经济技术指标考核的各电压等级的变压器侧、线路端及无功补偿设备处。应装设普通电能表。全站配置一套电能量远方终端。220kV 及以上电压等级线路及主变压器三侧电能表宜独立配置。

（2）220kV 电压等级。220kV 出线作为考核关口点。需装设数字式电能表（0.2s），按单表考虑。220kV 出线考核表分散布置在保护测控一体化屏上。

（3）110kV 电压等级。由于 110kV 变电站的电能计量点不是关口计量点，所以电能表采用具有 IEC 61850-9-1 接口的数字式电能表，通过串口与电能量远方终端连接。

（4）66（35）kV 电压等级。对于 66（35）kV 电压等级，其计量对象是无功设备（电容器、电抗器）和所用变压器，计量范围仅限于站内监测设备的运行损耗，重要程度较低。其计量功能可采用测控保护一体化装置实现，一体化装置内置计量单元，可实现有功 1.0、无功 2.0 的计量要求。

8.1.7　220kV 智能变电站计量系统典型设计

智能变电站自动化系统的设备配置和功能要求按无人值班模式设计。

采用开放式分层分布式网络结构，逻辑上由站控层、间隔层、过程层以及网络设备构成。站控层设备按变电站远景规模配置，间隔层、过程层设备按工程实际规模配置。站内监控保护统一建模，统一组网，信息共享，通信规约统一采用 DL/T 860 通信标准，实现站控层、间隔层、过程层二次设备互操作。变电站内信息宜具有共享性和唯一性，变电站自动化系统监控主机与远动数据传输设备信息资源共享。

变电站网络结构应符合 DL/T 860 标准。

（1）站控层网络（含 MMS、GOOSE）。站控层网络采用双重化星形以太网。

通过相关网络设备与站控层其他设备通信，与间隔层网络通信，可传输 MMS 报文和 GOOSE 报文。

站控层交换机采用 100M 电口，站控层交换机之间的级联端口宜采用 100M 电口。站控层设备通过两个独立的以太网控制器接入双重化站控层网络。

（2）间隔层网络（含 MMS、GOOSE）。间隔层网络采用双重化星形以太网。

通过相关网络设备与本间隔其他设备通信、与其他间隔设备通信、与站控层设备通信，可传输 MMS 报文和 GOOSE 报文。

间隔层设备通过两个独立的以太网控制器接入双重化的站控层网络。

间隔层交换机应按设备室或按电压等级配置，间隔层交换机、级联端口采用 100M 电口。

（3）过程层网络（含 GOOSE 和 SV 网络）。

1）220kV GOOSE 网络和采样值 SV 网络合一，采用星形双网结构。

2）110kV GOOSE 网络和采样值 SV 网络合一，采用星形双网结构。

3）10kV 不配置独立的过程层网络，GOOSE 报文通过站控层网络传输。

双重化配置的保护及安全自动装置分别接入不同的过程层网络；单套配置的保护及安全自动装置、测控装置同时接入两套不同的过程层网络，应采用相互独立的数据接口控制器。

四川省调现运行广州科立通用电气公司的电能量计量主站系统，2006年投运。主站系统接入的厂站端电能量采集装置有三种，分别是广州科立

EAC4000 装置、EAC5000 装置和四川源博公司 YB/DDC–310/210 装置。计量主站与厂站端电能量采集装置的通信方式包括电力调度数据网和拨号方式，通信协议采用《四川省电力公司电能量装置规约（试行）》和 IEC 61870–102 协议。

成都地调现运行长沙威胜信息技术有限公司的 DACASE2000 电能量采集系统，完成对所需关口电能量数据的自动采集、远传和存储，支持电费结算、运行考核和经济补偿等功能。电能量计量主站系统与厂站电能量采集装置的数据传输采用电力调度数据网和拨号专用通道。2010 年 6 月已建成电能量采集主站系统（科陆），现已接入部分用户关口电能量（通过 GPRS 传输）。变电站相关电能量还未采集。

1. 电能计量系统设计原则

电能计量系统的设计应遵照最新版本的电力行业标准（DL）、国家标准（GB）和 IEC 标准及国际单位制（SI）。

（1）关口电能计量。①贸易结算用关口电能计量点，原则上设置在购售电设施产权分界处；②考核用关口电能计量点，根据需要设置在电网经营企业或者供电企业内部用于经济技术指标考核的电压等级的变压器侧、输电和配电线路端；③关口电能表应为电子式多功能电能表，精度为有功 0.2S 级，无功 2.0 级，并具备电压失压计时功能；④Ⅰ、Ⅱ类用于贸易结算的关口电能计量装置中的电压互感器二次回路电压降应不大于其额定二次电压的 0.2%，其他电能计量中的电压互感器二次回路电压降应不大于其额定二次电压的 0.5%；⑤贸易结算用关口电能计量装置应按计量点配置计量专用电压、电流互感器或专用二次绕组，电能计量专用电压、电流互感器或专用二次绕组及其二次回路不得接入与电能计量无关的设备；⑥计量电网经营企业之间的购售电量的电能计量装置应配置主副电能表。

（2）非关口电能计量。①除关口电能计量点外，其余计量点均为非关口电能计量点；②非关口电能计量装置按单电能表配置，应为全电子式多功能电能表，精度为有功 0.5S 级，无功 2.0 级，并具备电压失压计时功能。

（3）电能计量装置的接线方式（见表 8–1）。接入中性点绝缘系统的电能计量装置，应采用三相三线接线方式；接入非中性点绝缘系统的电能计量装置，应采用三相四线制接线方式。

表 8-1　　　　　　　　　电能计量装置接线方式

电压等级	中性点运行方式	非中性点绝缘系统	中性点绝缘系统	三相四线	三相三线
110～220kV	中性点直接接地	√		√	
66kV	中性点经消弧线圈接地	√		√	
	中性点不接地		√		√
35kV 10kV	中性点经消弧线圈接地	√		√	
	中性点经低电阻接地	√		√	
	中性点不接地		√		√
380V	中性点直接接地	√		√	

（4）电压互感器。①计量专用电压互感器或计量专用二次绕组的准确度等级应根据电能计量装置的类别确定；②计量专用电压互感器或计量专用二次绕组的额定二次负荷应根据实际二次负荷计算值在 5、10、15、20、25、30、40、50VA 中选取，一般情况下，下限负荷为 2.5VA，额定二次负荷功率因数为 0.8～1.0；③线路用计量专用电压互感器或计量专用二次绕组额定负荷一般选用 10VA；④安装于 SF_6 全封闭组合电器内和 110kV 及以下电压等级的互感器宜采用电磁式电压互感器。

（5）电流互感器。①计量专用电流互感器或计量专用二次绕组的准确度等级宜为 0.2S 级，35kV 及以上电压等级计量用电流互感器准确度等级应为 0.2S 级；②330kV 及以上电压等级电流互感器二次额定电流为 1A；其他电压等级电流互感器二次额定电流根据具体情况选择 5A 或 1A；③二次额定电流为 1A 的计量专用电流互感器或计量专用二次绕组，应根据二次回路实际负荷计算值确定二次负荷下限负荷，保证二次回路实际负荷在互感器额定二次负荷与其下限负荷之间。一般情况下，下限负荷为 3.75VA，额定二次负荷功率因数为 0.8（滞后）；④应根据变压器容量或实际一次负荷容量选择电流互感器额定变比，以保证正常运行的实际负荷电流达到额定值的 60% 左右，至少不小于 20%，否则应选用高动热稳定性的电流互感器，减小互感器的变比；⑤ 110kV 及以上电压等级计量用电流互感器计量二次绕组至少应有一个中间抽头。

（6）组合互感器。①组合互感器中电流互感器计量专用二次绕组的准确度等级选用 0.2S 级，电压互感器计量专用二次绕组准确度等级选用 0.2 级；②二次绕组额定容量的选择应根据二次回路实际负荷确定，保证二次回路实际负荷在互感器额定二次负荷与其下限负荷的范围内，电流元件额定二次容量宜不大于 10VA，电压元件额定二次容量宜不大于 10VA，额定功率因数为 0.8（滞后）；③额定一次电流的确定，应保证其在正常运行的实际负荷电流达到额定值的 60% 左右，至少不小于 20%；④如果其他设备需要由互感器提供工作电源，电压互感器应增加二次绕组。

（7）电能表。①电能计量装置原则上宜配置静止式电能表，电能表技术指标应满足国家相关标准及 DL/T 614、DL/T 645 等标准的要求；②电能表量程的选择参照 DL/T 614 和 DL/T 448 等标准的要求；③电能表准确度等级应满足 DL/T 448 对电能计量装置的分类要求；④用于发电厂、变电站的电能计量装置应选用多功能电能表，由于电力系统负荷潮流变化引起的具有正反向有、无功电量的电能计量点，应配置具有计量双向有功和四象限无功的多功能电能表；⑤专用变压器电力客户电能计量装置宜选用多功能电能表，要求考核功率因素的、电能表应具备计量无功功能，执行两部制电价的、电能表应具备记录最大需量功能，要求监视功率负荷的、电能表还应具有负荷曲线计量功能；⑥为满足用电信息采集的管理要求，电能表应至少具备红外接口和符合 DL/T 645—2007 标准通信规约的 RS485 输出接口；⑦采用载波技术通信的电能表，其 RS485 输出接口与载波通信接口应相互独立，采用非载波通信方式的三相电能表应具备两个及以上独立 RS485 输出接口；⑧ 110kV 及以上贸易结算用关口电能计量装置宜选用优先支持辅助电源且可自动切换电源的多功能电能表。

（8）电能量采集。① 220kV 变电站全站应配置一套电能量信息采集装置，宜选用机架式安装，电能量信息采集装置应符合 DL/T 698.31、DL/T 698.32 的有关要求；②电能采集装置应选取稳定可靠的工作电源，应实现交流、直流电源自动切换；③与电能表接口方式为 RS485（至少 4 路），电能表接入容量不少于 64 块，并具有对不同电能表规约的转换能力，至少包括 DL/T 645、IEC 61107、IEC 62056（DLMS）等电表规约；④应具备与主站、电能表对时和时钟设置功能，时钟重新设置后，原来保存的电量数据、配置参数不能丢失；⑤应具备至少 2 个 RS232 接口、1 个网口和 1 个独立的维护接口，支持 DL/T 719 等规约，能以多种方式（网络方式、拨号方式、专线方式等）与多个主站通信，应具备安全保护措施；⑥电能采集装置应具备防雷性能要求。

2. 220kV 变电站关口电能计量点设置原则

电能计费关口根据四川电网、成都电网电能量计量（费）建设要求进行识别。考核关口计量点根据需要设置在电网经营企业或者供电企业内部用于经济技术指标考核的各电压等级的变压器侧、输电和配电线路端以及无功补偿设备处。

110kV 及以上电压等级线路及主变压器三侧电能表独立配置。非计费关口设置数字式电能表。

考核计量点设置在非计费关口 220kV 和 110kV 线路端、变压器各侧、无功补偿设备侧。

220～500kV 双回线省地电网计量关口，采用关口全电子式多功能电能表，单表配置，有功精度 0.2S。

220～220kV 双回线成都公司内部考核计量关口，采用数字式电能表，单表配置，有功精度 0.2S。

成都公司内部考核计量采用数字式电能表，单表配置，有功精度 0.2S。

110kV 线路趸售计量关口，采用关口全电子式多功能电能表，单表配置，有功精度 0.2S。

主变压器各侧（含双分支）成都公司内部考核计量点配置数字式电能表，单表配置，有功精度 0.2S。

站用变压器 380V 侧配置多功能电能表，单表配置，精度 1.0。

10kV 专用出线为趸售计量关口，采用关口全电子式多功能电能表，精度 0.5S，单表配置。

其他 10kV 公用出线、电容路的计量为成都局内部考核计量点，计量功能由保护测控一体化装置完成。

3. 220kV 变电站电能量采集处理终端配置方案

电能计量信息传输接口设备采用以下方案：按照《国家电网公司 2011 年新建变电站设计补充规定》，电能量采集装置可通过电力调度数据网、电话拨号方式或利用专线通道将电能量数据传送至各级电量计量系统主站。

全站配置一套电能采集装置，组柜 1 面。采集容量满足全站所有电能表数据采集远传要求，电能量信息上传省公司电力营销计费中心、成都公司电量计费系统。

电能量信息采集涵盖 220kV 变电站内所有电能计量点，采集内容包括各电能计量点的实时、历史数据和各种事件记录等。电能采集装置应同时支持网络传输方式和专线拨号方式。电能量信息本期通过调度数据网和专线拨号上传成都公司电量计费系统，远期通过综合数据网上传省公司电力营销计费中心。

8.2 四川已投运智能变电站数字计量系统配置实例

本节以四川省现已投运的典设智能变电站为例，介绍智能变电站数字计量系统配置的工程应用情况。

8.2.1 500kV 路平变电站

500kV 路平变电站按智能变电站建设，一次设备采用"一次设备本体 + 传感器 + 智能组件"形式。智能组件包括：智能终端、合并单元等。该站互感器采用常规互感器，常规互感器具有成熟的运行经验，配以合并单元实现模拟量就地数字化转换。

1. 500kV 智能变电站电能计量系统设计原则

（1）电流互感器二次参数选择（见表 8-2）。电流互感器二次绕组的数量和准确级应满足继电保护、自动装置、电能计量和测量仪表的要求。

保护用电流互感器的配置应避免出现主保护死区。电流互感器二次绕组的配置应考虑双重化配置的合并单元端口配置的对称性。

1）对中性点有效接地系统 500、220kV 电流互感器按三相配置；对中性点非有效接地系统 35kV 主变压器总路、电容路电流互感器等，依具体要求可按两相或三相配置。

2）两套主保护应分别接入电流互感器的不同二次绕组，后备保护与主保护共用二次绕组；故障录波器与保护共用一个二次绕组；测量、计量分别使用不同的二次绕组。

3）电流互感器二次额定电流应采用 1A，二次负荷一般为 10VA。

4）测量、计量电流互感器绕组准确级采用 0.2S。

5）保护用的电流互感器准确级：220kV 线路保护采用 5P 电流互感器，其暂态系数不低于 2；母线保护、失灵保护采用 5P 电流互感器。

表 8-2   常规电流互感器二次参数一览表

项目	500kV	110（66）kV	35kV
主接线	一个半断路器接线	双母线	单母线
台数	9 台 / 每串	3 台 / 间隔	3（2）台 / 间隔
二次额定电流	1A	1A	1A
准确级	边 TA： 5P/5P/TPY/TPY/ 0.2S/0.2S 中 TA： 5P/5P/TPY/TPY/ 0.2S/0.2S	主变压器进线： TPY/TPY/5P/5P/ 0.2S/0.2S 出线、母联： 5P/5P/0.2S/0.2S	电抗器、电容器及站用变压器： 5P/0.5/0.2S； 分段： 5P/5P/0.5； 主变压器进线： TPY/TPY/0.2S/0.2S； 主变压器高压侧中性点： TPY/TPY/0.2S/0.2S； 主变压器中压侧中性点： TPY/TPY/0.2S/0.2S

续表

项目	500kV	110（66）kV	35kV
二次绕组数量	边TA：6 中TA：6	主变压器：6 出线、母联：4	电抗器、电容器及站用变压器：3； 分段：3； 主变压器进线：4； 主变压器高压侧中性点：4； 主变压器中压侧中性点：4
二次绕组容量	按计算结果选择（参考值为10VA）	按计算结果选择（参考值为10VA）	按计算结果选择（参考值为10VA）

注 1. 测量、计量级可带中间抽头。
2. 考虑出线近远期存在关口计费，增加一个0.2S级二次绕组。

（2）电压互感器二次参数选择（见表8-3）。电压互感器二次绕组的数量、准确等级应满足电能计量、测量、保护和自动装置的要求；电压互感器二次绕组的配置应考虑双重化配置的合并单元端口配置的对称性。

1）对于500kV一个半断路器接线，每回线路装设三相电压互感器，母线装设三相电压互感器；对于220kV双母线（含双母线单分段、双母线双分段）接线，每回线路装设三相电压互感器，母线装设三相电压互感器；35kV母线装设三相电压互感器。

电压并列由母线合并单元完成，电压切换由线路合并单元完成。

2）两套主保护的电压回路分别接入电压互感器的不同二次绕组，故障录波器可与保护共用一个二次绕组。对于Ⅰ、Ⅱ类计费用途的计量装置，宜设置专用的电压互感器二次绕组。

3）技术上无特殊要求时，保护装置中的零序电流方向元件应采用自产零序电压。

4）采用合并单元后电压互感器二次负荷一般为10VA，也可根据实际负荷需要选择。

5）计量用电压互感器的准确级，最低要求选0.2；保护、测量共用电压互感器的准确级为0.5（3P）。

6）电压互感器的二次绕组额定输出，应保证二次负荷在额定输出的
25%～100%，以保证电压互感器的准确度。

7）计量用电压互感器二次回路允许的电压降应满足不同回路要求；保护
用电压互感器二次回路允许的电压降应在互感器负荷最大时不大于额定二次
电压的3%。

表 8-3　　　　　　　　　常规电压互感器二次参数一览表

项目	500kV	220kV	35kV
主接线	一个半断路器接线	双母线（双母线分段）	单母线
台数	母线：单相； 线路、主变压器 500kV 侧：三相	母线：三相； 线路、主变压器 220kV 侧：三相	母线：三相
准确级	母线：0.2 / 0.5(3P) / 0.5(3P)； 线路、主变压器 500kV 侧：0.2 / 0.5(3P) / 0.5(3P)	母线：0.2 / 0.5(3P) / 0.5(3P)； 线路、主变压器 220kV 侧：0.2 / 0.5(3P) / 0.5(3P)	母线：0.2(3P)/ 0.2(3P)/6P
二次绕组数量	母线：3； 线路、主变压器 500kV 侧：3	母线：3； 线路、主变压器 220kV 侧：3	母线：3
额定变比	母线：$\frac{500}{\sqrt{3}} / \frac{0.1}{\sqrt{3}} / \frac{0.1}{\sqrt{3}} / \frac{0.1}{\sqrt{3}} / \frac{0.1}{3}$ kV 线路外侧：$\frac{500}{\sqrt{3}} / \frac{0.1}{\sqrt{3}} / \frac{0.1}{\sqrt{3}} / \frac{0.1}{\sqrt{3}}$ kV	母线：$\frac{220}{\sqrt{3}} / \frac{0.1}{\sqrt{3}} / \frac{0.1}{\sqrt{3}} / \frac{0.1}{\sqrt{3}}$ kV 线路外侧：$\frac{220}{\sqrt{3}} / \frac{0.1}{\sqrt{3}} / \frac{0.1}{\sqrt{3}} / \frac{0.1}{\sqrt{3}}$ kV	母线：$\frac{35}{\sqrt{3}} / \frac{0.1}{\sqrt{3}} / \frac{0.1}{\sqrt{3}} / \frac{0.1}{\sqrt{3}}$ kV
二次绕组容量	按计算结果选择（参考值为小于 10VA）	按计算结果选择（参考值为小于 10VA）	按计算结果选择

2. 电能计量装置的设计

电能计量系统的设计应遵照最新版本的电力行业标准（DL）、国家标准
（GB）和 IEC 标准及国际单位制（SI）。

关口电能计量：①贸易结算用关口电能计量点，原则上设置在购售电设施产权分界处；②考核用关口电能计量点，根据需要设置在电网经营企业或者供电企业内部用于经济技术指标考核的电压等级的变压器侧、输电和配电线路端；③关口电能表应为电子式多功能电能表，精度为有功 0.2S，无功 2.0S，并具备电压失压计时功能；④Ⅰ、Ⅱ类用于贸易结算的关口电能计量装置中的电压互感器二次回路电压降应不大于其额定二次电压的 0.2%，其他电能计量中的电压互感器二次回路电压降应不大于其额定二次电压的 0.5%；⑤贸易结算用关口电能计量装置应按计量点配置计量专用电压、电流互感器或专用二次绕组，电能计量专用电压、电流互感器或专用二次绕组及其二次回路不得接入与电能计量无关的设备；⑥计量电网经营企业之间的购售电量的电能计量装置应配置主副电能表。

非关口电能计量：①除关口电能计量点外，其余计量点均为非关口电能计量点；②非关口电能计量装置按单电能表配置，应为全电子式多功能电能表，精度为有功 0.2S 和 0.5S，无功 1.0S，并具备电压失压计时功能。

电能计量装置的接线方式：接入中性点绝缘系统的电能计量装置，应采用三相三线接线方式；接入非中性点绝缘系统的电能计量装置，应采用三相四线制接线方式。

电能表：①电能表应采用新型固态、智能化、模块化结构的多功能电能表，应采用便于维护、维修，并提供方便的效验手段；②电能表的各项技术指标应通过 IEC 687 测试；③电能表应能直接测量双向有功电能量和无功电能量；④电能表数据冻结周期 1 ~ 60min 可调，在冻结周期为 1min 的情况下，电能表应能存储三天以上的电能量数据；⑤电能表应配有后备电池，后备电池供电最大连续工作时间不小于 35 天，后备电池适用寿命至少 5 年以上；⑥具有脉冲和RS 485 串口两种输出方式，具有停电保护功能；⑦具有外界辅助电源的功能。

电能量采集：①电能量采集装置应能完成电能量数据准确、安全可靠并有分时段存储、远传等功能，保存各类电子式电能表中的各类数据及电能表时间，数据冻结周期 1 ~ 60min 可调；②电能采集装置应选取稳定可靠的工作电源，应实现交流、直流电源自动切换；③与电能表接口方式为 RS485（至少 4 路），电能表接入容量不少于 64 块，并具有对不同电能表规约的转换能力，至少包括 DL/T 645、IEC 61107、IEC 62056（DLMS）等电表规约；④应具备与主站、电能表对时和时钟设置功能，时钟重新设置后，原来保存的电量数据、配置参数不能丢失；⑤应具备至少 2 个 RS232 接口、1 个网口和 1 个独立的维护接口，支持 DL/T 719 等规约，能以多种方式（网络方式、拨号方式、专线方式等）与多个主站通信，应具备安全保护措施；⑥电能采集装置应具备防雷性能要求。

3. 500kV 路平变电站主要计量装置配置（见图 8-4～图 8-6）

本期 500kV 茂县 Ⅱ、Ⅰ 线路为考核计量关口，单表配置 0.2S 级电子式电能表，安装于 500kV 线路电度表屏；本期 220kV 槽木双回、庙坪双回、东兴双回线路为考核计量关口，单表配置 0.2S 电子式电能表，安装于 220kV 线路电度表屏；主变压器三侧计量采用数字式电度表，单表配置，0.5S，安装于主变压器保护柜内。10kV 备用变压器为关口计量，单表配置 0.2S 电子式电能表，安装于 10kV 备用变压器就地智能柜内。电能表均通过 RS485 串口与电能采集柜连接，上送电能信息。

8.2.2　220kV 绵阳东变电站

该站为智能变电站，一次设备采用"一次设备本体 + 传感器 + 智能组件"形式。智能组件包括：智能终端、合并单元等（见图 8-7～图 8-8）。

变电站自动化系统统一组网，采用 DL/T 860 通信标准；变电站内信息具有共享性，保护故障信息、远动信息、微机防误系统不重复采集。

变电站自动化系统在功能逻辑上由站控层、间隔层、过程层组成。站控层由主机兼操作员站、远动通信装置和其他各种功能站构成，提供站内运行的人机联系界面，实现管理控制间隔层、过程层设备等功能，形成全站监控、管理中心，并与远方监控 / 调度中心通信。间隔层由保护、测控、计量、录波等若干个二次子系统组成，在站控层及网络失效的情况下，仍能独立完成间隔层设备的就地监控功能。过程层由互感器、合并单元、智能终端等构成，完成与一次设备相关的功能，包括实时运行电气量的采集、设备运行状态的监测、控制命令的执行等。

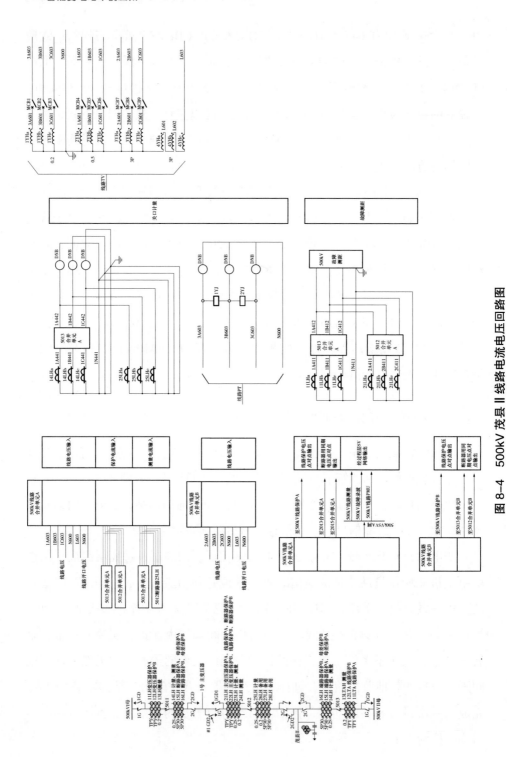

图 8-4　500kV 茂县 II 线路电流电压回路图

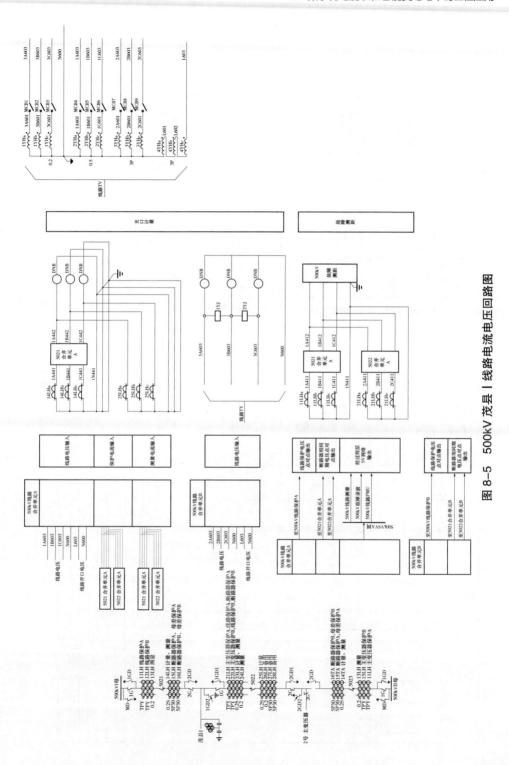

图 8-5 500kV 茂员Ⅰ线路电流电压回路图

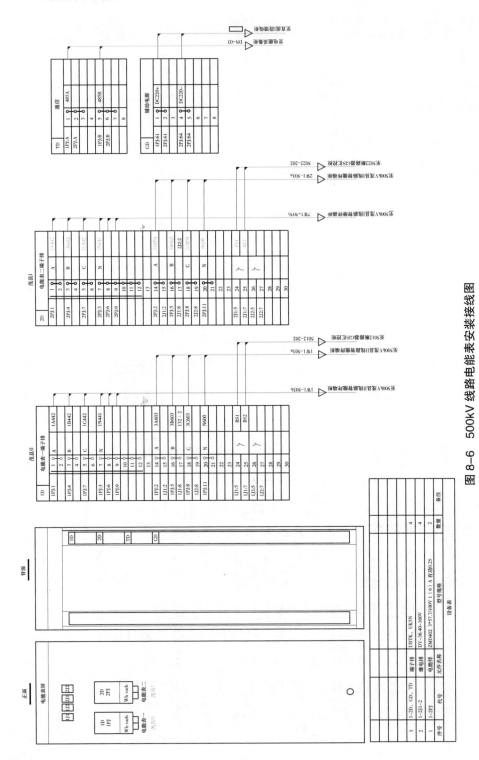

图 8-6 500kV 线路电能表安装接线图

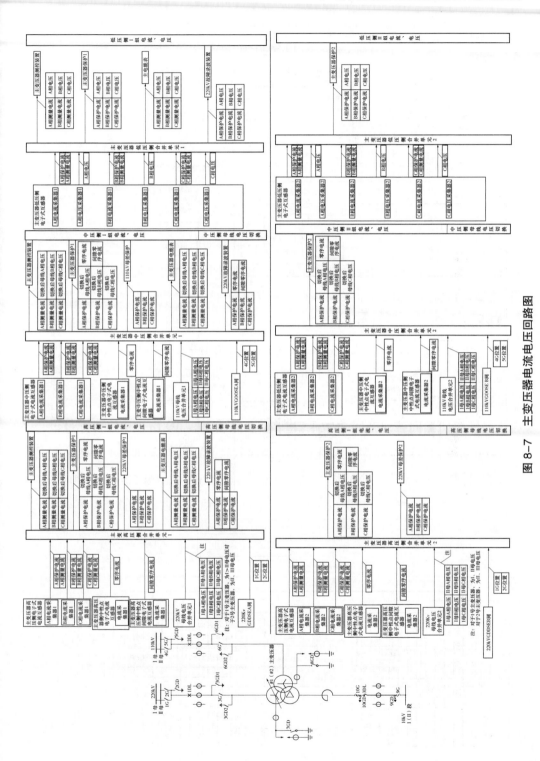

图 8-7 主变压器电流电压回路图

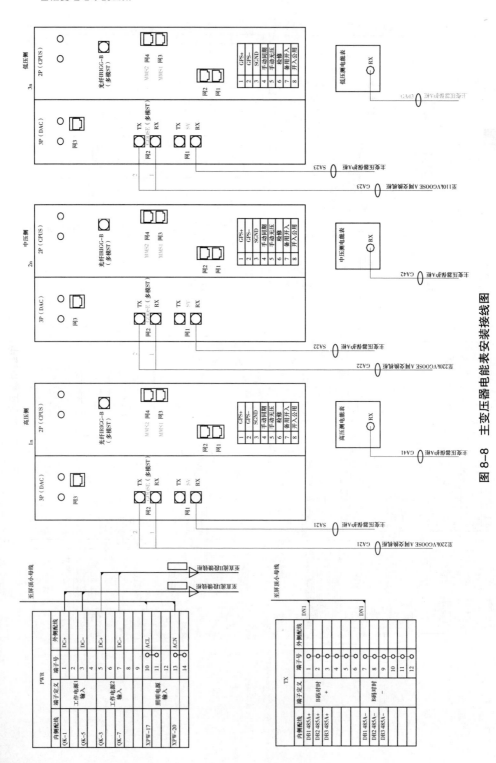

图 8-8 主变压器电能表安装接线图

站控层及间隔层网络：采用双重化星形以太网。

过程层网络：配置 220kV GOOSE 网，星形双网结构；不配置 220kV 采样值 SV 网，SV 报文采用点对点方式传输。配置 110kV GOOSE 网，星形双网结构；不配置 110kV 采样值 SV 网，SV 报文采用点对点方式传输。10kV 不配置独立的过程层网络，GOOSE 报文通过站控层网络传输。

过程层设备：主变压器各侧、220kV 间隔合并单元冗余配置；110kV 间隔合并单元单套配置；220kV 双母线单分段接线，三段母线按双重化配置两台合并单元，110kV 双母线接线，两段母线按双重化配置两台合并单元。合并单元具备电压切换或电压并列功能，支持以 GOOSE 方式开入断路器或刀闸位置状态；合并单元输出满足二次设备需求。

电能计量系统：主变压器三侧、220kV 绵阳 500kV Ⅱ、绵阳 500kV Ⅰ、丰谷 Ⅱ、丰谷 Ⅰ 线路、110kV 线路配置数字式电能表，单表配置，有功精度 0.5S；220kV 宝珠寺、赤化线路为关口计量，配置数字式电能表，双表配置，有功精度 0.2S。电能表具备标准 RS485 通信接口，接入站内的电能量信息采集终端，采集各电能表的实时、历史数据和各种事件记录等。

8.2.3 220kV 泰兴变电站

该站为智能变电站，一次设备采用"一次设备本体 + 传感器 + 智能组件"形式。智能组件包括：智能终端、合并单元等（见图 8-9 ~ 图 8-14）。

变电站自动化系统统一组网，采用 DL/T 860 通信标准；变电站内信息具有共享性，保护故障信息、远动信息、微机防误系统不重复采集。变电站自动化系统在功能逻辑上由站控层、间隔层、过程层组成。

过程层由互感器、合并单元、智能终端等构成，完成与一次设备相关的功能，包括实时运行电气量的采集、设备运行状态的监测、控制命令的执行等。

站控层及间隔层网络：采用双重化星形以太网。

过程层网络：①配置 220kV GOOSE 网，星形双网结构；不配置 220kV 采样值 SV 网，SV 报文采用点对点方式传输。②配置 110kV GOOSE 网，星形双

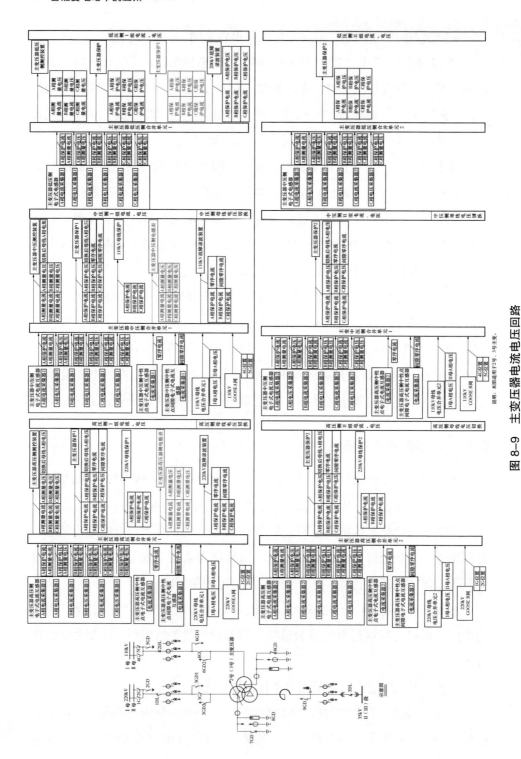

图 8-9 主变压器电流电压回路

说明：本图适用于2号、3号主变。

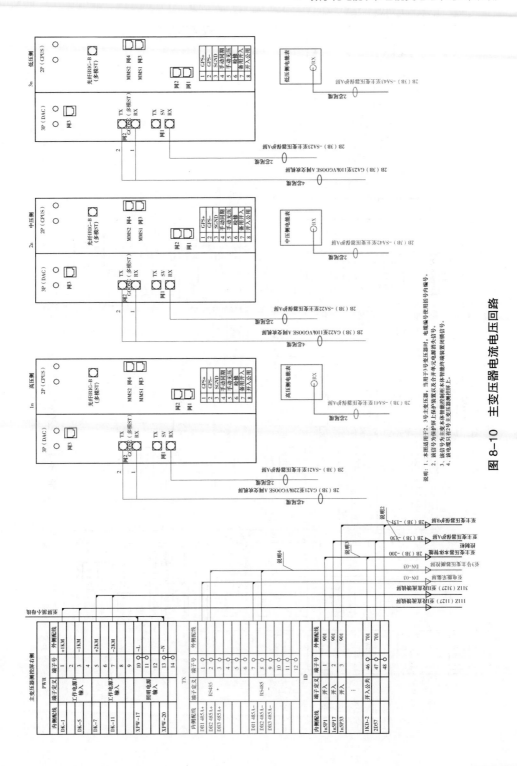

图 8-10 主变压器电流电压回路

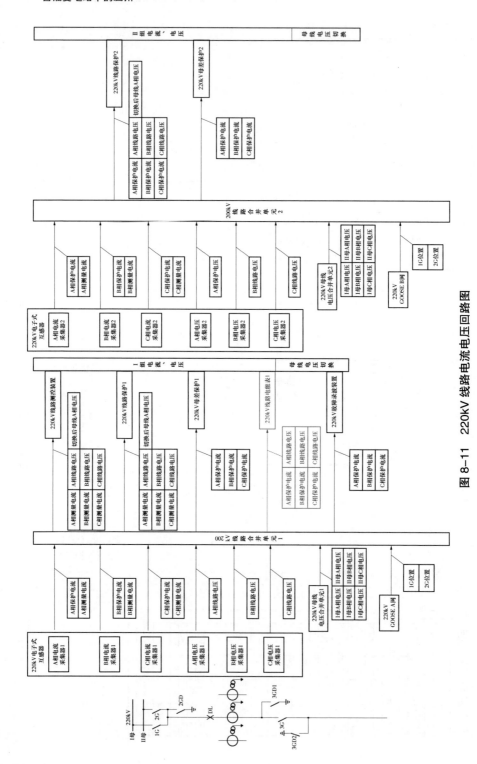

图 8—11 220kV 线路电流电压回路图

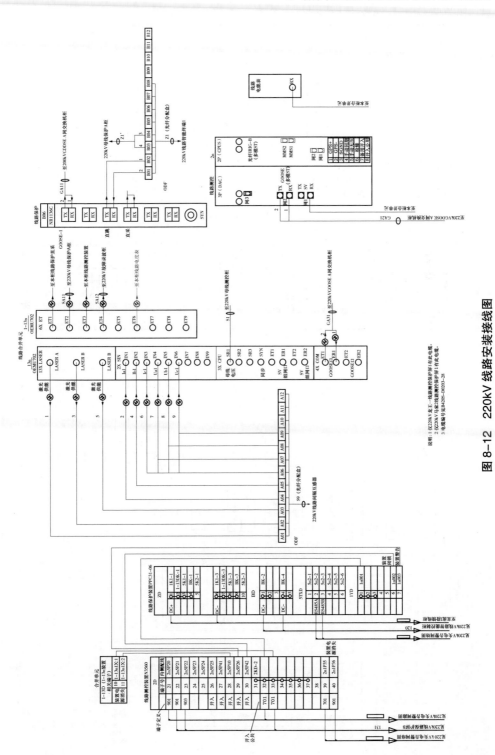

图 8-12 220kV 线路安装接线图

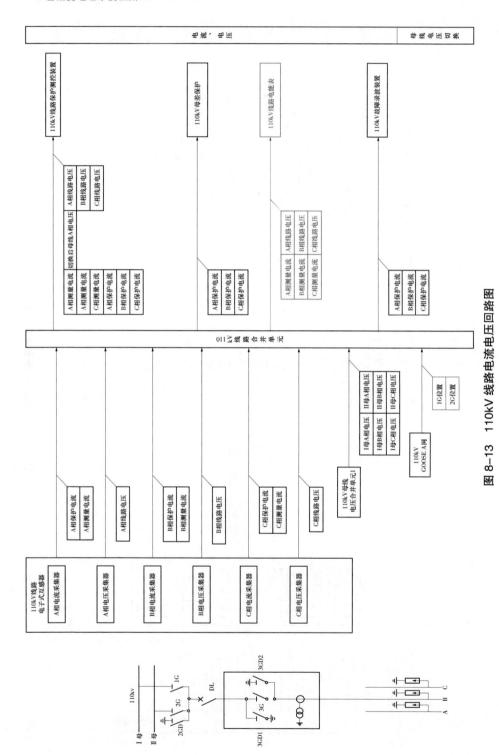

图 8-13　110kV 线路电流电压回路图

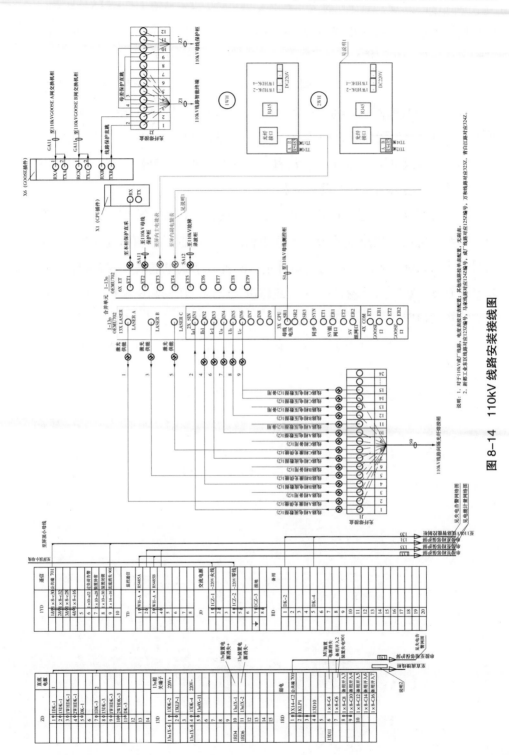

图 8-14 110kV 线路安装接线图

网结构；不配置 110kV 采样值 SV 网，SV 报文采用点对点方式传输。③ 35kV 不配置独立的过程层网络，GOOSE 报文通过站控层网络传输。

过程层设备：主变压器各侧、220kV 间隔合并单元冗余配置。110kV 间隔合并单元单套配置。220kV 双母线接线，两段母线按双重化配置两台合并单元，110kV 双母线接线，两段母线按双重化配置两台合并单元。合并单元具备电压切换或电压并列功能，支持以 GOOSE 方式开入断路器或刀闸位置状态；合并单元输出满足二次设备需求。

电能计量系统：主变压器三侧、220kV 线路、110kV 新都工业东区、马家、万和、青白江线路配置数字式电能表，单表配置，有功精度 0.5S，数字信号输入；110kV 成厂线路为关口计量，配置数字式电能表，双表配置，有功精度 0.2S，数字信号输入；35kV 线路以及所用变压器高压侧配置数字式电能表，有功精度 0.5S，小模拟量信号输入。电能表具备标准 RS485 通信接口，接入站内的电能量信息采集终端，采集各电能表的实时、历史数据和各种事件记录等。

9 小模拟量电能表

9.1 小模拟量电能表介绍

9.1.1 小模拟量电能表的应用范围

　　智能变电站区别于传统变电站的主要特征之一，即是采用电子式互感器代替了传统互感器采集电压、电流等电气量，传统互感器二次输出的是标准化模拟信号，具备一定的功率以驱动二次仪表和保护装置。电子式互感器二次输出的是可供二次设备直接使用的模拟电压信号或数字量，以电子式电流互感器为例，模拟量输出的标准值为 22.5、150、200、225mV（用于测量）和 4V（用于保护），数字量输出标准值为 2D41H（用于测量）和 01CFH（用于保护）。模拟量输出是为了利用变电站现有二次设备的一种过渡性措施；数字量输出则是主要的应用形式。小模拟量电能表即在变电站转型过渡时期应运而生。

　　小模拟量电能表属于电子式电能表的一种特殊类型，下面将介绍小模拟量电能表的工作原理和特点。

9.1.2 小模拟量电能表与传统的电子式电能表的区别

　　小模拟量电能表属于电子式电能表范畴，它跟传统的电子式电能表相比最大的区别就是接入方式不同，小模拟量电能表是一种经模拟量输出的电子式互感器接入的电子式电能表。从表 9-1 可以看出小模拟量电能表的输入是一个小电压信号，只需要采用电阻分压采样即直接接入芯片计量，因此小模拟量电能表内部无须内置 TV（电压互感器）、TA（电流互感器）。同时由于输入的信号较小，功率太小无法驱动表的工作，所以它只能通过辅助电源的方式给表供电。

表 9-1　　　　　　　　小模拟量电能表与传统电子式电能表区别

项目	小模拟量电能表	传统电子式电能表
电压量程	三相三线：1.625V，2V，3.25V，4V，6.5V 三相四线：$1.625/\sqrt{3}$ V，$2/\sqrt{3}$ V，$3.25/\sqrt{3}$V，$4/\sqrt{3}$ V，$6.5/\sqrt{3}$ V	3×57.7V/3×100V/3×220V
电流量程	22.5mV，150mV，200mV，225mV，4V	1.5(6) A，0.3(1.2) A
接线方式	经电子式互感器接入	直接接入式/经互感器接入式
TV/TA	无内置	内置 TV、TA
电源	辅助电源（AC 220V/DC 110V 或 220V）	TV 取能（兼容辅助电源）
数据接口	四芯航空插头	铜质线缆

在小模拟量电能表上，电子式互感器代替了传统互感器采集电压、电流等电气量，传统互感器二次输出的是标准化模拟信号，具备一定的功率以驱动二次仪表和保护装置。电子式互感器二次输出的是可供二次设备直接使用的模拟电压信号或数字量。表 9-2 为电子式互感器与传统电压、电流互感器的额定输出值方面的差别。

表 9-2　　　　　　　互感器二次额定输出值（单位、格式问题）

项目	电磁式电流互感器	电磁式/电容式电压互感器	电子式电流互感器（模拟输出）	电子式电压互感器（模拟输出）
额定二次输出信号	5A，1A	100V，及其$\sqrt{3}$等倍数因子	22.5mV，150mV，200mV，225mV，4V	1.625V，2V，3.25V，4V，6.5V 及其$\sqrt{3}$等倍数因子
额定二次输出负荷	2.5、5、10、15、20、25、30、40、50、60、80、100VA	10、15、25、30、50、75、100、150、200、250、300、400、500VA	2kΩ、20kΩ、2MΩ	0.001、0.01、0.1、0.5、1、2.5、5、10、15、25、30VA

9.1.3 小模拟量电能表基本工作原理和特点

1. 小模拟量电能表基本结构及工作原理

小模拟量电能表与传统的电子式电能表结构大同小异，其功能结构由电压、电流分压电路、计量芯片、微处理器、温补实时时钟、数据接口设备和人机接口设备组成。其基本结构框图如图 9-1 所示。

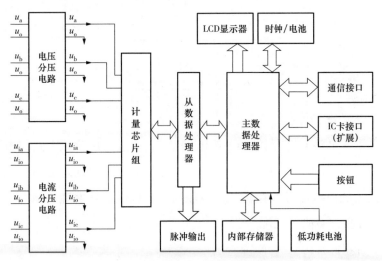

图 9-1 基本结构（以三相四线表为例）

模拟量小信号自电子式互感器传输至小模拟量电能表，信号经电压、电流分压电流转换成可用于测量的小信号，计量芯片将来自电压、电流分压电路的模拟信号转换为数字信号，根据电能计量基本原理，对其进行数字积分运算，从而精确地获得电压、电流、频率、有功电能和无功电能等电参量，微处理器依据相应费率和需量等要求对数据进行处理，其处理过程包括对电能的累计，通过内置高精度时钟记录时间，形成负荷曲线、事件记录，计算功率因数、需量等结果保存在数据存储器中，并随时向外部接口提供信息和进行数据交换，如通过 LCD 显示屏与用户进行交互。

2. 小模拟量电能表关键技术

（1）电压分压电路。

经电子式电压互感器接入模拟电压信号，通过电压分压电路将电压信号变成可用于电子测量的小信号。分压电路的原理电路如图9-2所示，根据输入电压幅度不同，调整Z_L和Z_g。但要注意电压分压电路阻抗即小模拟量表电压端子输入阻抗需要与电子式电压互感器输出阻抗匹配。

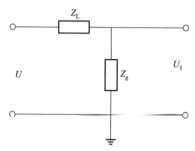

图 9-2　电压分压电路

（2）电流分压电路。

经电子式电流互感器接入模拟电流信号，通过电压分压电路将电流信号变成可用于电子测量的小信号。其原理与电压分压电路原理类似。经电子式互感器接入的模拟信号均在转化为电压信号，以便信号处理。与电压分压电路一样，需要注意阻抗匹配。

（3）计量芯片。

电能计量的基本原理是把输入电压和电流信号按照时间相乘，得到功率随着时间变化的信息。在实际应用中，电流和电压信号先分别经高精度模数转换（ADC）将模拟信号转换为数字信号，得到需要的电流采样数据和电压采样数据。将电流采样数据和电压采样数据相乘后，便得到瞬时有功功率，并通过一定时间的积分获得有功能量。

要注意的是，电子式电流互感器输出的模拟信号是电压而不是电流，而电能表计算功率和电能需要的是电压与电流信号的积分，因此需要将电流回路输入的电压信号通过一定的关系映射到电流，不仅涉及倍率还涉及量纲转换，如可以将电子式电流互感器额定输出的模拟信号2V映射到传统电磁式互感器额定输出电流5A或1A，便可以做到与现有电子式电能表一样的计量。

3. 小模拟量电能表计量算法

在计量算法方面，小模拟量电能表与传统电子式电能表基本结构、原理相同，都是采用计量芯片对电压、电流采样，将电压、电流采样数据相乘，得出瞬时有功功率，并通过一定时间的积分获得有功能量，如图 9-3 所示。

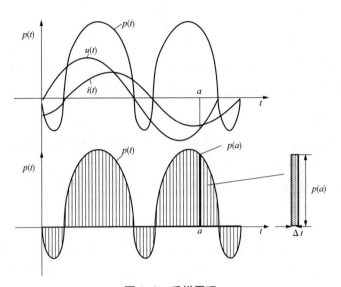

图 9-3　采样原理

实现电能量计算最核心的就是 $u(t)\cdot i(t)$，即实现电压和电流相乘。$p(t)=u(t)\cdot i(t)$ 为功率曲线，而有功电能 W 为功率曲线的面积（阴影部分），有功电能即是 t 时间内电压电流乘积的积分。其计算公式为

$$W = \int_0^t p(t)\,\mathrm{d}t = \int_0^t u(t)\cdot i(t)\,\mathrm{d}t \tag{9-1}$$

其中，$u(t)$、$i(t)$ 是电压、电流瞬时量。

4. 小模拟量电能表的特点

（1）电气绝缘结构简单，绝缘性能好。

电子式互感器模拟输出信号为小模拟量，因此绝缘结构大大简化，随着电压等级的提升，小模拟量电能表优势尤为明显。

（2）消除磁饱和、电压谐振等问题。

由于小模拟量电能表的表内无电流互感器（TA），不会因为电流过大产生磁饱和，且表内电感量小降低了电压谐振的发生。

（3）抗干扰性好。

小模拟量电能表与电子式互感器之间通过四芯航空插头加差分双绞线通信，电信号以小模拟量形式传输，抗干扰能力强，并且具有较好的抗电磁干扰能力。

（4）动态范围大、线性度好、频率响应范围宽。

传统电子式电能表一般表内含有 TA（电流互感器），TV（电压互感器），大电流时容易产生磁饱和，难以实现大范围测量。小模拟量电能表则可以设计很宽的动态范围，只要采用动态范围大的计量芯片组以及改变电压、电流分压电阻即可满足测量要求。

小模拟量电能表由于前端采用电子式互感器，电子式互感器与传统互感器不同，其具有较大的频率响应范围，同时表计的计量芯片组本身频率响应极宽，可进行电网电流暂态、高频大电流与直流分量的测量。

（5）系统精度高。

电子式互感器，测量的电气量信息以模拟小信号形式传输，输出直接供给小模拟量电能表计量，即没有采用传统互感器产生的二次小信号变换误差、采样误差、线路传输误差等独立误差环节，从而降低了系统误差。

（6）安全性高。

小模拟量电能表采用绝缘性能、安全性能高的航空插头，因此不存在发生线缆破损导致漏电等安全事故问题。

5. 小模拟量电能表在应用中存在的问题

小模拟量电能表一方面体现了相对于传统电子式电能表的技术优势，同时，随着智能变电站系统不断深入实践和 IEC 61850 规约在智能变电站中的成功运用，面对智能变电站系统数字化需求，也暴露出一些问题。

（1）小模拟量电能表仍然属于电子式电能表，其处理的信号为模拟信号，与智能变电站的数据来源数字化不符。

（2）小模拟量电能表的精度受到 A/D 转换器位数精度限制，无法进一步降低整体系统误差。

（3）小模拟量电能表使用的连接线缆依旧是铜线，长距离传输仍存在线路误差，且接口为四芯航空插头，而与智能变电站光纤化要求不符。

（4）随着智能变电站不断地完善，信息模型、通信标准将得到统一，对设备间的互换性和互操作性提出更高的要求，小模拟量电能表将达不到相应要求。

9.2　小模拟量电能表实现方案

小模拟量电能表凭借其良好的绝缘性能，抗干扰性强，精度高等特点，在传统变电站向智能变电站过渡时期发挥了很好的承接作用。因此电能表厂商纷纷研发出了相应产品，下面以威胜集团 ME1 表为例，简单介绍下小模拟量电能表实现方案。

9.2.1　小模拟量电能表技术参数

DTSD341/DSSD331（配置号为 ME1）三相小模拟量电能表是为服务智能变电站研制生产的新一代智能型高科技电能计量产品，符合 GB/T 17215—2002、GB/T 17882—1999、GB/T 17883—1999 和 DL/T 614—1997 等电能表有关标准，采用 DL/T 645—1997 通信规约（有扩展），电能表外接电子式互感器及其接口符合 IEC 60044–7，IEC 60044–8 标准。

产品由电压、电流分压电路、计量芯片、微处理器、温补实时时钟、数据接口设备和人机接口设备组成。计量芯片将来自电压、电流分压电路的模拟信号转换为数字信号，并对其进行数字积分运算，从而精确地获得有功电量和无功电量，微处理器依据相应费率和需量等要求对数据进行处理。其结果保存在数据存储器中，并随时向外部接口提供信息和进行数据交换。

根据 GB/T 20840.7—2007、GB/T 20840.8—2007 标准要求，产品电压输入规格：三相三线：1.625V，2V，3.25V，4V，6.5V；三相四线：$1.625/\sqrt{3}$ V，$2/\sqrt{3}$ V，$3.25/\sqrt{3}$ V，$4/\sqrt{3}$ V，$6.5/\sqrt{3}$ V；电流输入规格：22.5mV，150mV，200mV，225mV，4V；电压端子输入阻抗：大于 1M；电流端子输入阻抗：大于 20K；

参比频率：50Hz/60Hz；准确度等级：有功 0.2S/0.5S 级，无功 2 级；供电电源：辅助电源供电，AC220V/DC110V。

9.2.2　主要功能

（1）电压，电流，频率，功率，功率因数等电参量的测量。

（2）分时正反向有功电能计量，四象限无功电能计量。

（3）四象限无功任意组合电能计量，分相正反向有功、感容性无功电能计量。

（4）分时计量正反向有功，输入、输出无功最大需量及发生时间。

（5）8 费率（可配置），主副两套时段，时钟双备份，13 个月历史记录（可配置）。

（6）失压，全失压，失流，逆相序、电压合格率等故障记录。

（7）6 类历史数据记录（可配置），容量达到 2Mbyte。

（8）清零，清需量，编程，校时，等操作记录。

（9）端盖与翻盖开盖检测。

（10）大屏幕、背光、宽视角液晶显示，丰富的状态指示和内容提示符。

（11）三套显示方案。A 套：抄表结算循显；B 套：状态监测数据循显；C 套：全部数据（按钮翻屏）。停电后可通过按钮、手抄器唤醒显示，可红外抄表。

（12）四路空接点电能脉冲及 IED 电能脉冲输出。

（13）电表参数多级密码保护。

（14）2 路 RS485、远红外通信接口。

9.2.3　适合场所

该小模拟量电能表适用于满足 GB/T 20840.7—2007、GB/T 20840.8—2007 标准中模拟量输出要求的电子式电压互感器 EVT，电子式电流互感器 ECT，信号直接接入小模拟量电能表，表计对电压、电流模拟小信号采样，计量，并将数据上传电能采集终端的计量场合解决方案（见图 9-4）。

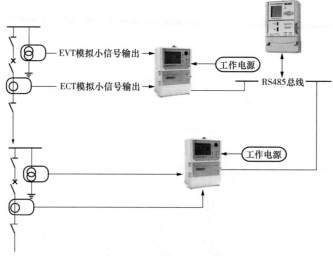

图 9-4　计量解决方案示意图

9.3　小模拟量表的校验

校验工作原理如图 9-5 所示。

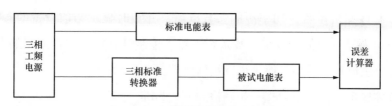

图 9-5　小模拟量表校验工作原理

校验台主要由功率源、标准表、交换机、误差处理设备以及控制计算机组成。校验台控制计算机通过 RS485 总线与功率源以及误差处理设备相连，由控制计算机来统一控制功率源和误差处理设备。

检验装置正常工作时由主控计算机的主台软件通过以太网总线控制数字信号源、数字标准表模块、误差处理模块以及其他的相关设备工作。主台软件通过设置信号源参数使信号源工作在参数控制工作的模式下，输出符合参数要求的 IEC 60044-7/8 标准电压信号。在测试过程中通过调节运行参数，模拟各种测试条件，对被测表做各项测试（见图 9-6）。

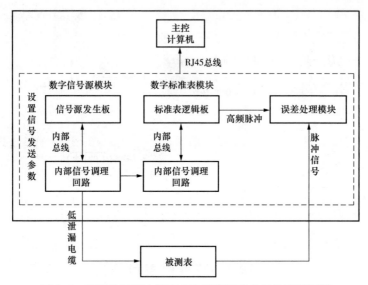

图 9-6　WHDMTE01 数字式电能表校验台工作原理框图

主台软件控制数字表标准表输出测试要求的高频脉冲，传送到误差处理器做后续的误差计算。主台软件可以通过以太网总线接口，读取数字标准表上某段时间内计量的电量值，用于和被测表计量的电能量做比对。

控制计算机设置了功率源的参数以后，并实时显示当前设置的参数值，检测被检表显示视值与设定参数是否一致。控制计算机保存检测出的误差数据，并可生成报表导出，便于进行数据分析。

具体检定方式，以模拟三相表检测方式为准。

9.4　典型应用及展望

9.4.1　典型应用

1. 变电站方案架构

110kV 系统在实施时采用 OET711ACTZ 光电电流互感器、OET711AVTZ 光电电压互感器，对传统开关加装 XA702 智能终端来实现开关智能化。站控层网络采用单网通信，见图 9-7。

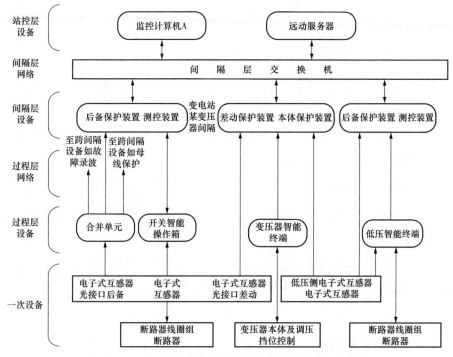

图 9-7　10kV 低压智能保护安装于中置式开关柜系统内

该线路、分段间隔配置模拟量输出的电子式电流、电压互感器，并配置智能单元或合并器将模拟量就地数据化后送给保护以及测控、计量设备。系统架构如图 9-8 所示。

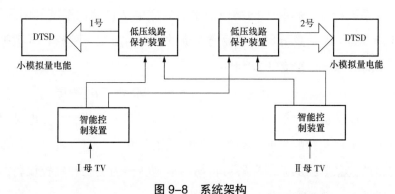

图 9-8　系统架构

10kV 低压智能保护系统配置说明：

（1）电子式电流互感器型号 OET701ACTJ，准确度等级 0.2S，保护信号引出线为五芯航空插头。测量信号引出线为四芯航空插头，输出标准值 $4/\sqrt{3}$ V；其原理采用低功率线圈方式采样母线中电流信号，通过模数转换、数模转换、滤波、预置放大等输出等效采样电流值的小电压信号。

（2）电子式电压互感器型号 OET701AVTJ，准确度等级 0.2，信号引出线长度标配 6m 黑色线，三芯航空插头，输出标准值 $4/\sqrt{3}$ V；其原理采用电阻分压采样母线中电压信号，通过模数转换、数模转换、滤波、预置放大等输出等效采样电压值的小电压信号。

（3）智能控制装置型号 XA702，该装置将智能终端与合并器集成设计，具有挡位采集、非电量信息采集、遥信采集，刀闸位置采集、挡位调节，刀闸遥控等功能。

（4）低压线路保护装置型号 X7101，该装置是以电流电压保护及三相重合闸为基本配置的成套线路保护装置。装置采用保护测控一体化设计，各种保护功能均由软件实现。本装置的保护采样通道可在线配置，并且可以通过 GOOSE 来实现跳闸功能。

（5）小模拟量电能表型号 DTSD341 ME1 准确度等级 0.5S，接线制式三相四线。

2. 基于 IEC 61850 协议的 X7000 系统结构

IEC 61850 协议是国际电工委员会 TC57 工作组制定的《变电站通信网络和系统》系列标准，是基于网络通信平台的变电站自动化系统的国际标准，其主要特点为：①信息分层；②面向对象的数据对象统一建模；③数据的自描述；④抽象通信服务接口 ACSI。

IEC 61850 协议将整站分为三层：站控层、间隔层和过程层。

站控层设备包括监控主机、远动工作站等。其主要功能为变电站提供运行、管理、工程配置的界面，并记录变电站内的相关信息。远动、调度等与站外传输的信息单独的系统配置可将站内信息转换为远动和集控设备所能接受的协议规范，实现监控中心远方控制。

站控层设备应建立在 IEC 61850 协议规范基础上，具有面向对象的统一数据建模。与站外接口的设备如远动装置等应能将站内 IEC 61850 协议转换成相对应规约格式。所有站控层设备均应采用百兆工业以太网，并按照 IEC 61850 通信规范进行系统建模并进行信息传输。

间隔层设备主要包括保护装置、测控装置等一些二次设备。要求所有信息上传均能够按照 IEC 61850 协议建模并具有支持智能一次设备的通信接口功能。

过程层设备包括光电电流电压互感器、智能开关一次设备或开关设备的智能单元。

辅助设备包括一些规约转换设备（将对不符合 IEC 61850 协议的设备进行规约转换）、同步信号源（过程层对时）、GPS 对时（站控层对时）。

3. 间隔层设备

间隔层设备包含有保护设备、测控设备、表计等。单间隔设备如线路保护设备、测控设备、计量设备。跨间隔设备包括变压器差动保护、备自投设备等。

单间隔设备具有与合并器的过程层光纤通信接口，并具有与跨间隔间采样数据、控制数据交换能力。跨间隔设备由于收大数据量的限制建议配置前置单元集中处理过程层数据交换。所有间隔层设备应能按照 IEC 61850 协议建模与站控层通信，并具有完善的自我描述功能。

（1）间隔层设备配置原则。

110kV 主变压器间隔配置主后备保护独立配置，保护装置应具有与开关智能单元的过程层光纤通信接口。非电量保护采用就地跳闸的方式，通过电缆接到断路器各侧的智能终端实现。

110kV 母差保护独立配置，接入各个间隔合并器的光纤通信数据。保护装置应具有与开关智能单元的过程层光纤通信接口。

110kV 线路保护独立配置，接入本间隔合并器的光纤通信数据。保护装置应具有与开关智能单元的过程层光纤通信接口。

10kV 间隔参见 10kV 配置说明。

（2）电能表。

本站采用符合 IEC 61850 通信标准的数字输入的电能表，数字式电能表应通过国家部门的认可和检测。主变压器两侧及 110kV 电能表进线设在电能表屏上；10kV 线路、10kV 电容器电能表装设在开关柜上；电能表输出 RS485 接口。

4.过程层设备

过程层设备主要包括电子式电流电压互感器、智能一次设备等，现阶段智能化开关由传统开关 + 智能终端方式来实现开关设备智能化，电子式电流互感器采用罗氏线圈原理来实现电流互感器设备的数字化，电子式电压互感器采用电感感应分压原理来实现电压互感器设备的数字化。

过程层设备与间隔层设备相连应采用点对点或网络式总线通信方式，过程层设备具有自我检测、自我描述功能，支持 IEC 61850 过程层协议。传输介质采用光纤传输。

（1）光电互感器及合并器配置原则。

光电电流互感器按间隔配置，110kV 每个开关间隔布置一只 OET711ACTZ 光电电流互感器，其中线路间隔 A 相布置一只 OET711ACVTZ 光电电流电压互感器。光电电压互感器按母线间隔配置，Ⅰ 母、Ⅱ 母各布置三只 OET711AVTZ 光电电压互感器。

110kV 主变压器各侧间隔按照主后保护独立原则布置互感器线圈，线圈布置原则为 2 保护线圈 +1 计量线圈，应配置双采集器采集数据；合并器应双重化配置即差动，后备合并器分开，合并器的输入应分别来自不同的采集器，并分别安装于主变压器保护屏上。

110kV 母差保护接各个间隔合并器的输出光纤通信数据。

110kV 线路、旁路各配置一组互感器，互感器线圈布置原则为 2 保护线圈 +1 计量线圈，应配置单采集器采集数据；互感器合并器应单重化配置，安装于本间隔保护屏上。

10kV 线路、分段间隔配置模拟量输出的电子式电流、电压互感器，并配置智能单元或合并器将模拟量就地数据化后送给保护以及测控、计量设备。

主变压器两侧配置独立的 TV 合并器或智能终端，软件实现 TV 并列功能。各间隔合并器应留有来自不同 TV 合并器的输入数据，在间隔本身来实现 TV

切换功能。

（2）智能终端配置原则。

智能终端装置是将传统开关一次设备接入过程层总线的设备，它输入开关位置、低气压、刀闸位置等状态量，输出跳合闸命令，含操作回路。

主变压器间隔：高压侧配置 1 台智能终端，安装在高压侧端子箱内；低压侧各配置 1 台智能终端，与低压侧合并器集成设计，安装在开关柜上；每台主变压器配置一台本体智能终端，安装在主变压器端子箱内。

110kV 线路间隔：各配置 1 台智能终端，安装在其端子箱内。

110kV 旁路间隔：配置 1 台智能终端，安装在其端子箱内。

10kV 间隔：每个间隔配置 1 台智能终端，与合并器集成设计，安装在开关柜内（集成保护功能）。

9.4.2　发展趋势

电子式互感器作为智能变电站的物料基础，其技术的成熟程度和发展对变电站自动化系统具有非常重大的技术和经济意义。在技术上，电子式互感器提高设备的安全性和可靠性，实现了数据采集数字化和信息的集成化；在经济上，电子式互感器降低了一次设备采购成本，提高了设备可靠性，减少了变电站寿命周期内的总体成本。考虑到电子式互感器在传感原理方面的优势，代表了互感器技术未来的发展方向，通过材料、工艺的进一步完善，使其会逐步替代传统互感器。

小模拟量电能表在智能变电站建设初期，很好地完成了传统变电站计量系统向智能变电站计量系统的过渡承接。但随着智能变电站数字化进程不断加快，小模拟量电能表在其计量系统中所起到的作用将逐步被数字化电能表所取代。小模拟量电能表会就此泯灭在历史长河中？答案是否定的，小模拟量电能表虽然属于智能变电站的产物，但其仍隶属于传统模拟计量系统，计量溯源无任何问题，可作为计费产品使用。

近年来国家电网公司提出建设智能坚强电网，配网自动化将在其中起到举足轻重的作用，随着电子式互感器不断完善、稳定，也将逐步应用到配网

中。然而配网布局分散，注重成本建设等特点，智能变电站计量方案（EVT、
ECT—MU—数字化电能表）不适于在配网中实施，同时配网中涉及计费，因
此，小模拟量电能表凭借可直接与电子式互感器对接，并且表计本身无溯源
问题，将会在配网中获得很大发展空间。

高压电能表，是一种采用高压一次侧传感取样和二次计量电路融合的高
压计量设备，其特点在于电压电流采样和计量均工作在高压一次回路上。高
压电能表将电子式互感器与计量电路融合一体化，其方式的分立方案，即是
电子式互感器╪小模拟量电能表。在注重集成化、智能化应用的今天，小模
拟量电能表也将顺应形势，向集成、智能方向发展，与其他产品结合，成就
新型产品，如高压电能表。数字化、智能化、标准化、系统化和网络化是现
代电能计量系统发展的必然趋势。

（1）数据来源数字化、网络化。在智能变电站内，电子式互感器和合并
单元的应用使数据的共享成为可能，电能计量系统和变电站内其他数据的使
用者采用统一的数据源，能够不断提高计量系统性能，便于对数据的正确性
进行维护，进一步保证计量结果的准确性和可靠性。

（2）计量功能智能化。由于数据的采集功能由过程层实现，电能计量
系统可以把资源用于提高计量功能的智能化，所谓智能化就是采用高新技
术不断完善 DL/T 614—2007《多功能电能表》规定的所有功能，电能计
量系统实现智能化，能够进一步推进我国电价制度的改革，满足运营管理
的需要，解决特殊负载用户的计量问题，开展现场负载整体检验电能计量
系统。

（3）计量管理标准化、系统化。标准化就是依据 DL/T 448—2016《电能
计量装置技术管理规程》中的电能计量系统配置原则，分别在发电运营侧、
电网运营管理侧和供电运营侧配置相应的电能计量系统。电能计量系统实现
标准化，能够进一步优化电能计量系统的配置，使其达到先进、合理、统一
的要求，以便于运行、维护与管理。系统化就是将电能计量系统与自动抄表
系统联通组成一个电能计量管理监控系统。电能计量系统运行实现系统化，
能够不断改善工作条件与服务质量，从而进一步提高工作效率和经济效益。

计量装置运行实时监控系统既可以提高电费回收效益，也可以树立优质服务形象。

（4）电能信息网络化。网络化就是将电能计量装置管理系统联通构成一个电能计量信息网络。电能计量系统实现网络化，能够不断拓宽信息资源，达到充分共享，从而进一步提高运营管理水平和客户服务质量。电能计量信息网络应按照可能性和必要性分别建立地域网和区域网等。

10　数字化电能表存在的问题及其发展趋势

在变电站自动化领域，变电站自动化技术进入了数字化的新阶段，其核心基础是 IEC61850 通信协议，该协议将变电站分为站控层、间隔层、过程层，规定各层之间和层内部采用高速以太网通信。现代电力工业市场对电能表提出的高要求，以及微电子和计算机技术的进步对电能表的发展起到了极大的促进作用，也给数字化电能表的全面应用提供了良好的土壤。

10.1　数字化电能表应用中存在的问题

1. 多合一装置管理问题

多合一装置就是保护、测控、计量等功能集成到一个装置里面，由于保护和计量是两个不同的专业，现场是分开独立检测，会造成计量专业检测完毕后保护专业可能还会重新调整相关的采样通道或配置造成计量严重失准，有些现场运行的多合一装置只是保护专业做了检测，计量专业未做检测。

2. 数字化电能表功能完善问题

数字化电能表的制造厂家原来从事的专业具有多样化，有从事计量专业的，有从事继电保护和其他专业的，部分厂家对电能表的功能理解不深刻，造成了对电能表传统功能实现不足的情况。另外，数字化电能表还未大批量使用，现在也没有作为贸易结算使用，功能完善尚需要时间，比如电量冻结时间配置和传统电能表不一致，造成月底电量不平衡等。

3. 数字化电能表网络异常或风暴处理问题

由于有些公司数字化电能表的网卡设计未考虑网络报文开启硬件过滤机制，会导致数字化电能表程序处理数据量过大而复位，引起采样报文丢帧，电压、电流显示复位，计量失准等一系列问题，需要提高 CPU 的软件处理能力以及合理处理数字化电能表网卡对网络报文过滤处理的技术能力。

4.调试过程烦琐问题

由于数字化电能表接收的数据来自合并单元，而合并单元厂家很多，对于数据帧中的电压电流数据通道没有统一的标准，不同应用场合可能有不同的采样点数、合并单元个数、mac 地址都存在差异，而这些参数都需要数字化电能表设置正确匹配，变比的设置也关乎计量的准确性，加之现场实际需求、费率时段、结算、冻结、负荷曲线间隔等有可能又有不同要求。这些都要求现场调试人员能正确理解需求并正确设置，任何一个环节失误都有可能影响计量和使用，如果后期对参数需求有更改，往往还需要联系数字化电能表厂家到现场重新更改和设置，因此数字化电能表的调试是一个很复杂和烦琐的过程。这是数字化电能表在智能变电站中使用的一个重要问题。

5.通信实时性差

数字化电能表大都不是直接接入系统的，而是由采集设备采集数据后汇总到后台系统。通信方式以串口通信为主，没有主动上送功能，发生的各种告警事件只有在采集设备采集并汇总到系统时，系统才能获知，而采集设备往往同时接入多台计量设备，采用轮询的方式定时循环查询抄读数据和事件，受串口通信速率的限制，这一过程往往很慢，等数据汇总到后台时，数据已经不具有实时性了，告警事件可能已经发生了很久。

6.交互不友好

数字化电能表显示界面虽然尚无统一标准，但是按键基本上以 3 键设计为主（1 个编程键、2 个翻页键），这在很大程度上限制了数字化电能表信息交互的便利性和友好性。主流的数字化电能表设计都在信息丰富上有着很大的余量，可以展示的信息十分丰富，但由于设计的不统一，交互不友好，这些丰富的信息目前的利用率很低。此外，很多表计的报警信息展示方式多样，查找烦琐复杂，没有经过厂家培训则很难做到上手即用，不够友好。而且对于实时数据的显示，有的厂家采用一次值，有的则采用二次值，采用一次值的数据在和通信数据进行比对时需要换算成二次值，采用二次值的数据在计算实际实时值时有需要换算成一次值，没有友好便捷的统一解决方案。

7. 更换不便

数字化智能变电站建立之初，很多厂家会同时在站中对各自厂家设备进行调试，数字化电能表的调试往往需要合并单元厂家人员的配合，如果变电站投运后因为改造或表计损坏等原因需要更换表计，需要合并单元厂家人员和表计厂家人员全部到场，已经存在表计中的数据也只能丢弃，这一更换过程费时费力，操作不便。

8. 现场校验

由于大部分变电站合并单元连接光纤交换机没有预留校验接口，需要将拔下数字表输入光纤通过分光器接入现场校验仪，这使得数字表不能在线现场校验，校验前电量不能计量。

9. 量传体系

由于只有传统电能量传基准，数字表只能溯源到传统标准，本身的准确度存在争议，且尚无现行数字表检定规程，数字量传体系正在建立中。

10. 可靠性

电子式互感器、合并单元本身的稳定性、可靠性有待提升。

220kV 以上等级变电站不建议采用电子式互感器 + 合并单元架构，而是采用传统变电站方案建设。110kV 及以下变电站采用电子式互感器 + 合并单元。建设速度缓慢。数字化电能表尚未用于贸易结算。合并单元输出网络报文流量有时存在过大的现象，以及输出采样值时延不相等。

10.2　数字化电能表的发展趋势

电气设备数字化是经济发展和技术进步的必然趋势，电能计量的发展处于跟随趋势的状态。从传统的电磁式电能表，再到智能电能表，再到数字化电能表，电能计量设备一步步走向了数字化的道路。智能变电站经历了几代的发展，对设备的技术、性能提出了越来越高的要求，数字化电能表的发展也呈现了以下发展趋势。

1. 模块化

目前，数字化电能表还是一个整体解决方案产品，从信号采集、数据处理到电能计量、交互通信，都由一家公司研发集成，暂无支持模块化热插拔，任意替换的模块化产品。随着数字化电能表产品的成熟和数字化智能变电站的发展以及数字化电能表标准的推广，数字化电能表将向着模块化方向发展。一方面，模块化设计的数字化电能表可以在某个模块损坏的情况下方便、快速地替换，而无须重新装表，有利于降低维护成本；另一方面，模块化设计的数字化电能表允许不同厂家模块互换，可以方便验证和比较不同厂家模块的性能。模块化设计的前提是各模块之间通信标准的统一，参数及配置规约统一，这将有利于现场维护，一个数字化智能变电站的调试不再需要各个厂家全部到场，使用统一的配置工具即可完成同一个站内全部数字化电能表的配置和调试。甚至可以将预先配置好的模块在现场组装，无须配置的模块则可以延迟发货，满足工期进度要求。

2. 网络化

数字化电能表采样信号的传输采用光纤网络传输，但电量等数据的上传，还停留在串口通信阶段，采用 MMS 规约通信的数字化电能表应用进展缓慢，随着数字化电能表标准的出台和智能变电站的发展，网络化通信是数字化电能表发展的必由之路。数字化电能表目前定位是一种站用表计，为了满足串口通信规约的限制，数字化电能表计量/上传数据主要是二次值，由于规约精度限制，变比乘积巨大，带来的问题就是不能精确的表示一次值，造成不平衡。而采用网络化通信的最佳选择就是一次值，可以大大降低由于规约精度带来的电能差和不平衡。网络通信快速高效，可以无须第三方设备参与而直接将数据送入所需要接入的系统，降低了变电站建造成本。网络通信可以实现双向快速通信，可以迅速将各种事件，数据主动上送到系统，便于智能化变电站的管理和调控。

3. 智能化

网络化和模块化带来的好处将体现在智能化上。数字化电能表故障的排查还停留在联系厂家人员现场协助分析，而很多变电站都建造在比较偏远的地区，每次故障发生后都需要电力部门联系厂家，等厂家人员达到后才能一起到达现场，由于现场情况复杂、厂家技术人员也需要相应的时间分析和处理，对于不可逆的损坏等特殊情况往往需要换表，整个过程耗时费力，动用了大量人力财力。模块化和网络化所形成的智能化将从根本上解决这一问题。模块化可以允许模块之间相互检测状态，及时发现有问题的模块；网络化能方便快速地将检测到相关模块的故障信息上传到系统。系统可以根据故障信息自动切换相关设备和线路，通过大数据等处理手段将相关处理意见发送给就近的巡查、维护人员，维护人员可以在收到处理意见后第一时间替换相应故障模块，故障排除后，数字化电能表和系统再次通过相同的过程实现装置切换和数据更新，达到智能化的要求。

4. 自适应化

各个厂家推出的数字化电能表很难做到规格统一，有着不同的精度，电压、电流、脉冲常数等参数的规格组合，在采购之初就需要选择合适的规格，随着经济的发展和变电站的改造扩容，已经采购和运行的数字化电能表可能已经不能满足实际的现场需求。如果不更换合适规格的数字化电能表，则可能造成电能表超负荷运行，由于数字化电能表本身的特性，此种处理方式虽然不会给表计本身造成损坏，但会造成超限事件的误报，各种报警信息难以甄别真假和原因，如果更换电能表或升级则耗时费力，需要重复投入，因此自适用规格的数字化电能表是未来数字化电能表的发展趋势，当线路扩容时，接入系统重新下发一些必要的参数给数字化电能表表计即可进行相应的调整以满足不同规格需要，而无须更换表计和现场维护升级等费时费力的操作。

5. 多极化

数字化电能表是电能表发展的高级阶段，功能强大，但需要兼容各种需求，功能增加的同时，必然造成制造成本的增加。而实际应用中并非所有功能都是必要的，大多数时候，数据采集系统对某些站或线路只关注某些数据和指标，在此种状况下，数字化电能表可以进行功能精简。价格实惠的数字化电能表，也长期有着存在价值和意义的，所以未来数字化电能表在统一的同时也应该兼顾需求和成本，在不同应用的过程中向不能功能需求的多极化方向发展。

6. 合法化

实现计费功能，可用于关口计量或需要贸易结算的场合计量。以中国计量科学研究院王磊教授领衔国家 863 项目，数字化计量仪器的溯源与量传技术课题组包括浙江省计量科学研究院、河南许继仪表有限公司、国网四川省电力公司、广东电网有限责任公司电力科学研究院、中国电力科学研究院、清华大学等机构，建立了数字化电能国家基准，解决了数字化电能量值传递问题。加之数字化电能表的国家标准建立，将会有力推动数字化电能国家量传、检定、型式评价等法定工作，进而有力推动数字化电能表关口计量的工程应用。各数字化设备校验仪厂家也在积极研制数字化电能表校验以及功能检定、协议一致性测试等满足国家标准要求的各级量传设备。

7. 通信规约统一化

RS485 通信方式，作为从传统电能表上延续过来的技术，作为一种过渡方式起到了一定作用，但为规范 IEC 61850 变电站通信网络和系统国际标准的应用，实现各制造厂商设备的互操作性，数字化电能表必将使用 IEC 61850 作为上行通信方式。IEC 61850MMS 工程电能计量建模工作已经进入尾声，相关的技术标准和规范将很快公开发行。中国电力科学研究院、四川、广东等电网公司以及数字化电能表的生产厂家和相关检测技术研发企业对 IEC 61850 工程电能计量模型的检测研究工作正在有序开展，典型代表产品 DEMCT01 数字化电能计量装置通信协议检测装置已通过国家继电保护及自动化设备质量监督检验中心的测试。

8. 数字化电能表关口计量的工程使用

随着智能变电站的发展，国家电网公司最新规划由智能变电站 48+2 上升为 500 座试点工程，并将在三年内实现数字化电能表用于结算的目标，将有力促进数字化电能表关口计量的工程使用。